システム制御基礎理論

工学博士　加藤　　誠　著

コ ロ ナ 社

ま　え　が　き

自動制御の技術は，現場における計算機制御の発達によって，ビジュアルなモジュール（要素）ベースの問題向き言語，すなわちPOL（problem oriented language）化が生み出した連続要素とロジック要素のハイブリッド調節制御時代から，さまざまな入力手段を備えシーケンス制御も融合した総合ハイブリッド制御時代へと移行しつつある。一方，60年代から急速に進化した状態技術（states of the art）によるシステム制御理論も，モデリングの技術と結び付いて，実験室規模のPOL化でも実現できるようになってきた。

本書は，大学の3年生前後期から一部大学院まで，および高専の高学年向けの半期用，あるいは通年用の実用的な入門書である。また，著者の経験から，企業における計装制御関係の実務技術者の研修入門書としても使えるように配慮した，広範な読者を想定した教科書であり，章を選んで使っていただきたい。

本書の第一の特徴は，機械・電気系の簡易なモデリング技術の解説にある。その上で，現代制御を現場で実現する時代を担うであろう学生諸君に，基礎から演習も交えながらわかりやすく解説する。

つぎに，特に変動やモデリング誤差の大きなプロセス制御の現場で一般的なPI制御は，そのロバスト化によって，現場での重要性もさらに高まってきた。本書の第二の特徴は，ロバスト制御の基礎から発展まで視野に入れながら解説し，新たな観点での簡易ロバスト正規化IP制御を提示した点にある。

第三の特徴は，6章を設けて，一般的な授業レベルを越えるトピックスをまとめたことであるが，試験範囲外として授業中に教育研究の一環として取り組むのも，レベルの高い学生のためになると思う。

第四の特徴は，0章を設けて，制御の歴史を踏まえつつ，制御の展望や制御対象のモデル化とシステムの表現について述べた後，制御対象のシステム解析や制御系設計について概観したことである。

本書では，そのあと，1章で，序論として制御やシステムの定義や概念，表現や表現変換法について述べ，2章で，種々の対象のモデリングについて述べ，3章で対象とシステムの解析について，4章でレギュレータとオブザーバについて，5章でロバスト制御について述べる構成とした。6章で，それまでの章から創発に関するものを集めて，システム制御創発について述べる構成としたが，創発について体系的に網羅したものではない。学部レベルを越えるための便宜的なものである。最後に付録として本書理解に必要な基礎的な制御数学について記載したが，より基本的な事項については，線形代数などの教科書を参考にしていただきたい。

このような章を越えた移動式構成が本書の構成上の特徴である。最後まで読破された賢明な読者は再度，4章，5章に戻って演習としてほしい。

おわりに参考文献も示したが，本書に引用させていただいた内外の書物や文献の著者に感謝申し上げます。

本書を執筆するにあたり，お世話になったコロナ社の皆様に心から感謝いたします。

最後になりましたが，学生時代よりご指導いただきました大阪大学の多くの先生方および友人諸君，三菱重工業株式会社，明治大学，桐蔭横浜大学，東京工業大学，大阪工業大学，法政大学の皆様，その他本書執筆にあたり，協力・支援していただいた多くの皆様や長年家庭を支えてくれた妻と家族に，この場を借りて深く謝意を表します。

2014年8月

著　　者

目　　　次

0. は じ め に

1. 制御とシステムの基礎

2. 種々の対象のモデリングと表現

3. 対象とシステムの解析

4.　レギュレータとオブザーバ

5.　簡易ロバスト制御

6.　システム制御創発

0 はじめに

本章では，制御とシステムの歴史を踏まえた展望や制御対象のモデル化とシステムの表現について述べた後，制御対象のシステム解析や制御系設計について概観し，最後に構成について述べる。

0.1 制御とシステムとは

われわれの身近な生活空間の中にはエアコンや冷蔵庫など制御技術を使ったものがたくさんある。例えば，エアコンには室温を自動的に制御する機能がついており，センサ（sensor）で室温を計測して，設定温度と比較して，冷房なら設定温度を越えたらクーラを起動し，設定温度以下になったら停止する。暖房なら設定温度を越えたらヒータを停止し，設定温度以下になったらヒータを起動する。このように起動か停止かの二つの状態を切り替えて操作する制御方式を，**オン・オフ制御**（on-off control）という。3 値以上を切り替える**多値**（**離散値**）**制御**（multi-value control）もある。操作状態が離散値ではなく，連続的に変化する制御を**連続制御**（continuous control）という。

エアコンの場合は制御目的が室温を調節することから，調節制御と呼ばれる。調節制御にも各種の方法があるが，本書ではおもにフィードバック制御について述べる。フィードバック制御とは，エアコンの例で説明すると，信号の流れの下流側にある室温を測って，上流側にある設定温度と比較して，その偏差によって操作を変える制御形態であり，下流側から上流側へ信号を戻して（バック）制御器に供給（フィード）することから，フィードバックと呼ばれる。

このようなフィードバック自動調節制御の歴史は古く，産業革命の担い手となった蒸気機関の回転速度を制御するために，供給蒸気量を機械的に自動調節するサーボ機構として遠心ガバナ（**図 0.1**）が使用されていた。これは，蒸気機関の回転速度が速くなるとガバナに取り付けられたおもりが遠心力で開き，蒸気供給弁を閉じて蒸気供給量を絞る構造になっており，逆に遅くなればおもりが自重で閉じて蒸気供給弁を開き，蒸気供給量を増やすという制御上の仕組み（機構：からくり）となっている。弁の開閉のために，遠心力を用いる機械式ではなく，油圧を用いる油圧式や電気を用いる電気（電子）式があるが，発電プラントではタービンの大容量化と自動化に伴って，電子油圧式ガバナ（electro-hydraulic governor）が主流になってきている。遠心式は速度計測も遠心力を用いるが，最近では速度センサを用いるものも多い。

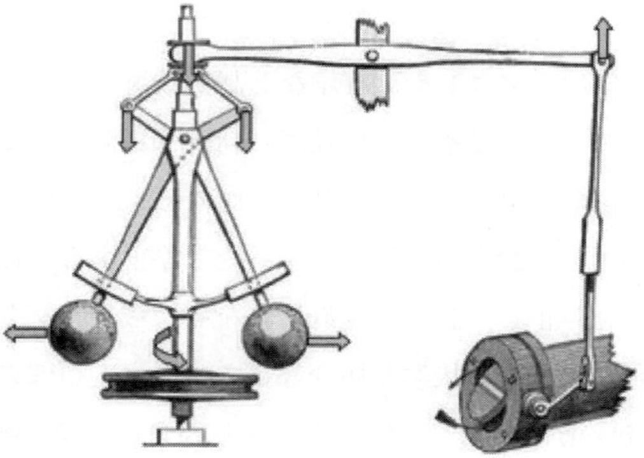

回転軸の速度が上昇すると連結されたおもりが遠心力で外側に広がって，てこ式レバーの反対側に設置された蒸気バルブが絞られ，回転数が下がる。逆に回転数が下がりすぎるとおもりが自重で狭まり，レバーにつながった蒸気バルブが開いて調速を行う

図 0.1　遠心ガバナ（Wikipedia）

ワット（Watt）の時代にはこのような制御機構はボイラのプロセス制御（process control）にもあったようで，うきを使ったボイラ水位制御（level control）と圧力制御（pressure control）が行われていた。現代では，発電プラントにおいて，多くのプロセス量を計測して利用するセンサベースの大規模な分散型の計算機制御（computer control）によるフィードフォワード・フィードバック制御（feedforward-feedback control）などが行われている。

しかし，おもりやうきのような計測部や制御機構をもたないものであれば，風が機体に当たる力のバランスを利用した風車の風向制御が，自動制御の起源だともいわれている。いずれにしても，紀元前の伝承を除けば18世紀が近代自動制御の起源であろう。その後普及した古典制御理論は演算子法からラプラス変換法（Laplace transformation）への移行期を経て演算子法が復活し，両者の特徴を理解しながら混在して使用される時代へと移行しつつある。本書もこの立場である。古典制御の一時代を築いたPID制御は，未（いま）だにプロセス制御の現場での王座を譲らず，2自由度制御や協調制御から簡易ロバスト制御へと進化し続けている。また，古典制御から現代制御への転換点は1963年に状態空間論（state space theory）を導入したZadeh，Desoerのシステム理論が起源であろう。オブザーバや**カルマンフィルタ**（Kalman filter）による**状態推定**（state estimation）と**最適レギュレータ**（optimal regulator）が現代線形制御理論の二つの花であり，両者は美しく融合化された。いまでは**LQR**（linear quadratic control）や**LQG**（linear quadratic Gaussian control）と呼ばれてCAD（computer aided design）ツール化されるに至っている。

一方，温度，流量，圧力のような工業量を測定し，これを自動的に制御するセンサベースの自動制御は，1920年代にアメリカの石油精製プロセスで始まったようである。集中型の**DDC**（direct digital control）時代から分散型に至るまで，発電プラントの大規模な計算機制御を可能にした転換点は，**POL**（problem oriented language）言語での**可視化プログラム**（visual programming）の導入が起源であろう。

これによってプロセス制御の開発は大幅に高速化かつ省力化されたといえる。最近では可視化プログラムは制御系のCADツールとして，現場だけでなく教育機関でも使用できるようになってきている。

最近のロボットでも，サーボ機構を利用して外乱を絶縁してハードサーボ化する方法と，制御機能によってソフトサーボとハードサーボを選択する方法がある。外乱は絶縁せずに有効利用する技術も開発されているので，これらは目的によって使い分ける必要がある。

ロボットのように複数の要素が結合して，相互に影響し合いながら，全体として一定の機能を果たすものをシステムと呼んでいる。身近なエレベータ・自動車・船舶・飛行機などの乗り物もシステムであり，機械の仕組み（機構：からくり）を利用した日本の古いロボットとしては，18 世紀から 19 世紀につくられた茶運び人形（**図 0.2**）もシステムである。

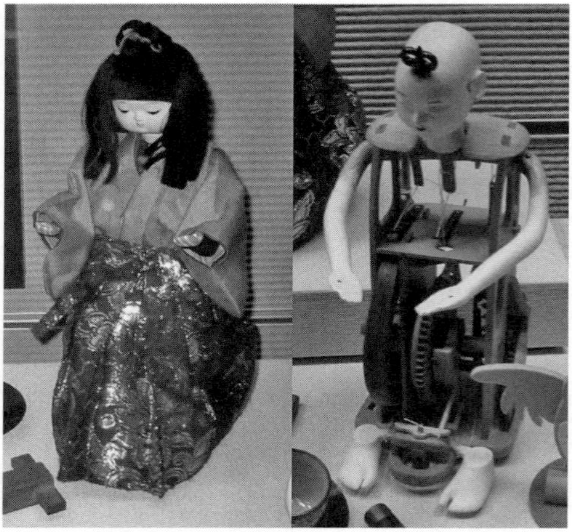

時計に使われていた歯車やぜんまいを利用してからくりがつくられたようである。国立博物館や大英博物館に現存する

図 0.2　茶運び人形（Wikipedia）

制御を応用分野によって分類すれば，プロセス制御やサーボ機構や電気制御などがある。プロセス制御とは温度・流量・濃度などのプロセス量の制御であり，サーボ機構とは位置・速度・角度・角速度・姿勢などの機械量の制御であり，電気制御とは電圧・電流・力率・無効電力などの電気量の制御である。

さて，現代では計算機やマイクロコンピュータやヒューマンインタフェースや通信技術，さらには制御理論と制御系 CAD の急速な発達によって，制御を計算ベースで行うことが主流になっており，特にプロセス制御は制御機能モジュールを用いた可視化プログラムによって進展してきた。

大規模なプロセス制御では，自動制御は分散化されて電気配線や通信によって結合され，全体としてプロセスの自動化・制御という機能を果たすようにシステム化された計算機制御システムとなっている。大規模プロセスでは，自動電圧調整装置（automatic voltage regulator，AVR）などの電気制御や，ポンプやファン用のモータ速度制御などのサーボ機構もプロセス制御に統合されつつある。

さらに大規模プロセスでは，調節制御だけでなく，補機やプラント全体の起動・停止の自動化などのシーケンス制御を主とした**プロセスオートメーション**（process automation，**PA**）では，調節制御との連携による負荷変化運転や手動/自動（M/A）の切換運転，あるいは機器の保護インターロック（interlock）などの安全運転が優れていた。

また，インテリジェントビルは空調やセキュリティ管理が優れている。両者にはコジェネレーション（熱電併給システム）が設置されて，買電も含めたエネルギーの総合管理が行われることもある。

プロセスやインテリジェントビルの自動化・インテリジェント化技法は，工場やオフィス，移動機械（自動車・バス・電車・建設機械・農機など）や家庭へも展開されつつあり，**ファクトリーオートメーション**（factory automation，**FA**）や**オフィスオートメーション**（office automation，**OA**），**ホームオートメーション**（home automation，**HA**），あるいは**スマートハウス**などを産み出した。

最近では，携帯やスマートホンなどの無線通信との連携で，インテリジェント化やセキュリテイ管理という面ではスマートハウスが前者を凌（しの）ぎつつある。

無人化・ロボット化・統合化という面では，GPS や車車間通信を利用した移動機械の安全停止制御・無人運転・軌道追従運転などに特徴があった。

プロセスのみならずロボット分野においても，さまざまなレベルの可視化プログラムの低コストな**ロボット言語**が開発されてきた。プロセス制御用のような PID 制御モジュールや状態モデルモジュールなどの制御機能モジュールは，ブロック線図のように配置できるものではなく，前進・後退・右折・左折や UP・DOWN・開・閉・右回転・左回転などの動作モジュール，および GO_TO・LABEL・FOR_NEXT などのプログラム機能モジュール，さらにはセンサ追設の IF_THEN プログラム機能モジュールを用いたものもあるし，遠隔マニュアル操作でのロボット動作を視認で確認しながら自動時間設定が可能な時限シーケンスモジュールをシリーズに並べて，再生や巻戻しができるものもあり，センサフィードバックを有する動作シーケンスの分岐・合流ループが可視化プログラムできるものまである。さらに，産業用指向のロボットにはさまざまな高機能をもつものがあるが，本書では省略する。

今後はこれらのうち有用な自動化プログラミング技法がファジー・ニューロ・GA・AIなども含めながら進化し，プロセスオートメーションなど，さまざまな分野にも必要に応じてフィードバックされ，水平展開されている。

このように多くの自動化・インテリジェント化システムでは，調節制御だけでなくシーケンス制御も同一ハードや通信技術によって統合化されて機能や重要度を増しているが，本書の内容を超えるので，身近な例であるエレベータ制御への応用にとどめる。また，インテリジェント制御も省略する。

0.2　制御対象のモデル化とシステムの表現

制御対象を制御する方法として，モデル化の観点からは大きく分けて，モデルに基づく方法とモデルに基づかない方法がある。

前者は，さらに，物理モデルに基づく方法，モデル次数ごとの標準モデル（伝達関数や微差分方程式などがある）に基づく方法，**自己回帰モデル**（**AR**）や**移動平均自己回帰モデル**（**ARMA**）などの時系列モデル，**隠れマルコフモデル**（**HMM**）や**一般化線形モデル**（**GLM**），**階層ベイズモデル**（**HBM**）や**一般化混合線形モデル**（**GLMM**）などの統計モデルに基づく方法などがある。特徴はモデルの完成には，システム同定，次数決定，パラメータ同定，統計的推定などが必要であり，必要な条件がそろえば制御シミュレーションによって制御性能評価が可能で，制御性能改善が理論的にできる点である。

後者は，オン・オフ制御のように制御量の目標値からの偏差の大きさのしきい値に基づく方法，実験的最適化制御のように評価関数の実験値に基づく方法，多くのシーケンス制御やプログラム制御のように，時間帯や作動・停止時間や各種条件に基づく方法，モデルに基づかないファジィ制御のように制御偏差とその変分のファジィ集合のメンバーシップ関数に基づく方法などがある。

本書は制御技術や制御結果のみを重視するものではなく，理学や工学と制御理論の理解による改善や進展によって，より優れた制御の発展と教育効果を期待する立場から，物理モデルに基づく制御を第一義に据えた構成としている。しかし，モデルに基づかない制御との融合を否定したり，嫌うものではない。

モデリングの例として扱っているおもな分野は物理，機械（熱・流体・振動），電気などの集中系（微分方程式モデル）である。化学・生物系や分布系（偏微分方程式モデル）や離散事象系（不定期イベントモデル）や確率系（確率統計モデル）などは省略した。

システムの表現についても，モデル化の種類以上にあるといってもいいが，紙面の都合と汎用性と有用性の観点から，微差分方程式表現，解表現，伝達関数表現，ブロック線図のようなグラフ表現などの主要なものに限定した。

特に，微分方程式表現から伝達関数表現を求める方法としては，イギリスの電気エンジニアであるヘビサイドの微分演算子法と，フランスの数学者であるラプラスのラプラス変換法を併用する。むしろ両者の意味は違うがすべての初期値をゼロとすれば同じ形の伝達関数となることから，微分演算子とラプラス積分の核に用いる複素数を同じ記号 s として，便利であるという観点から混用する。

0.3　制御対象のシステム解析

制御対象のシステム解析手法は数多くあるが，増渕の自動制御基礎理論などにかなり紹介されているので，本書では満足できない読者はそちらを参照してほしい。

本書では主として制御系計算機援用設計（CAD）ツールの定番であるMATLAB®，Simulink®（Mathworks Inc.：以下省略）の線形変換ツールで採用されているもののうち，どの教科書にもあって重要度の高い，ステップ応答，根軌跡，ボード線図，ベクトル軌跡（ナイキスト線図）の四つを基本とした。

インパルス応答も伝達関数の逆ラプラス変換であるという重要な意味がある

が，ステップ応答の導関数であるという特性から想像がつきやすいので，必要なとき以外は割愛した。逆に，ステップ応答はインパルス応答の積分関数である。付録Eのインパルス応答を積分しても求められる。

安定性解析についても，多くの方法があるが，嘉納らの動的システムの解析と制御などにかなり紹介されているので，本書ではステップ応答やインパルス応答などの時間領域での解の有界性や漸近安定性を支配する特性方程式の根，すなわち極に基づくものと，制御後の閉ループも含めた自律系（自由応答系）のポテンシャル関数の安定性に基づくリアプノフ法，およびベクトル軌跡やボード線図のように開ループの周波数応答の安定度から閉ループにしたときの安定性を推定する方法に基づくものに限定した。

0.4　制御系の設計

制御系の設計方法としては，優れた規範モデル（一次系など）にマッチングするように逆システム補償器や制御パラメータを逆算で決定する**モデルマッチング法**，Ziegler-Nicolsの**比例積分微分（PID）制御**の**パラメータ調整法**のように標準モデルの同定パラメータから経験的に決定する方法，極・ゼロ配置による**根軌跡改善法**，**ステップ応答改善法**，**周波数応答改善法**などがある。さらに，**適応同定制御**のように制御偏差の漸近安定性を保証するようにモデルパラメータや操作量を決定する方法，最適化制御や**教師なし学習制御**のように出力の評価関数を改善するように操作量を決定する方法，**教師あり学習制御**のように規範となる教師信号（目標値）を模倣したり，追従したりなど制御偏差の評価関数を改善するように操作量を決定する方法，ロバスト制御のように種々の要因に対するロバスト安定性を保証するように，制御対象の周波数特性を改善する方法と制御器のパラメータ調整に基づく方法など，さまざまである。

ここに挙げた方法も代表的な一例であり，それぞれの分野ごとに，あらゆる方法があるだろうといっても過言ではない。個々に細かな注意も多い。

そこで，本書では設計論には深く立ち入らないことにした。

1 制御とシステムの基礎

本章では本書全体を理解する上で必要な，定義や種類や概念や表現など，制御とシステムの基礎について述べる。

1.1 制御の定義と種類

本書の記載事項をより理解しやすくするために，初めに制御の定義と種類と分類を簡潔にまとめておく。本書では種類や分類として，つぎのようなものを挙げた。制御の機能と形態による種類，機械化および自動化の種類，自動制御や自動化の目的と目的別制御の種類，制御の応用分野別の種類，制御の動力源による種類，制御の目標値の種類による分類，制御の自由度による分類，制御信号の種類による分類，制御のループ数による分類，制御器とアクチュエータの距離による分類などである。

制御とは目的をもって制御対象に，なんらかの操作を加えることである。制御目的を表す量を目標値といい，制御目的を表す命令を**作業命令**と呼ぶ。操作には**連続操作**，**定周期操作**，**オン・オフ操作**，**限界操作**，**離散値操作**，**間欠操作**，**イベント（離散事象）操作**などがある。

制御には大きく分けて，室温制御のようにシステムの状態を定量的目標値に維持したり追従させたりする**調節制御**と，エレベータのようにシステムの状態を逐次変更する**シーケンス制御**（sequential control）がある。調節制御には，その形態によって，**フィードバック制御**（feedback control）や**フィードフォワード制御**（feed forward control）などがあるが，本書で扱うのは主に理論的完成度が高いフィードバック制御理論である。

古来人手で行ってきた生産活動を，産業革命以降かなりの割合で機械で行うようになってきた。これが機械化である。このような生産活動や生活活動に浸透してきた機械を従来は人手で運転操作してきたが，それも含めて機械で行うようになってきた。機械化や自動化によって人間の体力や能力や感覚の限界を超えられるようになった。この機械の運転操作を自動化制御装置によって行うのが**自動化**（automation）である。すべての運転操作を装置が行う**全自動化**（full automation）と一部を人間の判断操作によって行う**半自動化**（semi automation）がある。自動化の重要な機能の一つが機械の制御である。制御装置によって自動的に行われる制御が**自動制御**（automatic control）であり，人間の判断と操作によって行われる制御が**手動制御**（manual control）である。制御装置と制御対象の系統的な組合せを**制御系**（controlled system），自動制御が行われる制御系を**自動制御系**という。手動/自動切替装置も重要である。

自動制御や自動化の目的はさまざまであり，安全性（safety）の向上，安定性（stability）の向上，機器の保護，故障・劣化・余剰機器の停止・負荷抑制，待機機器の起動，省エネルギー，省力化，最適性の維持，機器の運転台数の選択，機器の応答の高速化，干渉の削減，自動化制御対象の変化変動に対する追従性・適応性（adaptability）・ロバスト性（頑健性，robustness）・学習能力の向上，不確定性（uncertainty）や曖昧性（fuzzyness）に対する対処，エキスパート（expert）の運転操作の模倣，機器の振動（vibration）・騒音（noise）の抑制，渋滞（congestion）やデッドロック（deadlock）の防止・抑制など数多くあり，新たな制御方法や自動化方法の進歩に伴い，機能が増え，目的も増えてきた。最初のグループのような安全保護制御を**インターロック**（interlock）と呼ぶ。つぎのグループが**最適化制御**（optimizing control）および**最適制御**（optimal control）である。**非干渉制御**（decoupling control），**適応制御**（adaptive control），**ロバスト制御**（robust control），**学習制御**（learning control），**ファジィ制御**（fuzzy control），**人工知能制御**（artificial intelligent control），**振動制御**（vibratory control），**渋滞制御**（congestion control）などの目的別制御も含まれている。ニューロ制御やマイコン制御などの手段別制御もある。

制御を応用分野によって分類すれば，温度・圧力・流量・濃度・反応速度・PH などのプロセス量を制御する**プロセス制御**（process control），位置・速度・加速度・回転数・姿勢・角度・高さなどの機械量を制御する**サーボ制御**（servo control），電圧・電流・電力・周波数・力率などの電気量を制御する**電気制御**（electric control），ゲートや信号などを制御する**交通制御**などがある。

制御をアクチュエータの動力源の種類によって分類すれば，機構，電動，空気圧，油圧，蒸気圧（タービン動ポンプや蒸気エゼクタなど）などがある。空気圧や油圧利用といえども制御に電動弁を使用すれば電気が必要である。

制御の動力源を制御対象のもつエネルギー源から得る**自力制御**（液面に浮かぶフロートの重力と浮力によって入口弁を開閉することによる液位制御や，流体の圧力とばね付きダイヤフラムによって開閉する圧力調整弁は，駆動力にも電気を使わない。対象の温度で駆動するバイメタルで制御するヒータは動力源に電気を使用する）と他のエネルギー源から供給する**他力制御**に分類される。モータ界磁の励磁力の場合は自励・他励という。磁気浮上およびフライホイール分野や機構の静止摩擦を用いた方向制御（静止ロック制御）などのようにエネルギーを消費しない（動かない・電流を流さない）**ゼロパワー制御**もある。

目標値の種類によって分類すれば，目標値が一定の**定値制御**（set-point control），目標値が任意の変化をする**追従制御**（tracking control），目標値があらかじめ定められた変化をする**プログラム制御**（program control）などがある。内側ループの目標値を制御する**カスケード制御**（cascade control）や目標値の**予測制御**（predictive control）などもある。

制御器の数や自由度によって，2 自由度制御や多自由度制御などという場合もあるが，目標値フィルタも制御に数えれば自由度が上がる。

制御信号の種類によって，時間的に連続な信号で行う連続制御やサンプルホールド信号で行う**サンプル値制御**（sampled-data control）などもある。実数を扱えるアナログ装置を用いてアナログ信号で行うときに**アナログ制御**（analog control）といい，計算機を用いて量子化された信号で行うときに**ディ**

ジタル制御（digital control）という。工作機械への作業指令をコード化された数値信号で行う場合には**数値制御**（numerical control）という。

制御のループ数によって，**シングルループ制御**（single loop control）や**マルチループ制御**（multi loop control）などと呼ぶ。そのような種類の制御装置が市販されている。マルチループでは非干渉制御が重要である。

アクチュエータ（actuator）とそれを動かす制御器（controller）や監視装置（supervised device）や操作室（operation room）が離れており，電気信号や通信（communication）によって遠隔監視（remote supervision）と遠隔操作を行う制御方式を**遠隔制御**（**リモート制御**，remote control）といい，アクチュエータとそれを動かす制御器が共に現場にある制御方式を**ローカル制御**（local control）という。近年は無線通信の信頼性が上がり，重要度が増している。

1.2　システムの概念

本書でしばしば登場する**システム**（system，日本語では**系**と訳されることが多い）とは，**図 1.1** の**ブロック線図**（block diagram）に示すように，**入力**（多変数の場合はベクトル）が入ってきて，なんらかの機能を果たして，**出力**（ベクトル）が出ていくものである。図の中で長方形の枠で示したものを**ノード**といい，機能名称（後述の伝達関数や状態方程式などの場合もある）を記述する。有向片矢印で示したものを**アーク**といい，信号（ベクトル）名称や記号を記述する。

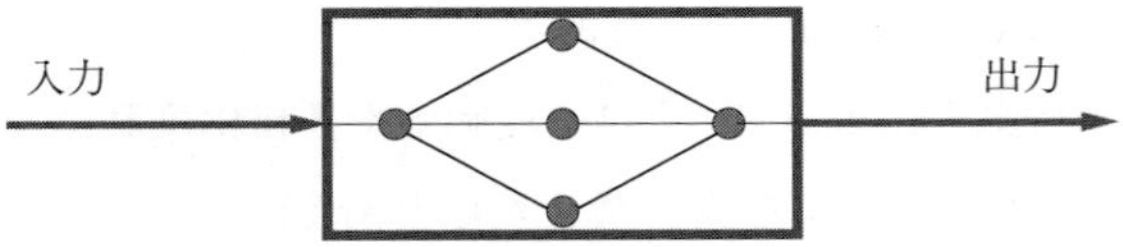

図 1.1　システム概念のブロック線図

入力（ベクトル）から出力（ベクトル）を生成するには，静的な代数関係式やグラフやテーブル（静特性と呼ぶ）を用いる場合と，動的な微分方程式や差分方程式，あるいは伝達関数行列や周波数伝達関数行列（これらを**動特性**と呼ぶ）を用いる場合がある。そのために必要なシステムの現在から未来を生成するための動的挙動を記述する変数（ベクトル）を**状態変数（ベクトル）**と呼ぶ。入出力や状態変数の状況を総称したり，出力の一部を限定的に**システムの状態**（state）ということがある。

1.3 伝達関数表現と状態方程式表現

本書ではシステムとして，一般的によく使われる微分方程式で記述される**連続系**（continuous time sysem）を扱う。この他に差分方程式で記述される**離散時間系**（discrete time system）や偏微分方程式で記述される**分布系**（distributed system）などがある。イベントによって駆動される離散事象系も重要である。

連続線形系をつぎのように入出力変数だけの高階微分方程式で記述することもできる。本書では時間によって係数が変化しない**定係数系**（時不変系）を扱う。この他に**時変係数系**（時変系）などもある。

もともとは 1 入力 1 出力の高階微分系であるが，後で状態方程式に直して m 入力 n 変数系にするために，x は n 階，u は $m-1$ 階微分方程式とした。この他に独立な多入力多変数系もある。次式は独立変数が一つの 1 自由度系である。

$$
\begin{aligned}
&a_n \frac{d^n x}{dt^n} + a_{n-1} \frac{d^{n-1} x(t)}{dt^{n-1}} + \cdots + a_1 \frac{dx(t)}{dt} + a_0 x(t) \\
&= b_{m-1} \frac{d^{m-1} u(t)}{dt^{m-1}} + \cdots + b_1 \frac{du(t)}{dt} + b_0 u(t) \qquad (1.1)
\end{aligned}
$$

ここで使用している微分の記号はもともとはつぎのような時間変数 $x(t)$ の微小変分 $\varDelta x(t)$ と時間 t の微小変分 $\varDelta t$ の比のゼロ極限で定義されたものである。

$$
\frac{dx(t)}{dt} = \lim_{\varDelta t \to 0} \frac{\varDelta x(t)}{\varDelta t} \qquad (1.2)
$$

高階微分の記号はこの操作を繰り返したものである。これをつぎのように分離して書くと時間変数 $x(t)$ に対して微分作用をする微分演算子 d/dt になる。

$$\frac{d}{dt}x(t)=\frac{dx(t)}{dt}=\lim_{\Delta t\to 0}\frac{\Delta x(t)}{\Delta t} \tag{1.3}$$

本書では演算子法への橋渡しのために微分や導関数の記号として，ドット微分 $\dot{x}(t)$ や右辺の表記ではなく，この左辺の表現を多用する。

しかし，この微分演算子記号では2行になるし，割り算（有理関数）が表現しにくいので不便である。そこで，微分演算子を1文字の p や s に置き換えれば，**1入力1出力系**（**SISO系**ともいう）なら簡単につぎのような入力を出力へ伝達するための**伝達関数**（transfer function）で表現することができる。**ラプラス変換法**（Laplace transformation method）でも初期値を0とすれば同じ伝達関数になる。

つぎのように，$f(\alpha x_1+\beta x_2)=\alpha f(x_1)+\beta f(x_2)$ とできるとき，x について線形，$g(\alpha u_1+\beta u_2)=\alpha g(u_1)+\beta g(u_2)$ とできるとき，u について線形という。

つぎのように整理できる線形系ならば，伝達関数は演算子 s の有理関数で表現できる。式(1.4)は時間領域（演算子法），式(1.5)は複素領域（ラプラス変換法）である。

$$(a_n s^n+a_{n-1}s^{n-1}+\cdots+a_1 s+a_0)x(t)=(b_{m-1}s^{m-1}+\cdots+b_1 s+b_0)u(t) \tag{1.4}$$

$$x(t)=\frac{b_{m-1}s^{m-1}+\cdots+b_1 s+b_0}{a_n s^n+a_{n-1}s^{n-1}+\cdots+a_1 s+a_0}u(t),$$
$$X(s)=\frac{b_{m-1}s^{m-1}+\cdots+b_1 s+b_0}{a_n s^n+a_{n-1}s^{n-1}+\cdots+a_1 s+a_0}U(s) \qquad (n\geqq m-1) \tag{1.5}$$

ここで，〜〜〜部が伝達関数である。

それに対して，変数の数を十分に増やす（出力の各階導関数を新たな状態変数と定義していく**位相変数法**が一般的である。n 階なら n 変数）ことによって，つぎのような1階の微分方程式で表現することを**状態方程式表現**という。まず，左辺に係数のない導関数をもって来るために x の最高次の係数を1にする。これを**モニック表現**という。新たな係数にはダッシュを付けた。

これらをベクトル・行列の成分表現を用いて記述すれば，つぎのようになる。

$$x_{n+1}(t)+a'_{n-1}x_n(t)+\cdots+a'_1x_2(t)+a'_0x_1(t)$$
$$=b'_{m-1}u_m(t)+\cdots+b'_1u_2(t)+b'_0u_1(t),$$
$$x_{n+1}(t)=\frac{d}{dt}x_n(t)=-a'_{n-1}x_n(t)-\cdots-a'_1x_2(t)-a'_0x_1(t)+b'_{m-1}u_m(t)+\cdots$$
$$+b'_1u_2(t)+b'_0u_1(t),$$

$$\begin{bmatrix}\dfrac{d}{dt}x_1(t)\\ \dfrac{d}{dt}x_2(t)\\ \vdots\\ \dfrac{d}{dt}x_n(t)\end{bmatrix}=\begin{bmatrix}0 & 1 & \cdots & 0\\ 0 & 0 & 1 & \vdots\\ \vdots & \vdots & 0 & \vdots\\ -a'_0 & -a'_1 & \cdots & -a'_{n-1}\end{bmatrix}\begin{bmatrix}x_1(t)\\ x_2(t)\\ \vdots\\ x_n(t)\end{bmatrix}+\begin{bmatrix}0 & 0 & \cdots & 0\\ 0 & 0 & \cdots & 0\\ \vdots & \vdots & \cdots & \vdots\\ b'_0 & b'_1 & \cdots & b'_{m-1}\end{bmatrix}\begin{bmatrix}u_1(t)\\ u_2(t)\\ \vdots\\ u_m(t)\end{bmatrix} \tag{1.6}$$

最下段の行（横）ベクトル $\boldsymbol{a}$, $\boldsymbol{b}$ に係数が順に並び，$\boldsymbol{a}=[-a'_0,-a'_1,\cdots,-a'_n]$, $\boldsymbol{b}=[-b'_0,-b'_1,\cdots,-b'_n]$，行（横）ベクトルと列（縦）ベクトルを内積の掛け算 $\{\boldsymbol{a}$ の i 番目と $\boldsymbol{x}$ の i 番目を掛けて足していく。$\boldsymbol{b}$ の j 番目と $\boldsymbol{u}$ の j 番目を掛けて足していく。$(i=1,2,\cdots,n)(j=1,2,\cdots,m)\}$ をすればスカラになるので，最下行は $dx_n(t)/dt=\boldsymbol{a}\cdot\boldsymbol{x}(t)+\boldsymbol{b}\cdot\boldsymbol{u}(t)$ と書ける。その他の行も同様。

導関数を新たな状態変数に定義していくための係数1が対角項の右上に並ぶことにも注意してほしい。この表現法の本書における概略必要性は先に述べたが，種々の表現形式の変換法や詳細性質や計算法などについては後で述べる。多自由度系ではこのようにならないことに注意してほしい。

1.4 フィードバック制御システム

フィードバック制御システムとしてはカスケード制御（制御器の目標値を別の制御器で構成するタイプ）や**3要素制御**（複数の物理量を計測して，それらのマスバランスを利用して調節信号を構成する）などもプロセス制御ではよく使用されているが，ここでは2自由度カスケード制御の基本ブロック図をつぎの**図1.2**に示しておく。ここでは，2出力を1本の線で表した。

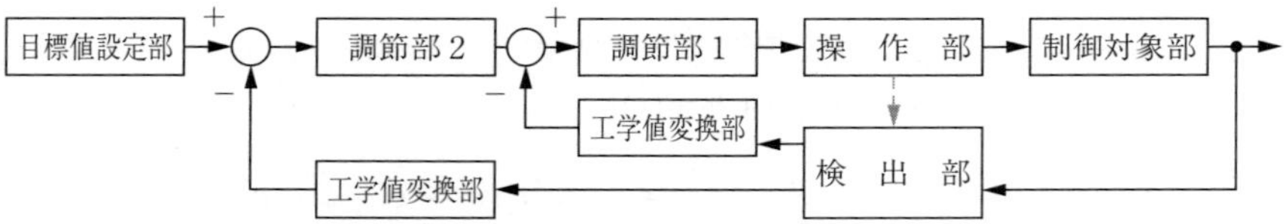

図1.2　2自由度カスケード制御の基本ブロック線図

理論的に検討する場合には，**図1.3**のように簡単化することが多い。これはPID制御（比例P・積分I・微分D）のように制御対象の前に制御器を置く**前置型**である。4章に出てくる**レギュレータ**（regulator）のように制御対象の後に制御器を置く**後置型**もある。これらの組合せ型（**I–PD制御型**（比例微分ローカル制御の外側ループに積分制御）やI–LQR型など）もある。

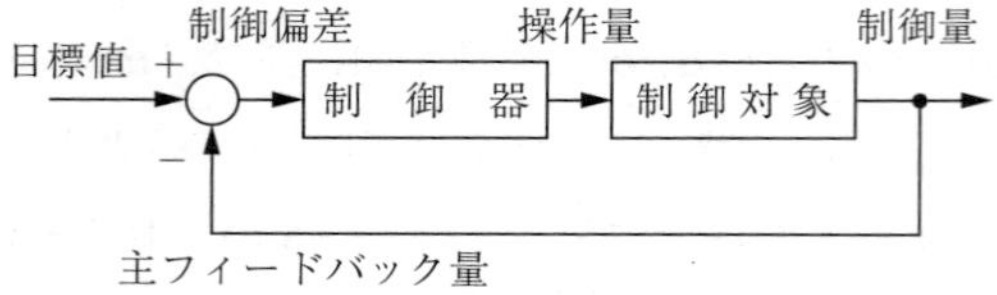

図1.3　フィードバック制御システム

フィードバック制御システムのブロック線図は，この図のように簡易的にアクチュエータも含めた制御対象システムと制御システムの二つのブロック，白丸と符号で表示する合流部，黒丸で表示する引出点，という組合せで記述されることが多いが，実システムとは異なる。

ここでは係数1のフィードバックを行っているが，これを**ユニティフィードバック**といい，定性的理論研究ではよく用いられる。制御対象の制御される量を**制御量**（controlled value），制御対象を操作する量を**操作量**（manipulated value），制御量の目的とする量を**目標値**（set–point），制御量を目標値と比較するために生成される量を**主フィードバック量**（primary feedback value）といい，目標値と主フィードバック量の偏差を**制御偏差**（controlled deviation）という。このように差をとるフィードバックを**ネガティブフィードバック**というが，和をとるフィードバックもあり，この場合は**ポジティブフィードバック**

という。ポジティブフィードバックの場合には制御偏差とはいえないので，一般的には制御器入力信号を**制御動作信号**という。スカラや機能表現の比較器ではネガティブ表示が多いが，行列表現ではフィードバック行列やベクトルにマイナス符号を含めて，合流部符号をどちらもポジティブ表現にすることが多いので注意が必要である。

フィードバックシステムの**総合伝達関数** $W(s)$ を，制御対象ブロック $G(s)$，コントローラブロック $C(s)$，フィードバックブロック $H(s)$ と対応する目標値設定ブロック $H(s)$ を含む場合について，求めてみよう。

$$y(t)=C(s)G(s)e(t), \qquad e(t)=H(s)\{r(t)\mp y(t)\}, \qquad y(t)=W(s)r(t) \tag{1.7}$$

ここで，$W(s)$ は次式のフィードバックシステムの総合伝達関数である。

$$W(s)=\frac{C(s)G(s)H(s)}{1\pm C(s)G(s)H(s)} \tag{1.8}$$

ここで，複合は + がネガティブフィードバックで，− がポジティブフィードバックの場合である。$C(s)$, $G(s)$, $H(s)$ のこのような結合を**フィードバック結合**と呼ぶ場合もある。

分母の $C(s)G(s)H(s)$ を**一巡伝達関数**（open loop transfer function）といい，開ループ特性から閉ループ安定性を決定する解析に用いられる。線形系の伝達関数は有理関数型になるから，分子を $N(s)$，分母を $D(s)$ と表現するとつぎのようになる（N は neumerator，D は denominator）。

$$W(s)=\frac{N_C(s)N_G(s)N_H(s)}{D_C(s)D_G(s)D_H(s)\pm N_C(s)N_G(s)N_H(s)} \tag{1.9}$$

この他に，一般的な制御ブロック図では，アクチュエータシステムや計測・シグナルコンディショナ（信号増幅やインピーダンス変換などの信号調整器）システム，あるいはオブザーバやフィルタシステムが必要であるが，操作部や検出部は制御対象や制御システムに含めて記述され，後述の PD オブザーバや PD レギュレータ，あるいは PD 予測器などは省略されていることが多いので注意を要する。オブザーバを検出部に含めるなら入力からの接続線が必要であるが，微分で代用する場合は不要である。

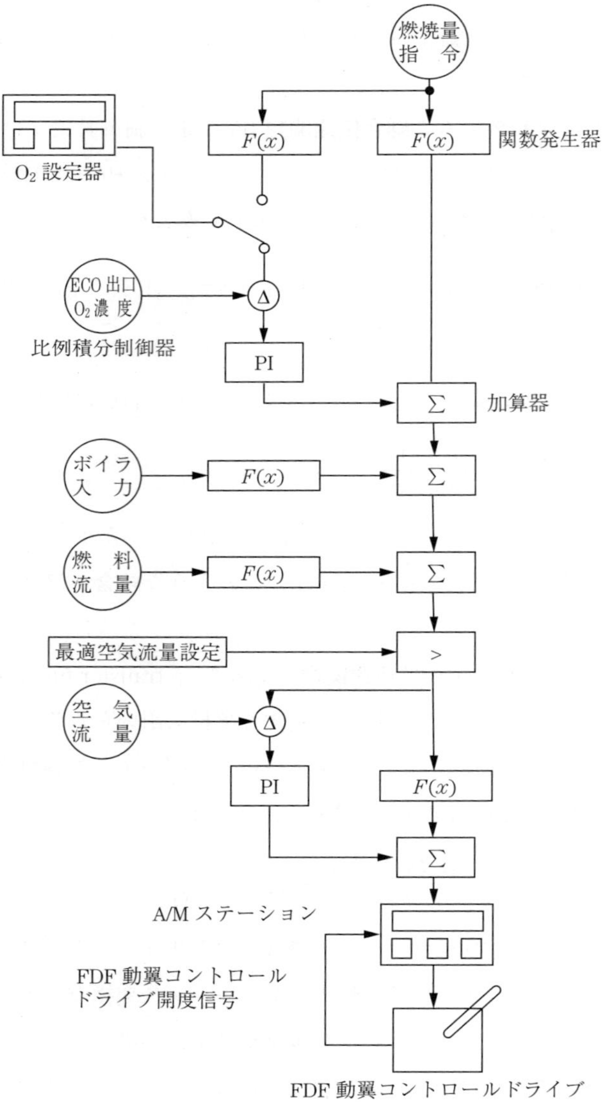

図 1.4　多自由度カスケード制御の具体例（ノード内記号は単にシンボル）

図 1.2 の構成図以外に，物理的な意味のわかる多自由度のカスケード制御の具体例を**図 1.4** に示す。プロセス制御の実務で使用されるブロック図はこのように縦書きにすることが多い。これが多段の滝（カスケード）のように見えることからカスケード制御と呼ばれる。この例は，下位系の空気流量制御で FDF（押込み通風機）動翼ドライブを操作し，上位系の ECO（エコノマイザ）出口 O_2（酸素）制御でその目標値を操作する，カスケード制御である。

出口流量と入口流量の偏差制御の目標値操作を液位制御で行う 3 要素制御の構成図が**図 1.5** である。この図は構成説明用の簡略表示なので注意が必要である。ここで，RVC は目標値制御器，FBC はフィードバック制御器，SSC はセンサシグナルコンデショナの略語である。表示の目標値と制御量は液位である。

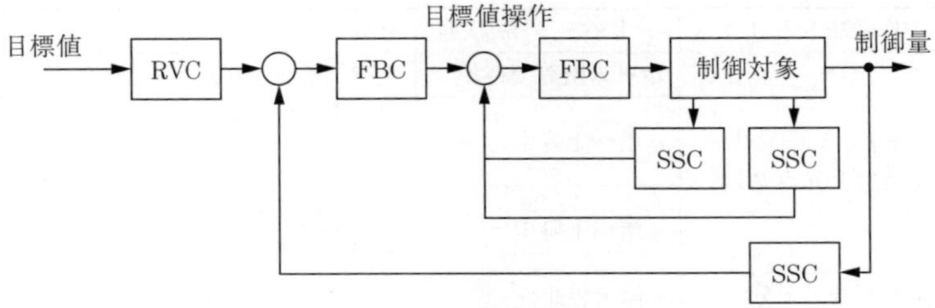

図 1.5　3 要素制御の構成図

フィードバックの概念は調節制御だけでなく，**図 1.6** のようなシーケンス制御系においても，制御対象の状態を**命令処理部**や**制御装置**にフィードバックして，状態の条件によって作業命令に対する**制御命令**や制御命令に対する**操作**を変更することがある。ここでは検出器は記述を省略した。

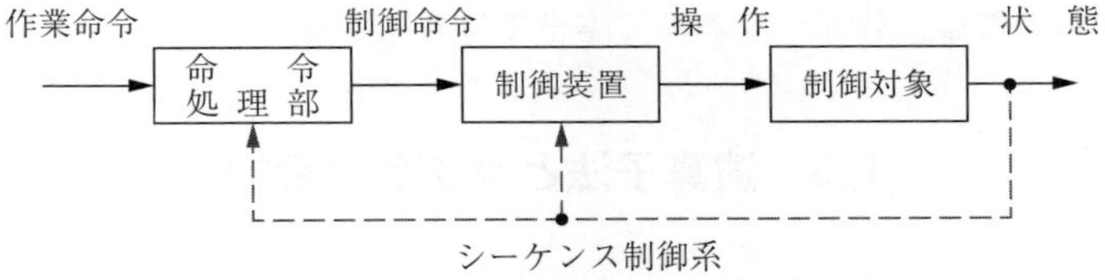

図 1.6　状態のフィードバックを有するシーケンス制御系の構成

例えば，エレベータの昇降制御を例にすると，2階から上階への昇り呼出しボタンを押して，2階で停止という作業命令を発しても，エレベータの状態によって，エレベータ制御装置への制御命令は変わる。これがシーケンス制御のフィードバックの例である。タクシーのように調節制御が組み込まれる例もある。

図1.6では命令処理部のフィードバックの具体例がわかりにくいので，つぎの**表1.1**のようなアクション（制御命令）テーブル仕様も示した。中央の第2，第3スロットがフィードバック状態である。図のブロック線図ではシーケンス制御で重要な状況の推移が具体的に理解しにくいので，6章の状態遷移図を書くとわかりやすくなる。

表1.1　作業命令トリガ・状態別アクションテーブルの一部

作業命令トリガ	エレベータ m 状態	乗員	アクション
一般の n 階で上昇ボタン	ホーム階等で待機	完空	優先：n 階へ移動 12, 32
	n 階へ上昇中	満員	n 階を通過し n+1 階へ 23
		有空	n 階で停止，n+1 階へ
	n 階へ下降中	有人	n 階を通過し n−1 階へ
		完空	n 階で停止，n+1 階へ
トリガなし s 分	n 階で停止	完空	ドアを閉めて n 階で待機
トリガなし b 分	n 階で待機	完空	ホーム階へ移動，待機

〔注〕　これはエレベータ1台の場合である。下降ボタンの場合は省略する。

表6.2に記載した遷移条件の中には入出力ノード以外の状況（呼出し階・行き先階指定や籠内の乗員数や経過時間など）のフィードバック情報も含まれている。さらに，ドアの開閉状態などのフィードバックを増やしたほうがよい。

エレベータに上昇・下降・停止などの操作を与える制御装置へのフィードバックについては，複雑になるので本書では省略する。

1.5　演算子法とラプラス変換

入力を出力に伝達する関数が伝達関数であり，微分方程式から伝達関数の誘導法としては**演算子法**とラプラス変換法がある。多入力多出力系の場合の伝達関数行列も同様である。

初期値を考慮しなければ等価な表現の伝達関数が得られるが，演算子法が**時間領域**の入出力変換 $(u(t),\ y(t))$ であるのに対して，ラプラス変換法は**複素領域**での入出力変換 $(U(s), Y(s))$ である。

1.5.1 演算子法

ここでいう演算子法とは1階微分を微分演算子 s を変数の左に書くことによって微分作用をパラメータのように記述する方法で，n 階微分は s^n で記述する。これを用いて積分演算子 $1/s$ や進み演算子 $s+a$ や遅れ演算子 $1/(s+a)$ を定義していき，微分方程式を代数方程式に変換して，入力を出力に積演算で伝達する伝達関数を求めることができる。差分方程式では同様に進み演算子（z, z^n）や遅れ演算子（$1/z$, $1/z_n$）を用いる。

例題 1.1 （**一変数系の場合**） つぎのスカラ系の解を示し，演算子法を用いて入出力伝達関数を示せ。

$$\dot{x}(t) = -ax(t) + bu(t), \qquad y(t) = cx(t) + du(t) \tag{1.10}$$

ここで，d は入力から出力への**直達項**の係数であるが，ない場合も多い。安定系を意識して a には負号を付けた。多変数系の場合は負号は普通付けない。

【解答】 次式を直接微分すれば式(1.10)が得られることから，これが解である。

$$x(t) = x_0 e^{-a(t-t_0)} + b\int_{t_0}^{t} e^{-a(t-\tau)} u(\tau) d\tau,$$

$$y(t) = cx_0 e^{-a(t-t_0)} + cb\int_{t_0}^{t} e^{-a(t-\tau)} u(\tau) d\tau + du(t) \tag{1.11}$$

同じ入力，同じ初期値で解が二つあるとして，それらの差をとれば，それらの解の偏差は恒等的にゼロになることから解は一意である。

つぎに微分演算子 s を用いてつぎのように移項して括弧でくくって進み演算子 $s+a$ を定義し，進み演算子 $s+a$ で両辺を割って有理関数の遅れ演算子 $b/(s+a)$ を定義すれば，入力に作用して出力が得られる作用素，すなわち伝

達関数 $G(s)$ が得られる。

$$sx(t)=-ax(t)+bu(t), \qquad (s+a)x(t)=bu(t),$$

$$x(t)=\frac{b}{s+a}u(t), \qquad y(t)=\left(\frac{cb}{s+a}+d\right)u(t),$$

$$G(s)=\frac{cb}{s+a}+d \tag{1.12}$$

上式のように，分母が演算子 s の 1 次式である一次遅れ演算子の場合のシステムを，**一次遅れ系**（first order lag system）と呼ぶ。s がゼロの場合は元の式で微分項がなくなり，状態 x は一定の定常状態を表すことがわかる。式のバランスから入力も出力も一定である。このような場合の入出力比を**定常ゲイン**（steady state gain）と呼び，K で表すことが多い。式(1.12)において，直達項がなければ $d=0$，定常なら $s=0$ とおけば，$K=y/u=cb/a$ である。$T=1/a$ とおけば，直達項のない一次遅れ系はつぎのように書ける。

$$y(t)=\frac{K}{Ts+1}u(t) \tag{1.13}$$

この伝達関数表現を**一次遅れ系の標準系**といい，T は単位ステップ応答が定常値 $y_\infty=k$ の固定割合（63.2%）になる時間を表すことから，**時定数**（time constant）と呼ばれる（$y(T)/y_\infty=(1-e^{-T/T})=0.632$）。

例題 1.2 （**多変数系の場合**） つぎの多変数系の解を示し，演算子法を用いて入出力伝達関数を示せ。

$$\dot{\boldsymbol{x}}(t)=\boldsymbol{A}\boldsymbol{x}(t)+\boldsymbol{B}\boldsymbol{u}(t), \qquad \boldsymbol{y}(t)=\boldsymbol{C}\boldsymbol{x}(t)+\boldsymbol{D}\boldsymbol{u}(t) \tag{1.14}$$

ここで，$\boldsymbol{D}$ は入力から出力への直達行列である。3 項組や 4 項組を用いて，システム$(\boldsymbol{A},\boldsymbol{B},\boldsymbol{C})$とかシステム$(\boldsymbol{A},\boldsymbol{B},\boldsymbol{C},\boldsymbol{D})$とか表記する。

【解答】 次式を直接微分すれば式(1.14)が得られることから，これが解である。

$$\boldsymbol{x}(t)=\boldsymbol{x}_0 e^{\boldsymbol{A}(t-t_0)}+\int_{t_0}^{t} e^{\boldsymbol{A}(t-\tau)}\boldsymbol{B}\boldsymbol{u}(\tau)d\tau,$$

$$\boldsymbol{y}(t)=\boldsymbol{C}\boldsymbol{x}_0 e^{\boldsymbol{A}(t-t_0)}+\boldsymbol{C}\int_{t_0}^{t} e^{\boldsymbol{A}(t-\tau)}\boldsymbol{B}\boldsymbol{u}(\tau)d\tau+\boldsymbol{D}\boldsymbol{u}(t) \tag{1.15}$$

スカラ系と同様に同じ入力ベクトル同じ初期値ベクトルに対して，解が二つあるとしてそれらの差をとれば，それらの解の偏差ベクトルは恒等的にゼロになることから多変数系でも解は一意である。解の一意性は線形系の特徴である。

スカラ系の遅れ演算子は有理関数で定義したが，多変数系ではつぎの解答例ように逆行列で定義する。

$$
\begin{aligned}
&s\boldsymbol{x}(t)-\boldsymbol{A}\boldsymbol{x}(t)=\boldsymbol{B}\boldsymbol{u}(t), \qquad (s\boldsymbol{I}-\boldsymbol{A})\boldsymbol{x}(t)=\boldsymbol{B}\boldsymbol{u}(t),\\
&\boldsymbol{x}(t)=(s\boldsymbol{I}-\boldsymbol{A})^{-1}\boldsymbol{B}\boldsymbol{u}(t),\\
&\boldsymbol{y}(t)=\boldsymbol{C}(s\boldsymbol{I}-\boldsymbol{A})^{-1}\boldsymbol{B}\boldsymbol{u}(t)+\boldsymbol{D}\boldsymbol{u}(t)=\boldsymbol{C}\{(s\boldsymbol{I}-\boldsymbol{A})^{-1}\boldsymbol{B}+\boldsymbol{D}\}\boldsymbol{u}(t),\\
&\boldsymbol{G}(s)=\boldsymbol{C}\{(s\boldsymbol{I}-\boldsymbol{A})^{-1}\boldsymbol{B}+\boldsymbol{D}\}
\end{aligned}
\tag{1.16}
$$

これらの誘導式を逆にたどれば伝達関数表現から状態方程式表現への逆変換も容易であるので，各自確かめよ。スカラ系と同様に $\boldsymbol{D}=\boldsymbol{0}$，$s=0$ とおけば，$\boldsymbol{A}$ が正則行列なら定常ゲイン行列 $\boldsymbol{K}$ が，時定数行列 $\boldsymbol{T}$ を用いてつぎのように求まる。

$$
\boldsymbol{K}=-\boldsymbol{C}\boldsymbol{A}^{-1}\boldsymbol{B}=-\boldsymbol{C}\boldsymbol{T}\boldsymbol{B} \tag{1.17}
$$

演算子法を用いると実数回積分 $1/s^a$ や微分 s^a の表現が容易になる利点もある。ここで，a は実数である。これについては，後ほど紹介する。

1.5.2 ラプラス変換

システムの伝達関数を求める方法には，簡便な演算子法以外にラプラス変換法がある。演算子法はイギリスの電気エンジニアのヘビサイドが創始したものであり，ラプラス変換は後にフランスの数学者ラプラスが考案した方法である。

演算子法では時間領域入力から時間領域出力への作用素を求める方法であったが，ラプラス変換法ではつぎのように変換したい時間領域関数 $f(t)$ を**原関数**と呼び，$f(t)$ に**カーネル**（**核**）と呼ばれる複素数 s をパラメータとする指数関数 $\exp(-st)$ を掛けて，$[0,\infty]$ 時間区間の定積分によって複素領域に変換するもので，その変換された複素関数を**像関数** $F(s)$ と呼ぶ。

$$F(s) = \mathcal{L}\{f(t)\} = \int_0^{\infty} f(t)e^{-st}dt \tag{1.18}$$

このような積分を**ラプラス積分**と呼び，カーネルの高度な減衰によって半無限区間 $[0, \infty]$ 定積分が収束する原関数の範囲が広いことが特徴である。ラプラス変換に似た変換にフーリエ変換がある。**フーリエ変換**（Fourie transformation）は両側無限区間 $[-\infty, \infty]$ 定積分で定義されるが，ラプラス変換は片側無限区間 $[0, \infty]$ 定積分で定義され，収束範囲はより広く，**ステップ関数**（step function）や**ランプ関数**（ramp function）などの非周期関数や単調増加関数も容易に複素領域の伝達関数に変換できる。

これに対して，複素領域の像関数 $F(s)$ から時間領域の原関数 $f(t)$ を求めることを**逆ラプラス変換**と呼び，つぎのように表現しカーネルを有する複素積分で定義する。

$$f(t) = \mathcal{L}^{-1}\{F(s)\} = \lim_{p \to \infty} \frac{1}{2\pi j} \int_{c-pj}^{c+pj} F(s)e^{st}ds \tag{1.19}$$

これは留数を用いて計算することができるが，実際は巻末にある付録のような逆ラプラス変換表を使うことが多いので，詳細は省略する。この表は伝達関数で与えられたシステムのインパルス応答表でもあり，求め方は3章で解説する。

ラプラス変換に話を戻せば，カーネルはスカラのまま，原関数のベクトル化によって像関数もつぎのようにベクトル化できる。

$$\boldsymbol{F}(s) = \mathcal{L}\{\boldsymbol{f}(t)\} = \int_0^{\infty} \boldsymbol{f}(t)e^{-st}dt \tag{1.20}$$

導関数のラプラス変換は，演算子法と異なり，つぎのように初期値項が出てくることも重要な特徴である。誘導は部分積分法であり，初期値の符号はマイナスであることに注意してほしい。

（1）<u>微分表現の初期値依存性</u>

$$\begin{aligned}\mathcal{L}\left\{\frac{d\boldsymbol{f}(t)}{dt}\right\} &= \int_0^{\infty} \frac{d\boldsymbol{f}(t)}{dt} e^{-st}dt = \left[\boldsymbol{f}(t)e^{-st}\right]_0^{\infty} + s\int_0^{\infty} \boldsymbol{f}(t)e^{-st}dt \\ &= s\boldsymbol{F}(s) - \boldsymbol{f}(0)\end{aligned} \tag{1.21}$$

これは，初期値が無視できない場合には有用であるが，通常の伝達関数表現では無視する。

(2) 線 形 性

$$\mathcal{L}\{a\boldsymbol{f}(t) \pm b\boldsymbol{g}(t)\} = \int_0^\infty \{a\boldsymbol{f}(t) \pm b\boldsymbol{g}(t)\}e^{-st}dt$$
$$= a\mathcal{L}\{\boldsymbol{f}(t)\} \pm b\mathcal{L}\{\boldsymbol{g}(t)\} \tag{1.22}$$

ここで，a, b は任意のスカラである。

これらの性質を用いれば，先の例題 1.2 はつぎのように変換できる。

例題 1.3 （**多変数系の場合**） ラプラス変換法を用いて，つぎのシステムの入出力関係を示せ。

$$\frac{d}{dt}\boldsymbol{x}(t) = \boldsymbol{A}\boldsymbol{x}(t) + \boldsymbol{B}\boldsymbol{u}(t), \qquad \boldsymbol{y}(t) = \boldsymbol{C}\boldsymbol{x}(t) + \boldsymbol{D}\boldsymbol{u}(t) \tag{1.23}$$

【解答】

$$\mathcal{L}\left\{\frac{d}{dt}\boldsymbol{x}(t)\right\} - \mathcal{L}\{\boldsymbol{A}\boldsymbol{x}(t)\} = \mathcal{L}\{\boldsymbol{B}\boldsymbol{u}(t)\}, \quad (s\boldsymbol{I} - \boldsymbol{A})\boldsymbol{x}(s) - \boldsymbol{x}(0) = \boldsymbol{B}\boldsymbol{u}(s),$$

$$\boldsymbol{x}(s) = (s\boldsymbol{I} - \boldsymbol{A})^{-1}\{\boldsymbol{x}(0) + \boldsymbol{B}\boldsymbol{u}(s)\},$$

$$\boldsymbol{y}(s) = \boldsymbol{C}(s\boldsymbol{I} - \boldsymbol{A})^{-1}\{\boldsymbol{x}(0) + \boldsymbol{B}\boldsymbol{u}(s)\} + \boldsymbol{D}\boldsymbol{u}(s)$$
$$= \boldsymbol{C}(s\boldsymbol{I} - \boldsymbol{A})^{-1}\boldsymbol{x}(0) + \boldsymbol{C}\{(s\boldsymbol{I} - \boldsymbol{A})^{-1}\boldsymbol{B} + \boldsymbol{D}\}\boldsymbol{u}(s) \tag{1.24}$$

これによって，入力や直達項がない自律系においても，初期値の遷移関数表現ができる。伝達関数のみによる解析の場合には先の演算子表現と同様に初期値項を無視するので，注意してほしい。

例題 1.4　式(1.23)の時間領域の解も，つぎのように初期値の遷移項と入力の伝達項の和になる。これを証明せよ。ここで，入力伝達項の積分のような入力の時間推移 $u(\tau)$ と遷移関数 $e^{\boldsymbol{A}(t-\tau)}$ の時間推移が逆向きの積分を**畳み込み積分**と呼ぶ。

$$\boldsymbol{y}(t) = \boldsymbol{C}e^{\boldsymbol{A}(t-t_0)}\boldsymbol{x}(t_0) + \boldsymbol{C}\int_{t_0}^{t} e^{\boldsymbol{A}(t-\tau)}\boldsymbol{B}\boldsymbol{u}(\tau)d\tau + \boldsymbol{D}\boldsymbol{u}(t) \tag{1.25}$$

【解答】　十分性は上式の 1 段階前の次式を変形して，つぎのように直接微分することによって得られる（積の微分公式と上端点変数定積分の微分公式使用）。

$$\boldsymbol{x}(t)=e^{\boldsymbol{A}(t-t_0)}\left\{\boldsymbol{x}(t_0)+\int_{t_0}^{t}e^{\boldsymbol{A}(t_0-\tau)}\boldsymbol{Bu}(\tau)d\tau\right\},$$

$$\dot{\boldsymbol{x}}(t)=\boldsymbol{A}e^{\boldsymbol{A}(t-t_0)}\left\{\boldsymbol{x}(t_0)+\int_{t_0}^{t}e^{\boldsymbol{A}(t_0-\tau)}\boldsymbol{Bu}(\tau)d\tau\right\}+e^{\boldsymbol{A}(t-t_0)}e^{\boldsymbol{A}(t_0-t)}\boldsymbol{Bu}(t),$$

$$\dot{\boldsymbol{x}}(t)=\boldsymbol{A}\left\{e^{\boldsymbol{A}(t-t_0)}\boldsymbol{x}(t_0)+\int_{t_0}^{t}e^{\boldsymbol{A}(t-\tau)}\boldsymbol{Bu}(\tau)d\tau\right\}+\boldsymbol{Bu}(t),$$

$$\dot{\boldsymbol{x}}(t)=\boldsymbol{Ax}(t)+\boldsymbol{Bu}(t) \tag{1.26}$$

必要性は，同じ初期値と入力による解が二つあるとすれば矛盾であるという背理法によるが，ここでは省略する。

この結果はラプラス変換の逆変換，すなわち複素領域表現（1.24）から時間領域表現（1.25）が得られることを示している。

つぎにプロセスの伝達関数で重要な，入力部にむだ時間がある場合のラプラス変換を示しておく。

例題 1.5 （**入力部むだ時間の場合**）　入力部にむだ時間 L を含む系：$y(t)=u(t-L)$ のラプラス変換を行え。

【解答】

$$\begin{aligned}\mathcal{L}\{\boldsymbol{u}(t-L)\}&=\int_0^{\infty}\boldsymbol{u}(t-L)e^{-st}dt=\int_0^{\infty}\boldsymbol{u}(t')e^{-s(t'+L)}dt'\\&=e^{-sL}\int_0^{\infty}\boldsymbol{u}(t)e^{-st}dt\\&=e^{-Ls}\boldsymbol{U}(s)\end{aligned} \tag{1.27}$$

1.6　直列結合と並列結合

本節では各ブロックの結合の基本である直列結合と並列結合について述べる。フィードバック結合は 1 章で述べたので省略する。

1.6.1 一般の結合の場合

状態表現において，つぎのように系1の出力 y を系2の入力に入れる直列結合

$$\frac{d}{dt}\boldsymbol{x}_1(t)=\boldsymbol{A}_1\boldsymbol{x}_1(t)+\boldsymbol{B}_1\boldsymbol{u}(t),\qquad \frac{d}{dt}\boldsymbol{x}_2(t)=\boldsymbol{A}_2\boldsymbol{x}_2(t)+\boldsymbol{B}_2\boldsymbol{y}(t),$$
$$\boldsymbol{y}(t)=\boldsymbol{C}_1\boldsymbol{x}_1(t)+\boldsymbol{D}_1\boldsymbol{u}(t),\qquad \boldsymbol{z}(t)=\boldsymbol{C}_2\boldsymbol{x}_2(t)+\boldsymbol{D}_2\boldsymbol{y}(t) \tag{1.28}$$

は，初期値を無視した演算子表現では各伝達関数行列の積になることを示す。

$$\begin{aligned}
&s\boldsymbol{x}_1(t)-\boldsymbol{A}_1\boldsymbol{x}_1(t)=\boldsymbol{B}_1\boldsymbol{u}(t),\\
&\boldsymbol{y}(t)=\boldsymbol{C}_1\{(s\boldsymbol{I}-\boldsymbol{A}_1)^{-1}\boldsymbol{B}_1+\boldsymbol{D}_1\}\boldsymbol{u}(t),\\
&s\boldsymbol{x}_2(t)-\boldsymbol{A}_2\boldsymbol{x}_2(t)=\boldsymbol{B}_2\boldsymbol{y}(t),\\
&\boldsymbol{z}(t)=\boldsymbol{C}_2\{(s\boldsymbol{I}-\boldsymbol{A}_2)^{-1}\boldsymbol{B}_2+\boldsymbol{D}_2\}\boldsymbol{y}(t)\\
&\quad=\boldsymbol{C}_2\{(s\boldsymbol{I}-\boldsymbol{A}_2)^{-1}\boldsymbol{B}_2+\boldsymbol{D}_2\}\boldsymbol{C}_1\{(s\boldsymbol{I}-\boldsymbol{A}_1)^{-1}\boldsymbol{B}_1+\boldsymbol{D}_1\}\boldsymbol{u}(t)\\
&\quad=\boldsymbol{G}_2(s)\boldsymbol{G}_1(s)\boldsymbol{u}(t)
\end{aligned} \tag{1.29}$$

このように直列結合は初期値を無視した演算子表現では各伝達関数行列の積になることを容易に示せる。スカラ系では前後可換である。初期値を含めたラプラス変換表現では，同様に考えるとそれ以外に3項出てきて複雑になるので，畳み込み積分によって示す方法が一般的である。ブロック線図で示すと**図1.7**のようになる。並列結合（**図1.8**）は変換の線形性から容易であるので誘導は省略する。

この他に8の字のクロス結合もあり得る。フィードバック結合については1章で示した。

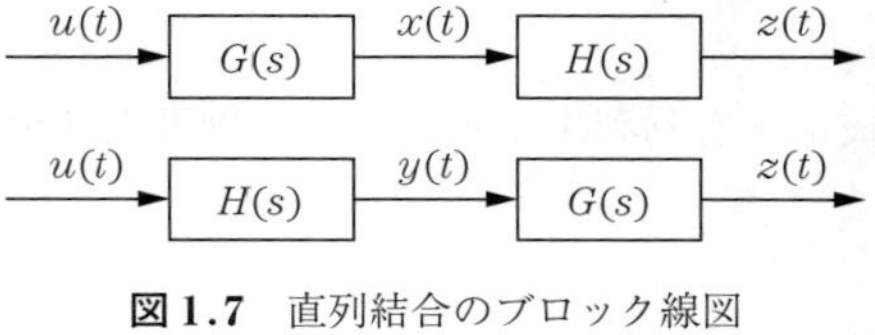

図1.7 直列結合のブロック線図

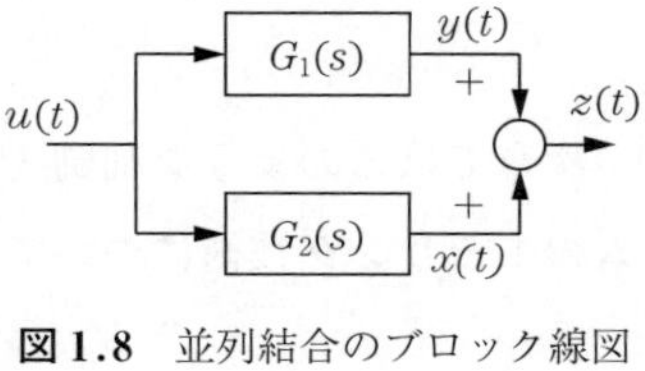

図1.8 並列結合のブロック線図

スカラの場合

$$z(t)=G(s)H(s)u(t)=H(s)G(s)u(t) \tag{1.30}$$

$$z(t)=\{G_1(s)+G_2(s)\}u(t) \tag{1.31}$$

系1の出力 y の次元と系2の入力次元が一致しない場合や1対1接続しない場合は複雑になるし，後で議論する可制御モードや不可制御モード，可観測モードや不可観測モードとの絡みもあるので，そのときに議論しよう。

1.6.2 一次遅れとむだ時間の直列結合系

プロセスでよく現れるむだ時間と一次遅れの直列結合系の1入力1出力の伝達関数も，上の議論から二つの伝達関数の積で表現できるから，標準系はつぎのように書ける。

$$G(s)=\frac{Ke^{-Ls}}{Ts+1} \tag{1.32}$$

多変数表現は各むだ時間を対角に並べた行列を入力ベクトルの前に置いて，次式となる。

$$\boldsymbol{G}(s)=\boldsymbol{C}\{(s\boldsymbol{I}-\boldsymbol{A})^{-1}\boldsymbol{B}\cdot\mathrm{diag}\{e^{-L_i s}\}\} \tag{1.33}$$

初期値も含めた場合の伝達関数表現はつぎのようになる。

$$\begin{gathered}\boldsymbol{y}(s)=\boldsymbol{C}\{(s\boldsymbol{I}-\boldsymbol{A})^{-1}\tilde{\boldsymbol{B}}\tilde{\boldsymbol{L}}\}\tilde{\boldsymbol{u}}(s)=\tilde{\boldsymbol{G}}(s)\tilde{\boldsymbol{u}}(s)\\ \tilde{\boldsymbol{B}}=[\boldsymbol{B},\boldsymbol{I}],\qquad \tilde{\boldsymbol{L}}=\begin{bmatrix}\mathrm{diag}\{e^{-L_i s}\} & \boldsymbol{0}\\ \boldsymbol{0} & \boldsymbol{I}\end{bmatrix},\qquad \tilde{\boldsymbol{u}}(s)=\begin{bmatrix}\boldsymbol{u}(s)\\ \delta\boldsymbol{x}(0)\end{bmatrix}\end{gathered} \tag{1.34}$$

次章ではこのような制御・システム技術を有効利用するために，物理システムのモデリング技術について述べる。

章　末　問　題

【１】 図1.9は，フィードフォワード・フィードバック制御系の基本ブロック図である，各ブロックに入れるべき名称を下の語群から選んでを記載せよ。
ただし，この図で，調節部１が前置フィードバック制御器であり，PID制御器や各種補償器などが置かれる。調節部２が内部モデル調整器であり，PD制御器などが置かれる。調節部３がフィードフォワード制御器（目標値や外乱のフィードフォワード）であり，PD制御器や非線形関数などが置かれる。目標値設定部にも制御器やフィルタが置かれることがある。重複してもよい。

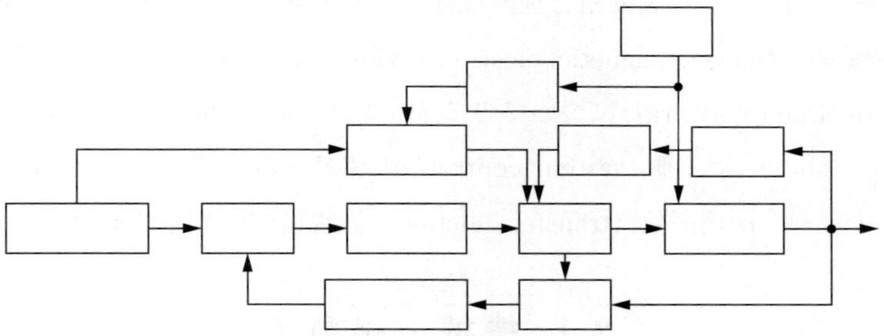

図1.9　１章 章末問題【１】の図

〔語群〕：調節部１，調節部２，調節部３，目標値設定部，比較部，操作部，検出部，制御対象部，外乱，変換部，信号調節部

【２】 表1.1のエレベータのトリガ・状態別アクションテーブルに「一般の n 階で下降ボタン」のトリガを加えて，１台の場合を完成させよ。

【３】 つぎのシステム$(\boldsymbol{A}, \boldsymbol{B}, \boldsymbol{C}, \boldsymbol{D})$のシステム行列 $\boldsymbol{A}$ について下記の問に答えよ。

$$\boldsymbol{A} = \begin{bmatrix} 0 & 1 \\ -1 & -1.4 \end{bmatrix} \tag{1.35}$$

(1)　遷移関数を行列指数関数の定義から求めよ。

(2)　固有値と固有ベクトルを求めよ。

(3)　伝達関数行列の特性方程式から極を求めて両者を比較せよ。

2 種々の対象のモデリングと表現

本章ではシステムの物理的な具体例を与えるために機械・振動系（mechanical vibration system）として単振子（simple pendulum），熱・流体系（thermal flude system）として直列結合加熱攪拌（かくはん）タンクと非加熱液位タンク，電磁・電気・振動系（electric magnetic, electricity, vibration system）として受動回路網（passive circuit network）についてのモデリング（modelling）について述べる。さらに，システム制御（system control）の要である状態方程式（state equation）表現や，伝達関数（transfer function）表現について述べる。

2.1 機械・振動系

機械・振動系のモデリング法としては，「**力・トルク**（軸廻りのモーメント）**の動的平衡法**（dynamic equilibrium method）と**エネルギーバランス法**（energy balance method）」，および「**ラグランジュの運動方程式法**（Lagrange kinetic equation method）」の二つが基本的であり，ここでは複雑な場合でも扱えるラグランジュの方法について主に示す。

2.1.1 力・トルクの動的平衡法

3次元空間での**ニュートンの運動方程式**，すなわち，質量 m の質点に力 f を加えた場合に発生する加速度 α，変位 x の2階微分の間に成り立つ関係式：$f = m\alpha = m\ddot{x}$ に，各種抵抗力，すなわち**粘性抵抗力**（viscosity resistance force）$= c\dot{x}$，**剛性抵抗力**（stiffness resistance force）$= kx$，を考慮して定式化したもの，すなわち機械・振動系に加えた外力は質量の**慣性抵抗力**（inertia resistance force）・ダンパ（damper）の粘性抵抗力・ばね（spring）の剛性抵抗力の和に等しいという動的バランス原理を用いて，各座標方向における力の動的バランスによって定式化するとつぎのようになる。質点には方向がない。

$$
\begin{aligned}
&m\frac{d^2}{dt^2}x(t)+c_x\frac{d}{dt}x(t)+k_x x(t)=f_x(t),\\
&m\frac{d^2}{dt^2}y(t)+c_y\frac{d}{dt}y(t)+k_y y(t)=f_y(t),\\
&m\frac{d^2}{dt^2}z(t)+c_z\frac{d}{dt}z(t)+k_z z(t)=f_z(t)
\end{aligned}
\tag{2.1}
$$

ベクトル行列を用いてつぎのように表現されることもある。

$$
\boldsymbol{M}\frac{d}{dt}\boldsymbol{x}(t)+\boldsymbol{C}\frac{d}{dt}\boldsymbol{x}(t)+\boldsymbol{K}\boldsymbol{x}(t)=\boldsymbol{f}(t) \tag{2.2}
$$

ここで，$\boldsymbol{M}$ を**質量行列**（mass matrix），$\boldsymbol{C}$ を**減衰行列**（damping matrix），$\boldsymbol{K}$ を**剛性行列**（stiffness matrix）と呼ぶ。

質量変化を伴う場合には運動量（momentum）と力の関係を導入してつぎのように拡張する。例としてはロケットのように燃料を消費するものがある。

$$
\begin{aligned}
&\frac{d(m(t)v_x(t))}{dt}+c_x\frac{d}{dt}x(t)+k_x x(t)=f_x(t),\\
&\frac{d(m(t)v_y(t))}{dt}+c_y\frac{d}{dt}y(t)+k_y y(t)=f_y(t),\\
&\frac{d(m(t)v_z(t))}{dt}+c_z\frac{d}{dt}z(t)+k_z z(t)=f_z(t)
\end{aligned}
\tag{2.3}
$$

ベクトル表現ではつぎのようになる。

$$
\frac{d}{dt}(\boldsymbol{M}(t)\boldsymbol{v}(t))+\boldsymbol{C}\frac{d}{dt}\boldsymbol{x}(t)+\boldsymbol{K}\boldsymbol{x}(t)=\boldsymbol{f}(t) \tag{2.4}
$$

複数の力が一つの質点にかかる場合には座標ごとに力を加えることができる。

質点とみなせない剛体の場合には，質量 m の代わりに方向を考慮した慣性モーメント（moment of inertia）J_x, J_y, J_z を用いる。

同様に回転系（rotation system）の運動方程式，すなわち軸回りの極慣性モーメント（polar moment of inertia）J_θ の剛体にトルク（torque）τ を加えた場合に発生する角加速度 ω の間に成り立つ関係式：

$$\tau(t) = J_\theta \frac{d^2}{dt^2}\theta(t) = J_\theta \frac{d}{dt}\omega(t)$$

に各種回転抵抗力，すなわち，回転粘性抵抗力 $= D_\theta = c_\theta \dot{\theta}$，回転剛性抵抗力 $= F_\theta = k_\theta \theta$ を考慮して，機械・振動回転系に加えたトルクは，剛体の回転慣性抵抗力，ダンパの回転粘性抵抗力，およびばねの回転剛性抵抗力の和に等しいという動的バランス原理を用いて定式化するとつぎのようになる。

$$J_\theta \frac{d^2}{dt^2}\theta(t) + c_\theta \frac{d}{dt}\theta(t) + k_\theta \theta(t) = \tau(t) \qquad (2.5)$$

複数のトルクが一つの軸にかかる場合には，軸ごとにトルクを加えることができる。ガバナのように極慣性モーメントが変化するものもある。

2.1.2　エネルギー・ラグランジュの運動方程式法

物体の運動はさまざまな拘束の下で行われており，つぎの**ホロノミック制約**（holonomic constraint）と**非ホロノミック制約**（non-holonomic constraint）に分類される。

・ホロノミック制約：　$f(\xi_{ik}, t) = 0$　　(2.6)

・非ホロノミック制約：　$f(\dot{\xi}_{ik}, \xi_{ik}, t) = 0$　　(2.7)

ホロノミック制約は位置の制約であり，自由平面運動やレール上の曲線運動などである。非ホロノミック制約は位置に加えて速度も制約されるものである。

ホロノミック制約すなわち**仮想変位**（virtual displacement）のみを考えるときに**仮想仕事の原理**（principle of virtual work）が成り立ち，その積分系を**ハミルトンの原理**（Hamilton principle）という。

保存系に対するハミルトンの原理の積分形式と，境界条件から誘導された運動エネルギー，位置エネルギー，および一般化力（generalized force）に関する一般化座標（generalized coordinate）での微分方程式系が前出の**ラグランジュの運動方程式の保存系バージョン**である。これから後出のエネルギーの保存法則（energy conservation law）も誘導される。エネルギー散逸がない場合には，つぎのような表現で記述されることが多い。

$$\frac{d}{dt}\left(\frac{\partial T(q_s(t),\dot{q}_s(t))}{\partial \dot{q}_s(t)}\right)-\frac{\partial T(q_s(t),\dot{q}_s(t))}{\partial q_s(t)}+\frac{\partial U(q_s(t),\dot{q}_s(t))}{\partial q_s(t)}=Q_s(t)$$

簡略的には引数を省略して次式のように書くこともある。

$$\frac{d}{dt}\left(\frac{\partial T}{\partial \dot{q}_s}\right)-\frac{\partial T}{\partial q_s}+\frac{\partial U}{\partial q_s}=Q_s \tag{2.8}$$

ここで，T は**運動エネルギー**（kinetic energy），U は**位置エネルギー**（potential energy），Q_s は**一般化力**，q_s は**一般化座標**である。エネルギーは加算できることから，これを用いれば，ポテンシャル変化や並進と回転を組み合わせた運動でも扱える。本書でも微分記号の分母側に導関数が来る場合はドットを使う。

熱やエネルギーの散逸や外力のない運動系においては，運動エネルギーと位置エネルギーの和である力学エネルギーは保存される。その場合はつぎのように表現される。

$$T+U=E \tag{2.9}$$

つぎの単振子（**図 2.1**）はそのような例で，初期位置エネルギーが減少すれば運動エネルギーが増し，位置エネルギーが増せば運動エネルギーが減少する振動系である。

しかし，式(2.8)と式(2.9)は一見等価でないように見える。そこで，つぎの単振子（single pendulum）の例で確認してみよう。ただし，おもりは長さ1のひもで天井からぶら下げられており，揺動時にも空気抵抗は無視できるものとする。

外力のない保存系における力学的エネルギー保存法則によれば

運動エネルギー ＋ 位置エネルギー ＝ 初期位置エネルギー

であるから，振り子のおもりの質量を m，速度を v，重力加速度を g，最下点

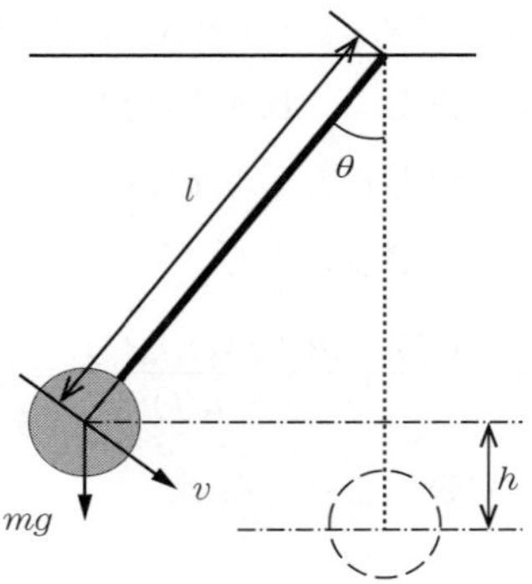

図 2.1　単振り子の自由振動系のイメージ図

からのおもりの高さを h，初期高さを h_0 とすれば，次式が成り立つ。

$$\frac{1}{2}mv^2(t)+mgh(t)=mgh_0 \tag{2.10}$$

振り子の垂線からの振れ角を θ，その角速度を ω とすれば

$$v(t)=l\omega(t)=l\left(\frac{d\theta(t)}{dt}\right),$$

$$h(t)=l(1-\cos\theta(t)), \qquad h_0=l(1-\cos\theta_0) \tag{2.11}$$

のように表現できる。そこで，この例では $\theta(t)$ を一般化座標とする。

このようにエネルギー保存則の速度を一般化座標 θ の導関数で表現して，開平すれば，つぎのようにルート関数を含む1階の非線形微分方程式が得られる。

$$0.5ml^2\left(\frac{d\theta(t)}{dt}\right)^2+mgl(1-\cos\theta(t))=mgl(1-\cos\theta_0),$$

$$\frac{d\theta(t)}{dt}=\pm\sqrt{\frac{2g}{l}(\cos\theta(t)-\cos\theta_0)} \tag{2.12}$$

これが振り子の運動方程式である。複合は θ が増加する際 $+$ で，減小する際 $-$ であるから，1/4周期ずつ入れ替わることになる。周期 T は定積分とテイラー展開を用いてつぎのようになる。

$$T=2\pi\sqrt{\frac{l}{g}}\left[1+\frac{\theta_0^2}{16}+\cdots\right] \tag{2.13}$$

振り子の場合，一般化座標はθであり揺動運動であるから，一般化力は天井に付けたモータのトルク$\tau(t)$（回転軸回りのモーメントのこと）になる。ここでおもりをぶら下げているのは質量のない棒とする。一般化力は位置エネルギーにも依存するから，位置エネルギーも考慮したラグランジュ法を用いるとつぎのようになる。

$$\frac{d}{dt}\left(\frac{\partial T(t)}{\partial \dot{\theta}(t)}\right)-\frac{\partial T(t)}{\partial \theta(t)}+\frac{\partial U(t)}{\partial \theta(t)}=\tau(t),$$

$$T(t)=\frac{1}{2}mv^2(t)=\frac{1}{2}m\left(l\dot{\theta}(t)\right)^2, \qquad U(t)=mgl(1-\cos\theta(t)),$$

$$ml^2\frac{d^2}{dt^2}\theta(t)+mgl\sin\theta(t)=\tau(t),$$

$$\frac{d^2}{dt^2}\theta(t)=-\frac{g}{l}\sin\theta(t)+\frac{1}{ml^2}\tau(t) \tag{2.14}$$

これは非線形の運動方程式であるが，微小振動（$\theta(t)\cong 0$）を仮定すれば（$\sin\theta(t)\cong\theta(t)$）と近似できるのでつぎのような線形系に近似できる。

$$\frac{d^2}{dt^2}\theta(t)=-\frac{g}{l}\theta(t)+\frac{1}{ml^2}\tau(t) \tag{2.15}$$

ここで，微分演算子をsに変更して，$\theta(t)$の係数のように扱い，2階微分をs^2とおいて，移行して$\theta(t)$についてくくって，sについて2次の進み演算子を定義した。これを$\theta(t)$について解けば，つぎのように伝達関数が得られる。

$$\left(s^2+\frac{g}{l}\right)\theta(t)=\frac{1}{ml^2}\tau(t), \qquad \theta(t)=\frac{\frac{1}{J}}{s^2+\frac{g}{l}}\tau(t) \tag{2.16}$$

ここで，$J=ml^2$は極慣性モーメントである。

伝達関数の分母 ＝ 0の式を**特性方程式**，その根を**極**と呼び，この実数係数系の場合共役虚根となるが，その絶対値がこの持続振動系の固有角周波数ω_n〔rad/s〕である。標準2次系と比較すれば，この系の減衰係数は$\zeta=0$であり，固有角周波数ω_n〔rad/s〕はつぎのように定数項の平方根である。

$$\omega_n = \sqrt{\frac{g}{l}} \tag{2.17}$$

$\omega_n = 2\pi f$ の関係式から固有周波数 f〔Hz〕に変換し，その逆数 $T = 1/f$ がこの振動系の固有周期 T〔s〕である。

$$T = 2\pi\sqrt{\frac{l}{g}} \tag{2.18}$$

このように，ラグランジュ運動方程式から導かれる運動方程式はルートを含まない2階の非線形微分方程式である。両者は一見等価ではないように見えるが，線形化した周期は一致する。

しかし，ラグランジュ運動方程式から導かれる2階の微分方程式を1階積分して階数を下げて初期値も与えれば，つぎのようにエネルギー法から導いた1階の微分方程式に一致する。

$$\frac{d^2}{dt^2}\theta(t) = -\frac{g}{l}\sin\theta(t) \tag{2.19}$$

両辺に $d\theta(t)/dt \neq 0$ を掛ければ，つぎの非線形微分方程式が得られる。

$$2\frac{d}{dt}\theta(t)\frac{d^2}{dt^2}\theta(t) = -\frac{2g}{l}\frac{d}{dt}\theta(t)\sin\theta(t),$$

$$\frac{d}{dt}\left(\frac{d}{dt}\theta(t)\right)^2 = \frac{2g}{l}\frac{d}{dt}\cos\theta(t) \tag{2.20}$$

両辺積分して初期条件（$d\theta(t)/dt = 0$ のとき $\theta(t) = \theta_0$）を与えれば，つぎの非線形運動方程式が得られる。

$$\frac{d}{dt}\theta(t) = \pm\sqrt{\frac{2g}{l}(\cos\theta(t) - \cos\theta_0)} \tag{2.21}$$

これはエネルギー法によって得られた式(2.12)と同じである。

逆に，これを1階微分すればラグランジュ法に一致し，境界条件も出る。こちらについては本章の章末問題で確認してほしい。

式(2.19)および式(2.21)が数学的には微積分の関係で等価であるとしても，どちらが振り子の運動方程式として適切かの問題がある。階数が低いほうが数値計算精度上は有利であるが，システム制御では線形化して状態方程式（状態変数を増やして，状態ベクトルとし，高階微分方程式を行列表現の1階微分方程式としたもの）に直したほうが理論的に扱いやすいので，2階のほうを用いる。

2.2 電気・振動系

電気・振動系のモデリング法としては，「**オームの法則**（Ohm's law）と**キルヒホッフ**（Kirchhoff's law）**の法則**」，および「**エネルギー法**」と「ラグランジュの運動方程式法」の二つが基本的であり，ここでは複雑な場合でも扱えるラグランジュの方法について示す。

2.2.1 オームの法則とキルヒホッフの法則

表2.1に示すように，交流におけるインピーダンス（impedance）も含めて，各受動要素（キャパシタンス（capacitance）・インダクタンス（inductance）・レジスタンス（resistance））の端子間電圧と要素電流の間にはオームの法則（電圧＝インピーダンス×電流，$V(t)=Z(s)\,I(t)$）が成り立つ。

① キルヒホッフの電圧則：電圧則

“回路内の各閉回路に流れる電流に起因する各要素電流（二つの閉回路電

表2.1 各受動要素のオームの法則などのまとめ

	抵　抗	コンデンサ	コ イ ル
特性パラメータの標準記号と単位	resistance R〔Ω〕	capacitance C〔F〕	inductance L〔H〕
インピーダンス	R〔Ω〕	$\frac{1}{Cs}$〔Ω〕	Ls〔Ω〕
オームの法則 〔V〕＝〔A〕〔Ω〕	$V=I\cdot R$	$V=I\cdot\frac{1}{Cs}$	$V=I\cdot Ls$
電圧の位相 電流の位相	変化なし 変化なし	90°遅れ 90°進み	90°進み 90°遅れ
微分演算子法 微分関係式	$V(t)=R\cdot I(t)$	$\dot{V}(t)=\frac{1}{C}I(t)$	$\dot{I}(t)=\frac{1}{L}V(t)$

流の差になることもある）による閉回路内電圧降下の合計は，その回路内の電源電圧の和に等しい。”

② **キルヒホッフの電流則：電流則**

“回路内の節点に流入する電流の和は流出する電流の和に等しい。”

以上の主要法則を用いて，つぎの手順で基礎方程式を求める。

1) 回路内の最も小さい閉ループごとに右廻り電流（網電流）を状態変数と仮定して，電流則により，各要素電流の向きと大きさを定める。
2) オームの法則により，各要素における電圧降下を算出する。
3) 電圧則から各網目ごとに状態方程式を立て，出力端子における電圧を出力方程式とする。

2.2.2 エネルギー法

受動素子回路系では各素子の有するエネルギーや散逸を運動系に模擬する。キャパシタンスの**静電エネルギー**（electrostatic energy）は位置エネルギー等価で次式となる。

$$U(t)=\frac{Q^2(t)}{2C}=\frac{CV^2(t)}{2} \tag{2.22}$$

インダクタンスの**電磁エネルギー**（electromagnetic energy）は運動エネルギー等価であり，次式になる。

$$T(t)=\frac{LI^2(t)}{2} \tag{2.23}$$

レジスタンスでの**散逸エネルギー**（dissipation energy）は次式になる。

$$D(t)=\frac{RI^2(t)}{2} \tag{2.24}$$

抵抗によるエネルギー散逸がない**保存系**の場合，初期エネルギーはキャパシタンスの静電エネルギーで与えられるから

エネルギー保存則：

$$T(t)+U(t)=E(t)=E_0=\frac{Q_0^2}{2C}=\frac{CV_0^2}{2} \tag{2.25}$$

単振子が位置エネルギーと運動エネルギーの交互交換によって振動が持続するのと同様に，電源や抵抗がなければ，キャパシタンスの静電エネルギーとインダクタンスの電磁エネルギーの交互交換によって電気振動が持続する。

$$\frac{LI^2(t)}{2}+\frac{Q^2(t)}{2C}=\frac{Q_0^2}{2C} \tag{2.26}$$

$dQ(t)/dt = I(t)$ を用いて $Q(t)$ について1階の微分方程式に直すと，つぎのようになる。

$$LC\left(\frac{dQ(t)}{dt}\right)^2+Q^2(t)=Q_0^2 \tag{2.27}$$

電流について解けば，つぎのようになる。

$$I(t)=\frac{dQ(t)}{dt}=\pm\sqrt{\frac{1}{LC}(Q_0^2-Q^2(t))} \tag{2.28}$$

単振子と同様に複合は1/4周期ずつ変化する。

エネルギー法でなく，ラグランジュの運動方程式を用いれば

$$\frac{d}{dt}\left(\frac{\partial T(t)}{\partial I(t)}\right)+\frac{\partial U(t)}{\partial Q(t)}=0 \tag{2.29}$$

ここで，一般化座標には電流と電荷を用いた。これに式(2.22)，式(2.23)の各エネルギーを代入すれば，次式を得る。

$$L\frac{dI(t)}{dt}+\frac{1}{C}Q(t)=0 \tag{2.30}$$

電荷 $Q(t)$ についての2階微分方程式は外力の電源を入れていないし，抵抗による散逸項もないので，つぎのような自律電気振動系となる。

$$\frac{d^2}{dt^2}Q(t)=-\frac{1}{LC}Q(t) \tag{2.31}$$

微分演算子を s に置き換えて，初期値に対する伝達関数表現を求め，固有角

周波数を計算するとつぎのようになる。

$$\omega_n = \sqrt{\frac{1}{LC}} \tag{2.32}$$

例題 2.1　上記の1ループの電気回路に抵抗 R を直列に結合し，電圧 V_{in} の交流電源を加えた**図 2.2** の強制電気減衰振動系の状態方程式を導け。

〔ヒント〕 ラグランジェの運動方程式

$$\frac{d}{dt}\left(\frac{\partial T}{\partial \dot{q}_s}\right) - \frac{\partial T}{\partial q_s} + \frac{\partial U}{\partial q_s} + \frac{\partial D}{\partial \dot{q}_s} = Q_s$$

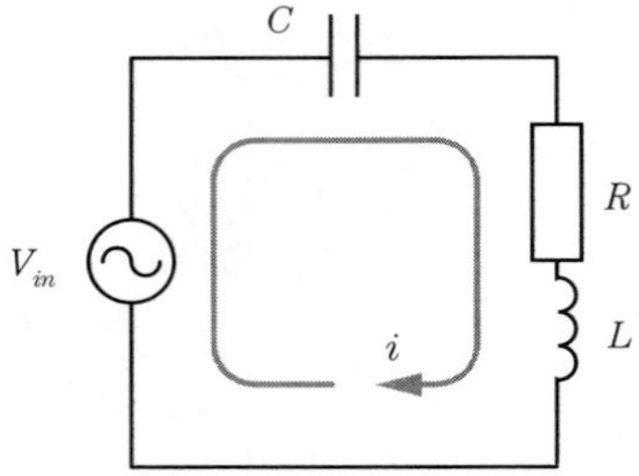

図 2.2　1ループ *LRC* 回路

【解答】　上記電気回路の電荷・電流を一般化座標とし，電源電圧を一般化力とすれば，ラグランジュの運動方程式はつぎのようになる。

$$\frac{d}{dt}\left(\frac{\partial T(t)}{\partial I(t)}\right) + \frac{\partial U(t)}{\partial Q(t)} + \frac{\partial D(t)}{\partial I(t)} = V_{in}(t) \tag{2.33}$$

各エネルギーおよび散逸項を代入すれば，つぎのような微分方程式を得る。

$$L\frac{dI(t)}{dt} + RI(t) + \frac{1}{C}Q(t) = V_{in}(t) \tag{2.34}$$

変数を $I(t)$ にそろえると微積分方程式になり扱いにくいので，電荷 $Q(t)$ にそろえて2階微分方程式にするとつぎのようになる。

$$L\frac{d^2Q(t)}{dt} + R\frac{dQ(t)}{dt} + \frac{1}{C}Q(t) = V_{in}(t) \tag{2.35}$$

状態変数を電荷 $Q(t)$ とその導関数である電流 $I(t)$ の二つの成分にし，モニックな状態ベクトル方程式を求めるとつぎのようになる。出力方程式は省略した。

$$\begin{bmatrix} \frac{d}{dt}Q(t) \\ \frac{d}{dt}I(t) \end{bmatrix} = \begin{bmatrix} 0 & 1 \\ -\frac{1}{LC} & -\frac{R}{L} \end{bmatrix} \begin{bmatrix} Q(t) \\ I(t) \end{bmatrix} + \begin{bmatrix} 0 \\ \frac{1}{L} \end{bmatrix} V_{in}(t) \tag{2.36}$$

例題 2.2　以下の設問に答えよ。

(1)　**図 2.3** の 2 ループの直流電圧源の抵抗回路網の各右回りを仮定した電流を状態変数として，状態方程式と伝達関数を誘導せよ。

(2)　各抵抗 R をインピーダンス Z に，直流電源を交流電源に置き換え，インピーダンス Z を問題ごとに抵抗 (R)・コンデンサ ($1/Cs$)・コイル (Ls) の各インピーダンスに置き換えよ。

(3)　各要素を配置した要素ごとのエネルギーを考慮して，ループごとに直接ラグランジュ方程式を適用せよ。

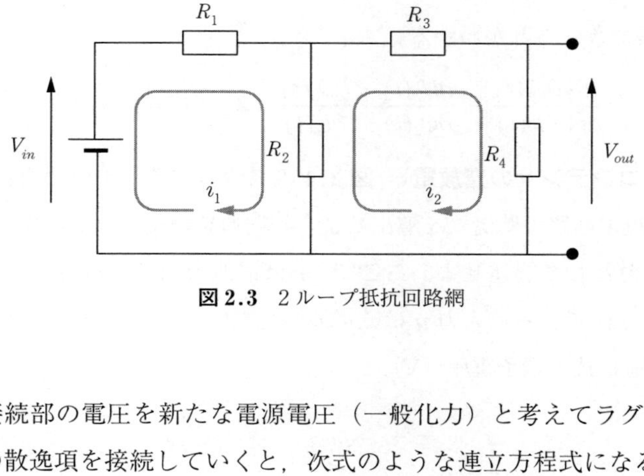

図 2.3　2 ループ抵抗回路網

【解答】

(1)　接続部の電圧を新たな電源電圧（一般化力）と考えてラグランジェ式の散逸項を接続していくと，次式のような連立方程式になる。

$$(R_1 + R_2)i_1(t) - R_2 i_2(t) = V_{in}(t),$$

$$(R_3 + R_4)i_2(t) = R_2(i_1(t) - i_2(t)), \qquad V_{out}(t) = R_4 i_2(t) \tag{2.37}$$

$V_{in}(t)$ から $V_{out}(t)$ までの伝達関数はつぎのような R の有理関数になる。

$$V_{out}(t) = \frac{R_2 R_4}{(R_2 + R_3 + R_4)R_1 + (R_3 + R_4)R_2} V_{in}(t) \tag{2.38}$$

(2)　受動要素にコンデンサやコイルがある場合には抵抗 R の代わりに表 2.1 のインピーダンス $Z(s)$ に置き換えれば，伝達関数はつぎのような $Z(s)$ の有理関数になる。

$$V_{out}(t)=\frac{Z_2(s)Z_4(s)}{(Z_2(s)+Z_3(s)+Z_4(s))Z_1(s)+(Z_3(s)+Z_4(s))Z_2(s)}V_{in}(t) \tag{2.39}$$

(3)　各ループごとのラグランジュ方程式を立てると，第 1 ループでは式(2.33)を用いて

$$\frac{d}{dt}\left(\frac{\partial T_1(t)}{\partial I_1(t)}\right)+\frac{\partial U_1(t)}{\partial Q_1(t)}+\frac{\partial D_1(t)}{\partial I_1(t)}=V_{in}(t) \tag{2.40}$$

第 2 ループについては $Z_2(s)$ の端子電圧を上向き矢印の位相，第 2 ループも右回り電流位相になるように仮定し，電源とみなして，一般化力に移項すれば，つぎのように表現できて，さらに，マルチループにも拡張できることがわかる。

$$\frac{d}{dt}\left(\frac{\partial T_2(t)}{\partial I_2(t)}\right)+\frac{\partial U_2(t)}{\partial Q_2(t)}+\frac{\partial D_2(t)}{\partial I_2(t)}=Z_2(s)(i_1(t)-i_2(t)) \tag{2.41}$$

例題 2.3 (**コンデンサの充放電**)　**図 2.4** の二つのスイッチの切換によるコンデンサの充放電回路の基礎式を導出せよ。初期値を無視できない場合は δ 関数を用いて入力として記述せよ。ここで，r は電池の内部抵抗〔Ω〕であり，R は負荷抵抗〔Ω〕である。入力 u は乾電池の起電圧〔V〕，出力 y はコンデンサ，すなわち負荷抵抗の端子電圧〔V〕とする。

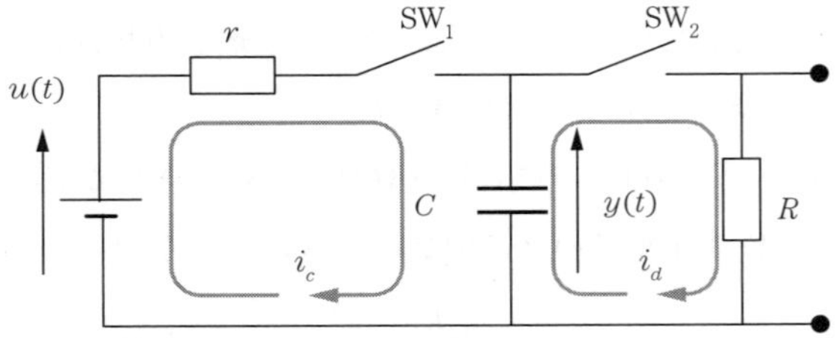

図 2.4　コンデンサの充放電回路

【解答】

①　充電時（SW_1 閉で SW_2 開）

$$\dot{y}(t) = -\frac{1}{T_r}y(t) + \frac{1}{T_r}u(t), \qquad T_r \triangleq rC,$$

$$y(t) = \frac{1}{T_r s + 1}u(t)$$

なぜなら充電電流を i_c とすると $y(t) = u(t)ri_c(t)$（内部抵抗電圧降下），$y(t) = i_c(t)/Cs$（コンデンサ要素式）となり，この両式から $i_c(t)$ を消去して，$(1 + rCs)\,y(t) = u(t)$ 伝達関数表現へもっていく。

②　放電時（時刻 t_c で SW_1 開で SW_2 閉）

$$\dot{y}(t) = \frac{1}{T_R}y(t) \qquad (y(t) = y(t_c)) \quad \Leftrightarrow$$

$$\dot{y}(t) = -\frac{1}{T_R}\{y(t) - y(t_c)\delta(t - t_c)\} \qquad (y(t_c) = 0),$$

$$u(t) = y(t_c)\delta(t - t_c), \qquad T_R \triangleq RC,$$

$$y(t) = \frac{1}{T_R s + 1}u(t) = \frac{1}{T_R s + 1}y(t_c)\delta(t - t_c)$$

時刻 t_c で SW が切り替わり，入力 $u(t) = y(t_c)\,\delta(t - t_c)$ から放電が開始され放電電流を $i_d(t)$ として，充電と同様に時定数 T_R の標準一次遅れ伝達関数表現へもっていく。

2.3　サーボ機構 ―DC モータ―

サーボ機構（servomechanism）のモデリングとして，まず，制御概念上重要なギヤード DC モータについて述べる。平歯車減速（増トルク）はダイレクトドライブと同様双方向性があるが，特定のウォーム歯車減速（増トルク）は一方通行になり，原動機側から負荷を駆動できるが，負荷側から原動機側を駆動できないので，外乱絶縁性がある。

図 2.5 に記載した記号を導入すれば，DC モータのブロック線図は図のようになる。平歯車減速機構の場合は，原動機から負荷への減速率を $1/\sigma$ とすれば，負荷へのトルクは σ 倍に大きくなるが，逆に負荷側から原動機側へのトルク外乱は $1/\sigma$ 倍に小さくなる。特定の条件（進み角が摩擦角より小さく効率が負になる）を満たしたウォーム歯車減速機構の場合は，方向制限機能があり，負荷側のウォームホイールがウォーム歯車を回せなくなる（一般的には**セルフロック**という）ので，負荷側の外乱トルクは伝達されずに絶縁される（**ハードサーボ**になる）。しかし，大きな負荷側外乱トルクが働く場合の特定ウォーム歯車減速機構は注意が必要であり，普通クラッチギア（セーフティギア）などの出力制限機構と組み合わせて用いるが，負荷側外乱トルクが小さい場合は制御が簡素になり有用である。このような方向制限機能や出力制限機能はサーボ機構以外にも考案されており，6 章でまとめて示す。

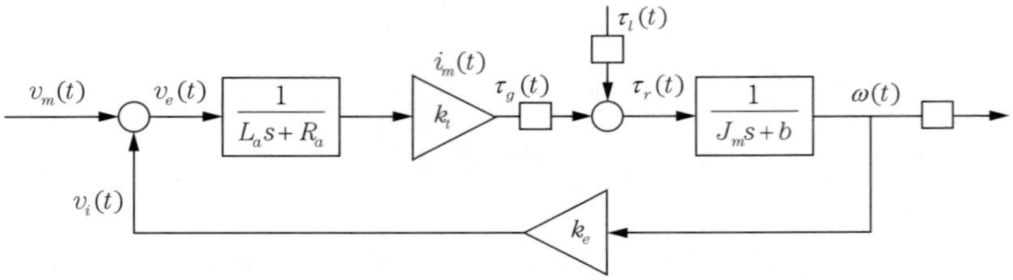

$v_m(t)$ ：モータ電圧〔V〕	k_t ：トルク定数〔N･m/A〕	$\tau_g(t)$ ：発生トルク〔N･m〕
$i_m(t)$ ：モータ電流〔A〕	k_e ：逆起電力定数〔V･s/rad〕	$\tau_l(t)$ ：負荷トルク〔N･m〕
$\omega(i)$ ：モータ回転数〔rad/s〕	$v_i(t)$ ：逆起電圧〔V〕	$\tau_r(t)$ ：回転トルク〔N･m〕
J_m ：モータ慣性モーメント〔N･m･s²/rad〕	L_a ：電機子インダクタンス〔H〕	b ：粘性抵抗係数〔N･m･s/rad〕
	R_a ：電機子抵抗〔Ω〕	

図 2.5　DC モータの自己フィードバックブロック線図

ここではこれらの機構技術を踏まえた上で，別の利点もあるので，複雑さを避けてテキスト通例のダイレクトドライブの場合のモデル式を示す。

モータ電圧 $v_m(t)$ からモータ回転数 $w(t)$ への伝達関数（無負荷または絶縁時）：

$$W(s)=\frac{k_t}{J_mL_as^2+(J_mR_a+L_ab)s+R_ab+k_tk_e} \tag{2.42}$$

負荷トルクからモータ回転数 $w(t)$ への伝達関数（モータ電圧ゼロ時）：

$$W_2(s)=\frac{(L_as+R_a)}{J_mL_as^2+(R_aJ_m+bL_a)s+R_ab+k_tk_e} \tag{2.43}$$

モータの回転数とモータ電流を状態変数とすれば，つぎのような状態方程式が得られる。

$$J_m\frac{d}{dt}w_m=-bw_m+k_ti_a-\tau_l, \qquad L_a\frac{d}{dt}i_a=-R_ai_a-k_ew_m+v_i,$$
$$w_y=w_m \tag{2.44}$$

負荷トルクと入力電圧を二つの入力とし，ベクトル・行列を用いて整理すれば，つぎの状態ベクトルモデルとなる。

$$\begin{bmatrix}\dfrac{d}{dt}w_m(t)\\ \dfrac{d}{dt}i_a(t)\end{bmatrix}=\begin{bmatrix}-\dfrac{b}{J_m} & \dfrac{k_t}{J_m}\\ -\dfrac{k_e}{L_a} & -\dfrac{R_a}{L_a}\end{bmatrix}\begin{bmatrix}w_m(t)\\ i_a(t)\end{bmatrix}+\begin{bmatrix}-\dfrac{1}{J_m} & 0\\ 0 & \dfrac{1}{L_a}\end{bmatrix}\begin{bmatrix}\tau_l(t)\\ v_i(t)\end{bmatrix},$$
$$w_y(t)=w_m(t) \tag{2.45}$$

例題 2.4　上の状態方程式の微分項をゼロとおき，DC モータの定常特性式を求めて，トルク–回転数線図と回転数–入力電圧線図を描け。

【解答】　**図 2.6** のような傾きと切片をもった線形の右肩下がりの垂下特性が得られる。切片は入力電圧によって変化する。つまり回転数を下げるとトルクも下がるが，入力電圧を固定してギアで減速すればトルクは増やせる。

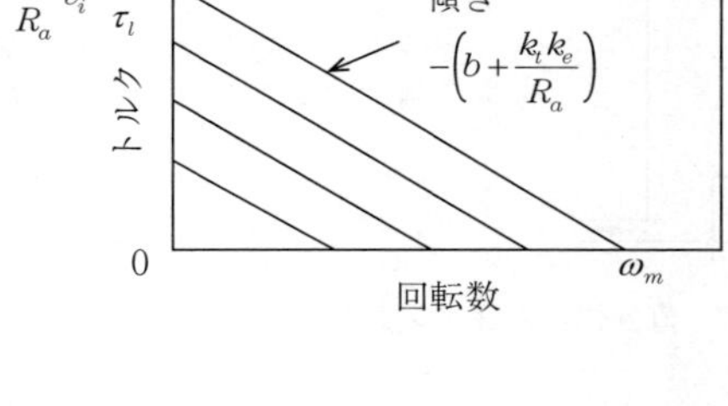

図 2.6　DC モータのトルク–回転数特性

2.4 熱・流体系

熱・流体系のモデリングは「**熱バランス**（heat balance）と**質量バランス**（mass balance）」および「**ベルヌーイの定理**（Bernoulli's theory）と**運動量保存則**（momentum principle）」が基本であるが，ここでは直列結合加熱タンクや非加熱液位タンクのような代表的な問題について，適切な方法を選択して示す。

2.4.1 直列結合加熱タンク

タンク内の流体を加熱する単一タンク（single tank）の熱系を，**図 2.7** のように 2 台直列接続して 2 変数系にした場合の状態方程式を誘導してみよう。ただし，タンク内が一様な温度になるように完全撹拌を仮定し，タンク内の場所による温度分布はなく，タンク内が一様で一つの変数で表現できる集中系であるとする。また，流体の流量および入口温度はいつも一定であると仮定する。タンク内での発熱および吸熱反応はなく，タンク外壁は断熱されており，外気への放熱はないものとする。また，各変数の変化量についてはそれぞれの小文字で表すものとする。

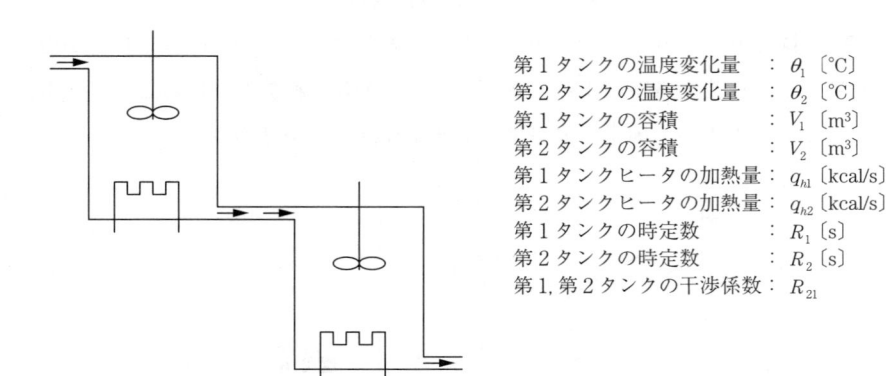

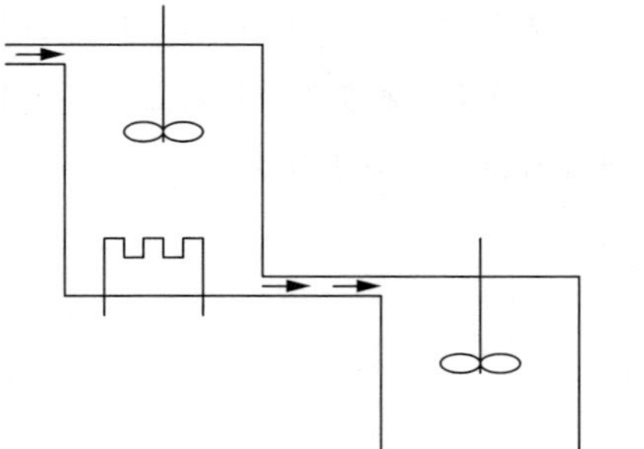

第 1 タンクの温度変化量　：θ_1〔°C〕
第 2 タンクの温度変化量　：θ_2〔°C〕
第 1 タンクの容積　　　　：V_1〔m^3〕
第 2 タンクの容積　　　　：V_2〔m^3〕
第 1 タンクヒータの加熱量：q_{h1}〔kcal/s〕
第 2 タンクヒータの加熱量：q_{h2}〔kcal/s〕
第 1 タンクの時定数　　　：R_1〔s〕
第 2 タンクの時定数　　　：R_2〔s〕
第 1, 第 2 タンクの干渉係数：R_{21}

図 2.7　直列結合の 2 タンク系

タンクに液位が発生するともう少し複雑になるので，液位は発生せずつねにタンクは満水であるとする。二つのタンクの容積と加熱量（制御のために必要なら冷却もできるものとする）は異なるものとする。状態変数はそれぞれのタンクの温度変化量とする。

このような熱系のみの問題ではつぎのような熱エネルギー保存則が成立する。例えば一つのタンクを調査系とすれば，熱量バランスからつぎの関係がある。

蓄積熱量 = 調査系内への流入熱量 − 調査系内からの流出熱量

これを用いて上記のタンク系の温度の問題を考える。まず，ある一つのタンクについて，上の熱貯金原理（熱貯金 = 熱収入 − 熱支出）を用いて微小時間での温度変化による熱量変化バランスを考えれば，次式を得る。

$$\rho CV\Delta\Theta = c_p\rho F(\Theta_i - \Theta)\Delta t \tag{2.46}$$

ここで，F〔m^3/s〕は体積流量，ρ は流体密度〔kg/m^3〕，c_p は流体の定圧比熱〔kcal/kg/℃〕，Θ はタンク内流体代表温度〔℃〕，$\Theta_{\rm i}$ は流体流入温度〔℃〕，Δt は微小時間〔s〕であり，これらの次元解析により右辺の次元は〔kcal〕となる。同様に左辺も C は定圧比熱と同じ次元の比熱容量〔kcal/(kg･℃)〕，V は容器内流体体積〔m^3〕でレベルが出ないので定数，$\Delta\Theta$ は容器内流体微小温度変化〔℃〕であり，これらの次元解析により次元は〔kcal〕となり，左辺と右辺の次元は一致する。

両辺を Δt で割って，直接時間 0 への極限操作を行うことによりつぎの微分方程式を得る。

$$\rho CV\frac{d\Theta}{dt} = \rho c_p F(\Theta_i - \Theta), \qquad \frac{d\Theta}{dt} = \frac{c_p F}{CV}(\Theta_i - \Theta) \tag{2.47}$$

ここで，係数を $1/R$ とおくと左右の次元比較から R の次元は時間の〔s〕であり，標準 1 次系との比較から R は時定数であることがわかる。タンクが複数あるときには状態変数の温度や R パラメータにタンクの番号を付ける。

これに外部からの熱注入量 Q_h〔kcal〕も加えて，二つのタンクについて熱バランスをとると，つぎの基礎式を得る。

$$\frac{d\Theta_1(t)}{dt}=\frac{1}{R_1}(\Theta_i(t)-\Theta_1(t))+\frac{K_1}{R_1}Q_{h1}(t),$$
$$\frac{d\Theta_2(t)}{dt}=\frac{1}{R_2}(\Theta_1(t)-\Theta_2(t))+\frac{K_2}{R_2}Q_{h2}(t) \tag{2.48}$$

ここで，K_1, K_2 は入力熱注入量〔kcal〕から出力温度〔℃〕へのゲイン定数であり，単位は〔℃ /kcal〕であることは伝達関数が標準一次系になることからもわかる。これらをベクトルと行列で整理すれば，つぎのようになる。

$$\begin{bmatrix}\dfrac{d}{dt}\Theta_1(t)\\ \dfrac{d}{dt}\Theta_2(t)\end{bmatrix}=\begin{bmatrix}-\dfrac{1}{R_1} & 0\\ \dfrac{1}{R_2} & -\dfrac{1}{R_2}\end{bmatrix}\begin{bmatrix}\Theta_1(t)\\ \Theta_2(t)\end{bmatrix}+\begin{bmatrix}\dfrac{1}{R_1} & \dfrac{K_1}{R_1} & 0\\ 0 & 0 & \dfrac{K_2}{R_2}\end{bmatrix}\begin{bmatrix}\Theta_i(t)\\ Q_{h1}(t)\\ Q_{h2}(t)\end{bmatrix} \tag{2.49}$$

微分演算子を s に置き換えて，遅れ演算子を構成して整理すると，つぎの 3 入力 2 出力の伝達関数行列が得られる。

$$\begin{bmatrix}\Theta_1(t)\\ \Theta_2(t)\end{bmatrix}=\begin{bmatrix}\dfrac{1}{(R_1s+1)} & \dfrac{K_1}{(R_1s+1)} & 0\\ \dfrac{1}{(R_1s+1)(R_2s+1)} & \dfrac{K_1}{(R_1s+1)(R_2s+1)} & \dfrac{K_2}{(R_2s+1)}\end{bmatrix}\begin{bmatrix}\Theta_i(t)\\ Q_{h1}(t)\\ Q_{h2}(t)\end{bmatrix} \tag{2.50}$$

このように流入温度操作および加熱量操作については，この系は線形系であるが，流量を操作量とすると状態変数との積の項が出てくるので双線形系（微分方程式に含まれる非線系項が状態変数と操作量の積の非線系項のみで，状態変数からも操作量からも双方から線形という意味で**双線形**であり，その他は線形項のみである系，状態変数の積の非線系項も含まれると**多項式系**という）となることに注意してほしい。

$$\frac{d}{dt}\Theta_1(t)=\frac{1}{R_{F1}}F(\Theta_i(t)-\Theta_1(t))+\frac{K_1}{R_{F1}}Q_{h1}(t),$$
$$\frac{d}{dt}\Theta_2(t)=\frac{1}{R_{F2}}F(\Theta_1(t)-\Theta_2(t))+\frac{K_2}{R_{F2}}Q_{h2}(t) \tag{2.51}$$

ここでは，このタンク系の因果律的な可制御性（入力という原因から状態という結果が変えられること）と可観測性（出力という結果から物理的つながりによって状態という原因が推定できること）について考えてみよう。数学的な可制御・可観測については3章で解説するが，ここでは，方法は問わないものとする。

(1)　上のタンクの加熱（冷却）によって，下のタンクの温度も変えられる（可制御）が，逆に，下のタンクの加熱によっては上のタンクの温度は変えられない（不可制御）。

(2)　上のタンクの温度観測によって，下のタンクの温度は観測できない（不可観測）が，逆に，下のタンクの温度観測によって，上のタンクの温度変化は観測できる（可観測）。

これらのことは，物理的な図や構造を見なくてもシステム行列対 $(\boldsymbol{A}, \boldsymbol{B})$ や $(\boldsymbol{A}, \boldsymbol{C})$ から判断できると，判別範囲が広がって便利である。ここで，二つの行列の組を**行列対**と呼び，$(\boldsymbol{A},\ \boldsymbol{B})$のように書く。三つ以上の組の場合は**3項組**や**4項組**といい，$(\boldsymbol{A}, \boldsymbol{B}, \boldsymbol{C})$や$(\boldsymbol{A}, \boldsymbol{B}, \boldsymbol{C}, \boldsymbol{D})$のように書く。

この系の場合は，不可制御については行列対のゼロの位置（$\boldsymbol{A}$ 行列の右上，$\boldsymbol{B}$ 行列右上）から下の加熱量変化が上の温度の式に影響しないことから容易に判別できる。不可観測についても，$\boldsymbol{C}$ は単位行列であるとすれば，$\boldsymbol{A}$ 行列の右上のゼロがあるから，上のタンク温度から下のタンク温度は観測できない。

可制御・可観測については，状態表現の場合はゼロでない要素でつながっているだけでいいだろうかという疑問が残る。定義次第でさまざまな結果が得られそうであるが，合理的で有用な定義が研究の結果わかっている。それは本書の目的に挙げたレギュレータやオブザーバの構成条件に関わるものであるので，後の4章で紹介することにしよう。

2.4.2　直列結合非加熱液位タンク

加熱（冷却）・発熱がなく，流入流量を入力とし，液位を出力とする直列結合タンクの場合も前項と同様に因果的可制御・可観測があり得るはずである。

詳細は省略するが，液位が発生する流体系の問題ではつぎのような質量保存則（質量貯金 = 質量収入 − 質量支出）が成り立つ。

調査系内の蓄積量 = 調査系内への流入流量 − 調査系外への流出流量

この流出流量が液位の関数で決定され，蓄積量が液位の積分で決定され，さらに液位と液位の変化速度の関係がベルヌーイの定理で規定される。

1タンクの場合，ベルヌーイの定理に基づく基礎式を線形化して得られたタンクの一次遅れ系と入力部の輸送遅れによるむだ時間からなり，つぎのような1次の標準系とむだ時間系の直列結合（伝達関数はそれぞれの積になる）からなる伝達関数モデルで表現できる。ただし，入力はポンプ入力電圧ではなく，入口体積流量変化 $f_{in}(t)$ とした。状態変数は液位変化量 $h(t)$ で，出力も同様に出口体積流量変化を $f_{out}(t)$ とする。

$$h(t) = \frac{K_h e^{-L_h s}}{T_h s + 1} f_{in}(t) \tag{2.52}$$

$$f_{out}(t) = \varsigma_h h(t) \tag{2.53}$$

ここで，ポンプやシグナルコンデショナのダイナミクスは無視している。ζ_h は出口バルブの特性や線形化などによる出口流量係数である。

次章ではモデル化されたシステムの特性を把握して，制御系設計に役立てるために，静特性や動特性や安定性などの種々の解析方法について述べる。

章　末　問　題

【1】 単振子の振れ角 θ に関する2階線形化微分方程式を θ の導関数 ω（角速度）も状態変数にすることによって，2次元状態ベクトルを定義して，自律系（操作量がなく初期値によって応答が支配される）の状態方程式を導き，その固有値から振動の周期を求めよ（このように系の出力の逐次導関数を状態変数とする方法を位相変数法（1.3節 参照）といい，よく使われる。また，システム行列の固有値と伝達関数の極は一致する）。

【2】 長さ1の単振子の端点には質量 m のおもりを付けたまま，内分点 (l_1, l_2) に質量

m_2 のおもりを付けた場合，おもりの付加前後で周期はどのように変化するか答えよ。

【3】 質量 m，長さ l，重心回りの極慣性モーメント J の剛体振り子の天井接合点に，トルク τ の強制操作量を加える場合の状態方程式を誘導せよ。

〔注〕 ばねの蓄積エネルギー： $U(t)=\dfrac{1}{2}kx^2(t)$ (2.54)

マスの運動エネルギー： $T(t)=\dfrac{1}{2}mv^2(t)$ (2.55)

ダンパの散逸エネルギー： $D(t)=\dfrac{1}{2}cv^2(t)$ (2.56)

【4】 キャパシタンス C とインダクタンス L を直列結合した電気振動系の電荷 Q に関する2階線形微分方程式を，Q の導関数 i（電流）も状態変数にすることによって2次元状態ベクトルを定義し，自律系（操作量がなく初期値 Q_0 によって応答が支配される）の状態方程式を導き，その固有値から振動の周期を求めよ。

【5】 式(2.52)，式(2.53)を参考にして，標準形式の直列結合2タンクの2入力2出力の伝達関数行列モデルを導き，それから微分演算子法を用いて，入力部にむだ時間がある状態方程式を作成せよ。

このように伝達関数行列から状態方程式を作成することを実現といい，必要最低限の状態変数の数と同じ変数の数（次数）の実現を最小実現と呼んでいる。

〔ヒント〕

$$h_1(t)=\frac{K_{h1}e^{-L_{h1}s}}{T_{h1}s+1}f_{1in}(t) \tag{2.57}$$

$$\begin{aligned}h_2(t)&=\frac{K_{h2}}{T_{h2}s+1}(e^{-L_{h12}s}\varsigma_{h1}h_1(t)+e^{-L_{h2}s}f_{2in}(t))\\&=\frac{K_{h12}e^{-(L_{h1}+L_{h12})s}}{(T_{h1}s+1)(T_{h2}s+1)}f_{1in}(t)+\frac{K_{h2}e^{-L_{h2}s}}{T_{h2}s+1}f_{2in}(t)\end{aligned} \tag{2.58}$$

$$K_{h12}=K_{h1}K_{h2}\varsigma_{h1} \tag{2.59}$$

第2タンクの液位は二次遅れとむだ時間系であるが，因数分解されており過減衰系であり，ステップ応答は一次遅れと同様であることに注意せよ。

3 対象とシステムの解析

本章では制御対象や制御システムの特性を把握し，必要なパラメータを決定するために，静特性（static property）については最小二乗法（leat square method）を，動特性（dynamical property）のステップ応答（step response）については定常偏差（steady state error）や逆応答（inverse response）について記述し，安定性解析（stability analysis）については求根法や根軌跡法（root locus approach），あるいはフルビッツ法（Hurwitsz approach）などを解説した。

3.1 静　特　性

一定の操作量に対する制御量の**定常特性**（定常状態を十分待って定常値（steady state value）を記録）をプロットしたものを制御対象の**静特性**という（**図 3.1**）。他にも閉ループの静特性などもある。

統計的実験計画では実験データの取得はランダムな順序で行うのが正しいが，非線形システムには静的な履歴（**ヒステリシス**，hysterisis）特性がある

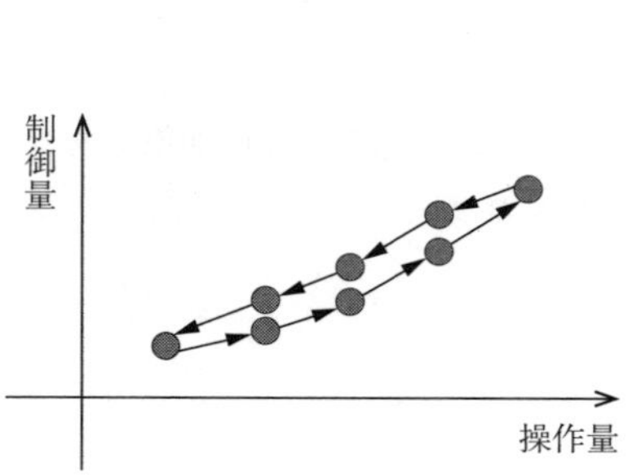

図 3.1　静　特　性

ことも多いので，そこにも注目したい場合はランダムな順序ではなく，図に示すように順次上げたり，順次下げたりすることも多い。

誤差を含む陽関数の直線的なデータの解析には，縦軸方向の誤差の**最小二乗法**による**回帰直線**（recursive line）がよく用いられる。誤差ではなく本質的に曲線的なデータの場合は，折れ線近似（区分線形化）を行うか，多項式による当てはめをすればよい。

3.1.1 最小二乗法による回帰直線

n 次元空間における m 個のデータの y 座標値と線形多様体（ある空間の次元を削減した部分空間は原点を含むが，並行移動して原点を通らない線形空間を線形多様体という）の y 座標推定値との誤差の二乗和を評価関数として，n 個の未知パラメータについて変分をとって停留方程式をつくると，次式のようになる。

$$
\begin{aligned}
&{e_i}^2 = (y_i - \hat{y}_i)^2 = \left(y_i - \left(\sum_{j=1}^{n-1} a_j x_{ij} + a_n\right)\right)^2,\\
&J = \sum_{i=1}^{m} {e_i}^2 = \sum_{i=1}^{m}\left(y_i - \left(\sum_{j=1}^{n-1} a_j x_{ij} + a_n\right)\right)^2,\\
&\frac{\partial J}{\partial a_j} = -2\sum_{i=1}^{m}\left(y_i - \left(\sum_{j=1}^{n-1} a_j x_{ij} + a_n\right)\right) x_{ij} = 0,\\
&\frac{\partial J}{\partial a_n} = -2\sum_{i=1}^{m}\left(y_i - \left(\sum_{j=1}^{n-1} a_j x_{ij} + a_n\right)\right) = 0
\end{aligned}
\tag{3.1}
$$

上記連立停留方程式は未知パラメータベクトルを $\boldsymbol{p}$ とすれば，つぎのような線形連立方程式に書き換えられる。誤差項を加える場合もある。

$$
\boldsymbol{y} = \boldsymbol{X}\boldsymbol{p} \tag{3.2}
$$

ここで

$$\boldsymbol{y}=\begin{bmatrix} y_1 \\ y_2 \\ \vdots \\ y_m \end{bmatrix},\qquad \boldsymbol{X}=\begin{bmatrix} x_{11} & x_{21} & \cdots & 1 \\ x_{12} & x_{22} & \cdots & 1 \\ \vdots & & & \vdots \\ x_{m1} & x_{m2} & \cdots & 1 \end{bmatrix},\qquad \boldsymbol{p}=\begin{bmatrix} a_1 \\ a_2 \\ \vdots \\ a_n \end{bmatrix} \tag{3.3}$$

上記パラメータ線形連立方程式は，未知数 n 個に対してデータ数 m が大きい場合には一般に不定方程式となり，つぎのような偏差ノルムの最小二乗解は擬逆行列によって特解と一般解が得られる（ペンローズ）。

$$\begin{aligned} &\boldsymbol{y}=\boldsymbol{X}\boldsymbol{p} \\ &\|\boldsymbol{y}-\boldsymbol{X}\boldsymbol{p}\|^2 \to \min \end{aligned} \tag{3.4}$$

この問題の一般解はあるベクトル $\boldsymbol{z}$ に対してつぎのようになる。

$$\hat{\boldsymbol{p}}=\boldsymbol{X}^+\boldsymbol{y}+(\boldsymbol{I}-\boldsymbol{X}^+\boldsymbol{X})\boldsymbol{z} \tag{3.5}$$

ここで，擬逆行列 $\boldsymbol{X}^+$ はつぎのように定義される。

$$\boldsymbol{X}^+=(\boldsymbol{X}^T\boldsymbol{X})^{-1}\boldsymbol{X}^T \tag{3.6}$$

上記方程式の解は $\boldsymbol{X}^+\boldsymbol{X}=\boldsymbol{I}$ のとき，唯一の特解になり，次式で得られる。

$$\hat{\boldsymbol{p}}=\boldsymbol{X}^+\boldsymbol{y} \tag{3.7}$$

射影定理によれば，$\hat{\boldsymbol{y}}$ が $\boldsymbol{X}$ の値域上へのベクトル $\boldsymbol{y}$ の直交射影であるときに限って，次式は等価である。

$$\|\boldsymbol{y}-\boldsymbol{X}\boldsymbol{p}\|^2 \to \min \quad \Leftrightarrow \quad \hat{\boldsymbol{y}}=\boldsymbol{X}\hat{\boldsymbol{p}} \tag{3.8}$$

$\hat{\boldsymbol{p}}=\boldsymbol{X}^+\boldsymbol{y}$ は擬逆行列の定義により，上記ノルムを最小値にする特解である。

なぜなら，$\boldsymbol{p}$ についての停留方程式は $\boldsymbol{X}\boldsymbol{p}=\boldsymbol{0}$ であり，問題は $\boldsymbol{X}$ のゼロ化空間を求めることであり，ゼロは自明な解である。このことと停留方程式はノルムを小さくすることから，上式が最小二乗解であることはつぎの関係から明らかとなる。

$$\boldsymbol{X}\hat{\boldsymbol{p}} = \boldsymbol{X}\boldsymbol{X}^{+}\boldsymbol{y}, \qquad \boldsymbol{X}(\hat{\boldsymbol{p}} - \boldsymbol{X}^{+}\boldsymbol{y}) = \boldsymbol{0} \tag{3.9}$$

だから，次式は $\boldsymbol{X}$ のゼロ化空間 $N(\boldsymbol{X})$ の要素であり，停留方程式の解である。

$$\hat{\boldsymbol{p}} - \boldsymbol{X}^{+}\boldsymbol{y} \in N(\boldsymbol{X}) \tag{3.10}$$

一般解については，ここでは省略する。

この手法の長所はデータ数にかかわらず解析的に解きやすい最小二乗解であることであり，評価がデータと線形多様体までの y 座標偏差の二乗和であるから，実験計画法などの多入力1出力系（MISO）に使用する。

データの線形回帰の傾きを求めるプログラムはさまざまなツール（例えば，Excel®，Microsoft Co. Ltd.）で使用できるが，理論と手法が明確なほうが安心であるから，つぎに自作の表形式法を示す。

3.1.2 表形式回帰直線

擬逆行列法による最小二乗法での直線回帰式計算を，センサの校正を例にして表形式でつぎのように展開する（**表 3.1**，本書では Excel® を用いた）。

1) 直線回帰の目的はデータ補間であるから，センサ校正の場合には因果を逆にして横軸 x にセンサの出力電圧をとり，縦軸に計測する物理量 y をとる。

2) 校正用データの個数 n 個分を縦ベクトル $\boldsymbol{x} = [x_i]$，$\boldsymbol{y} = [y_i]$ にして表の列に並べる。

3) $\boldsymbol{x}^2 = [x_i * x_i]$，$\boldsymbol{xy} = [x_i * y_i]$ と定義し，縦ベクトルを計算して表の列に並べる。

4) それぞれの列の和を $sumx$，$sumy$，$sumx^2$，$sumxy$ として表計算する。

5) 行列 $\boldsymbol{X}^T\boldsymbol{X}$ をつぎのようにして求めて表に入れる。

$$\boldsymbol{X}^T\boldsymbol{X} = \begin{bmatrix} sumx^2 & sumx \\ sumx & n \end{bmatrix} \tag{3.11}$$

6) この行列の逆行列をつぎのようにして計算して表に加える。

表 3.1　回帰直線係数を求めるエクセルによる計算例

センサ電圧〔V〕		液位実測〔cm〕		$\boldsymbol{x}^2$		$\boldsymbol{xy}$		液位線形回帰〔cm〕		
	1.3		5		1.69		6.5	5.038 829		
	2		9		4		18	9.090 943		
	2.5		12		6.25		30	11.985 31		
	3		15		9		45	14.879 68		
$[x_i]$	3.5	$[y_i]$	18	$[x_i^2]$	12.25	$[x_iy_i]$	63	17.774 05		
	4		20.5		16		82	20.668 41		
	4.5		23.5		20.25		105.75	23.562 78		
		$\boldsymbol{X}^T\boldsymbol{X}$				inv($\boldsymbol{X}^T\boldsymbol{X}$)			$\boldsymbol{X}^T\boldsymbol{y}$	$(a, b)^T$
$y=(x, 1)(a, b)^T$			69.44		20.8		0.130 988	−0.389 22	350.25	5.788 735
			20.8		7		−0.389 22	1.299 401	103	−2.486 53

$\boldsymbol{X}^T\boldsymbol{X}$ の結果　　$(\boldsymbol{X}^T\boldsymbol{X})^{-1}$ の結果　　$\boldsymbol{X}^T\boldsymbol{y}$ の結果　a, b の推定

$$(\boldsymbol{X}^T\boldsymbol{X})^{-1}=\frac{\mathrm{adj}(\boldsymbol{X}^T\boldsymbol{X})}{\det(\boldsymbol{X}^T\boldsymbol{X})}$$

$$=\frac{1}{sumx^2 * n-(sumx)^2}\begin{bmatrix} n & -sumx \\ -sumx & sumx^2 \end{bmatrix} \tag{3.12}$$

7)　ベクトル $\boldsymbol{X}^T\boldsymbol{y}$ をつぎのようにして求めて表に入れる。

$$\boldsymbol{X}^T\boldsymbol{y}=\begin{bmatrix} sumxy \\ sumy \end{bmatrix} \tag{3.13}$$

8)　回帰直線の傾き a と切片 b を要素とするパラメータベクトル $\boldsymbol{p}$ をつぎのようにして求めて表に入れる。

$$\boldsymbol{p}=(\boldsymbol{X}^T\boldsymbol{X})^{-1}\boldsymbol{X}^T\boldsymbol{y},$$

$$p_i=\sum_{j=1}^{n}((\boldsymbol{X}^T\boldsymbol{X})^{-1})_{ij}(\boldsymbol{X}^T\boldsymbol{y})_j \qquad (i=1,\ 2) \tag{3.14}$$

9)　回帰直線のデータ x_i に対する y 座標値をつぎのように計算し表に入れる。

$$\hat{y}_i=\hat{a}x_i+\hat{b} \qquad (i=1,\ \cdots,\ n) \tag{3.15}$$

10)　グラフに n 個のデータ (x_i, y_i) をマークで記入して，上記の表の右端の点を y 座標として結んだ回帰直線の周りに分布することを確認する。

3.1.3 等価パラメータ平面における最小二乗法

これまでは，従属変数–独立変数平面における従属変数の誤差の最小二乗法について示したが，つぎに新たな，x 軸も y 軸も等価なパラメータ平面におけるデータと直線の距離の最小二乗法について紹介する。

まず，2 次元空間上の N 個の点 $(x_i,\ y_i)$ と $(x_{1p},\ x_{2p})$ の点を通る線形多様体 $y=ax+b$ との距離の二乗和が局地となる傾き a は，つぎのように求まる。

$$b=x_{2p}-ax_{1p},\qquad d_i=\sqrt{\frac{\{ax_{1i}-(x_{2i}-x_{2p}+ax_{1p})\}^2}{a^2+1}},$$

$$J=\sum_{i=1}^{N}{d_i}^2=\sum_{i=1}^{N}\frac{\{ax_{1i}-(x_{2i}-x_{2p}+ax_{1p})\}^2}{a^2+1} \tag{3.16}$$

この評価式の変分による停留方定式を，通過点からの偏差に記号を置き換えてつぎのように簡略化する。

$$\sum_{i=1}^{N}(aX_{1i}-X_{2i})(X_{1i}-aX_{2i}),$$

$$a^2\sum_{i=1}^{N}X_{1i}X_{2i}+a\sum_{i=1}^{N}(X_{1i}^2-X_{2i}^2)-\sum_{i=1}^{N}X_{1i}X_{2i}=0,$$

$$Aa^2+Ba-A=0$$

$$\left(A=\sum_{i=1}^{N}X_{1i}X_{2i},\quad B=\sum_{i=1}^{N}(X_{1i}^2-X_{2i}^2),\quad a=\frac{-B\pm\sqrt{B^2+4A^2}}{2A}\right) \tag{3.17}$$

この二つの傾きの小さいほうが極小解である。

つぎに，ある直線までの N 個の点からの距離の和が局地となる傾き a と切片 b を求めよう。任意の直線は $(0, b)$ を通るから上式において，$(x_p, y_p)=(0, b)$ とおけば a についての変分は同じ式であるから，b についての変分をとれば，傾き a が求まり，次式が得られる。

$$J=\sum_{i=1}^{N}d_i^2=\sum_{i=1}^{N}\frac{\{ax_{1i}-(x_{2i}-b)\}^2}{a^2+1},\qquad \frac{\partial J}{\partial b}=\sum_{i=1}^{N}\frac{2\{ax_{1i}-(x_{2i}-b)\}}{a^2+1}=0,$$

$$aY_1-Y_2+b=0,\qquad a=\frac{b-Y_2}{Y_1}=\frac{-B\pm\sqrt{B^2+4A^2}}{2A}$$

$$\left(A=\sum_{i=1}^{N}x_{1i}(x_{2i}-b),\quad B=\sum_{i=1}^{N}\{x_{1i}^2-(x_{2i}-b)^2\}\right) \tag{3.18}$$

これを b について解いて，評価関数が小さくなるほうを選べばデータから直線までの偏差距離の和の最小二乗解の直線が定められる。これを平面から空間へ一般化すれば次項のようになる。

3.1.4 等価パラメータ空間における最小二乗法

この項は大学院レベルになるので，内容が難しいと感じる読者は読み飛ばしていただきたい。

任意のベクトル $\boldsymbol{x}\in R^n$ を部分空間 L 上への直交射影 $\hat{\boldsymbol{x}}\in L$ と直交補空間 $L^\perp$ への脚 $\tilde{\boldsymbol{x}}\in L^\perp$ に分解して，$\boldsymbol{x}=\hat{\boldsymbol{x}}+\tilde{\boldsymbol{x}}$ とするとき，$\hat{\boldsymbol{x}}=\boldsymbol{P}\boldsymbol{x}$，$\tilde{\boldsymbol{x}}=(\boldsymbol{I}-\boldsymbol{P})\boldsymbol{x}$ となる対称行列 $\boldsymbol{P}$ が存在する。このような $\boldsymbol{P}$ を部分空間 L への**直交射影作用素**，$\boldsymbol{I}-\boldsymbol{P}$ を直交補空間 $L^\perp$ への直交射影作用素という。ここで，部分空間 L の基底ベクトルを列ベクトルとする行列 $\boldsymbol{X}$ をつくると，$\tilde{\boldsymbol{x}}$ は L 上のすべての基底ベクトルと直交するから，$\tilde{\boldsymbol{x}}^T\boldsymbol{X}=0$ となる。

この方程式の一般解は擬逆行列 $\boldsymbol{X}^+$ を用いて，つぎのように書ける。

$$\boldsymbol{X}^T\tilde{\boldsymbol{x}}=\boldsymbol{0},$$

$$\tilde{\boldsymbol{x}}=\boldsymbol{X}^{T+}\boldsymbol{0}+(\boldsymbol{I}-\boldsymbol{X}^{T+}\boldsymbol{X}^T)\boldsymbol{y}\qquad(\boldsymbol{X}^{T+}=(\boldsymbol{X}\boldsymbol{X}^T)^{-1}\boldsymbol{X}) \tag{3.19}$$

$$\tilde{\boldsymbol{x}}^T=\boldsymbol{y}^T(\boldsymbol{I}-\boldsymbol{X}\boldsymbol{X}^+)\qquad(\boldsymbol{X}^+=\boldsymbol{X}^T(\boldsymbol{X}\boldsymbol{X}^T)^{-1}) \tag{3.20}$$

これを**ペンローズの解**という。ここで，$\boldsymbol{y}$ は $\tilde{\boldsymbol{x}}$ と同じ次元のベクトルである。対称性と擬逆行列の性質を用いれば，直交射影作用素はつぎのようになることを示すことができる。

$$\boldsymbol{P}=\boldsymbol{X}\boldsymbol{X}^+ \tag{3.21}$$

これを用いて任意のベクトルから部分空間 L への直交射影までの距離 d は次式で定義される。

$$d=\|\tilde{\boldsymbol{x}}\|=\|(\boldsymbol{I}-\boldsymbol{P})\boldsymbol{x}\| \tag{3.22}$$

$\boldsymbol{x}$ から $\boldsymbol{x}_p$ を通る線形多様体 $\boldsymbol{L}+\boldsymbol{x}_p$ までの距離 d_p は，$\boldsymbol{x}_p$ を原点に平行移動して次式になる。

$$d_p=\|(\boldsymbol{I}-\boldsymbol{P})(\boldsymbol{x}-\boldsymbol{x}_p)\| \tag{3.23}$$

$\boldsymbol{x}_p$ の点を通る線形多様体 $\boldsymbol{L}+\boldsymbol{x}_p$ までの N 個の点 $\left(x_i,\quad i=1,\cdots,N\right)$ からの距離の和が局地となるようにつぎの評価関数と，それに含まれる独立変数 $\boldsymbol{P}$ と $\boldsymbol{x}_p$ に関する変分を求める。

$$J_p=\sum_{i=1}^{N}{d_{i,p}}^2=\sum_{i=1}^{N}\|(\boldsymbol{I}-\boldsymbol{P})(\boldsymbol{x}_i-\boldsymbol{x}_p)\|^2=\sum_{i=1}^{N}(\boldsymbol{x}_i-\boldsymbol{x}_p)^T(\boldsymbol{I}-\boldsymbol{P})^2(\boldsymbol{x}_i-\boldsymbol{x}_p),$$

$$\frac{\partial J_p}{\partial \boldsymbol{P}}=2\sum_{i=1}^{N}(\boldsymbol{x}_i-\boldsymbol{x}_p)^T\boldsymbol{P}(\boldsymbol{x}_i-\boldsymbol{x}_p)-2\sum_{i=1}^{N}(\boldsymbol{x}_i-\boldsymbol{x}_p)^T(\boldsymbol{x}_i-\boldsymbol{x}_p)=0,$$

$$\frac{\partial J_p}{\partial {\boldsymbol{x}_p}^T}=2\sum_{i=1}^{N}(\boldsymbol{P}-\boldsymbol{I})^2(\boldsymbol{x}_i-\boldsymbol{x}_p)=\boldsymbol{0} \tag{3.24}$$

行列表現でまとめるとつぎの連立停留方程式が定まる。

$$\begin{aligned}&\mathrm{tr}\,\{\boldsymbol{X}^T(\boldsymbol{P}-\boldsymbol{I})\boldsymbol{X}\}=0,\\&(\boldsymbol{P}-\boldsymbol{I})^2\boldsymbol{Xe}=0\\&\qquad(\boldsymbol{X}=[\boldsymbol{x}_1-\boldsymbol{x}_p,\cdots,\boldsymbol{x}_i-\boldsymbol{x}_p,\cdots,\boldsymbol{x}_N-\boldsymbol{x}_p],\ \boldsymbol{e}=[1,1,\cdots,1]^T)\end{aligned} \tag{3.25}$$

これを $\boldsymbol{P}$ および $\boldsymbol{x}_p$ について解けば線形多様体 $\boldsymbol{L}+\boldsymbol{x}_p$ が定まり，評価関数である距離を最小にする解が最小二乗距離解になる。

MATLAB® のような数学ツールを使って，データの特徴に応じて適当な前処理をすれば，多項式回帰も可能である。詳細と例は付録を参照。

なめらかな曲線によってデータ間の値を補うことを**補間**といい，誤差分散の小さい曲線的データ間を補う場合は，**3次スプライン補間**がよく用いられる。簡易的には前後の点の凸結合（$y_j=(1-\alpha)y_1+\alpha y_n$）で線形補間ができる。

3.2 ステップ応答

システムに加える入力は一定の状態から一定量変化させると階段状に変化する。このような入力変化を**ステップ入力**という。そのようなステップ入力に対する出力の応答は**ステップ応答**（step response）といい，システムが安定であれば，出力は変動しながら十分な時間が経てば一定の状態になる。このような状態を**定常状態**（steady state）といい，定常状態からつぎの定常状態へ移行するまでの途中の応答のことを**過渡応答**（transient response）という。過渡応答の特徴の解析によってシステム特性やパラメータがわかることがあり，このような**時間応答解析**には，プロセスではステップ入力が簡便でよく用いられる。振動分野や同定分野などでは，それ以外に**パルス入力**などが用いられる。**インパルス入力**（ラプラス変換の像関数が1になる入力）に対する**インパルス応答**（inpulse response）については，出力のラプラス変換がシステムの伝達関数となり，理論的にも重要であるが，ステップ応答の微分になるので，ここでは省略する。逆にステップ応答はインパルス応答の積分である。代表的なものは付録に示したので，派生的なものは各自で計算してほしい。

3.2.1 ステップ応答の定常偏差

ステップ応答の最終値は伝達関数を $s=0$ とおいて求められることは，ラプラス変換法では最終値定理としてよく知られている。ここでは，演算子法では定常状態が $s=0$ で表現できることから，**定常偏差**をつぎのように表現してみよう。

$$y(\infty)=T(0)u(\infty)=\frac{N_C(0)N_G(0)N_H(0)}{D_C(0)D_G(0)D_H(0)+N_C(0)N_G(0)N_H(0)}r(\infty),$$
$$e(\infty)=\frac{r(\infty)-y(\infty)}{r(\infty)}=\frac{D_C(0)D_G(0)D_H(0)}{D_C(0)D_G(0)D_H(0)+N_C(0)N_G(0)N_H(0)} \tag{3.26}$$

したがって，制御器か制御対象かフィードバック要素（＝目標値設定部）に積分器があれば式の分子に s が掛け算され，定常偏差は 0 になり解消される。

3.2.2 右ゼロ点二次系のステップ逆応答

ステップ応答で最も大きな問題は，**図 3.2** に示すように，ボイラ（燃料燃焼器）の蒸気発生器としてのドラムの液位制御で見られるような，液位が低くなったので上げようとしてボイラ入力（燃料と給水）を増やしたにもかかわらず，逆に液位が下がる現象である。すなわちいわゆる**逆応答**である。

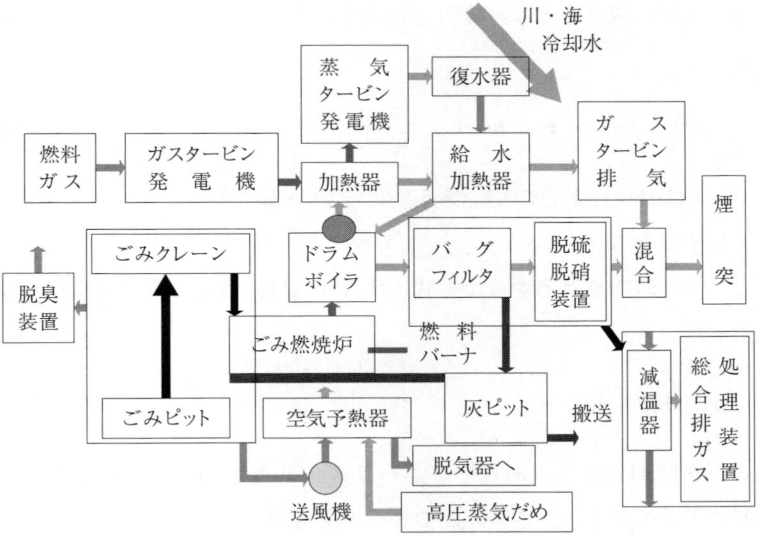

図 3.2 スーパーごみ発電リパワーリングシステム構成例

原因は種々あり得るが，システム理論では非最小位相系や**右ゼロ点系**と呼ばれる複素平面の右半平面にゼロ点を有する系が，低次系でも同じような逆応答を起こすことから，**逆応答系**として有名である。2 自由度倒立振り子の一種にも逆応答系がある。カバーの線図はそのスライド式倒立振子のイメージ図でもある。

ここでは簡単に，つぎのような標準二次系：

$$G(s)=\frac{K\omega_n^2}{s^2+2\varsigma\omega_n s+\omega_n^2} \tag{3.27}$$

K：ゲイン定数，ς：減衰係数，ω_n：固有角速度

に1個ゼロ点がある系の伝達関数に，ステップ入力のラプラス変換 $1/s$ を掛けて逆ラプラス変換すると，過減衰系の場合には，部分分数分解ができて出力の時間応答が容易に得られる。ここでは方針のみ述べる。

$$\boldsymbol{y}(t)=\mathcal{L}^{-1}\left\{\boldsymbol{g}(s,\boldsymbol{c})\frac{1}{s}\right\} \tag{3.28}$$

この出力関数の微分をとり，停留方程式を時間について解けば，ピーク時間が求まる。

$$s\boldsymbol{y}(t)=0 \quad \Rightarrow \quad \boldsymbol{t}_p=\boldsymbol{h}(t,\boldsymbol{c}) \tag{3.29}$$

ここで，c はゼロ点が右か左，あるいはないかを示すパラメータである。s は微分演算子である。

このピーク時間を対応する出力式に代入すれば，各成分ピーク量がつぎのように求まる。

$$\boldsymbol{y}_p=\{y_i(t_{pi})\} \tag{3.30}$$

上記ピーク時間式から，あるゼロ点パラメータ条件（$c_i<0$）のとき，すなわち右ゼロ点系のときに，正の時間でピークをもつことがわかる。これらの成分のうち，過減衰系についてはオーバシュートもサイクリングもしないから，このピークは逆応答しかないことが推察される。具体的な解は各自で求めよ。

3.2.3　その他の1入力多出力（SIMO）系のステップ応答

その他の2次系（左ゼロ点系，ゼロ点のない系）のステップ応答では逆応答が起こらないことも，ゼロ点条件を変更（$c_i>0$，$c_i=0$）すれば容易に確認できる。高次系についても部分分数分解ができれば，逆ラプラス変換ができて，同様である。

3.2.4 求　根　法

有理関数の分母分子の次数が等しい関数を**プロパ**（proper）といい，分子が分母より1次以上低い有理関数を**強プロパ**（strictly proper）という。

強プロパな高次伝達関数は，ヘビサイドの展開定理により，極が相異なるときには，つぎのように部分分数展開できるので，その逆ラプラス変換であるインパルス応答やステップ入力 $1/s$ を掛けた逆ラプラス変換であるステップ応答は，極を指数とする指数関数の和になる。ベクトルの場合は成分ごとに行う。

$$F(s)=\frac{N(s)}{D(s)}=\frac{N(s)}{(s-p_1)(s-p_2)\cdots(s-p_n)} \tag{3.31}$$

$$f(t)=\mathcal{L}^{-1}\left\{\frac{N(s)}{D(s)}\right\}=\sum_{i=1}^{n}\frac{N(p_i)}{D'(p_i)}e^{p_it}=\sum_{i=1}^{n}K_ie^{p_it}, \qquad D'(p_i)=\left[\frac{dD(s)}{ds}\right]_{s=p_i} \tag{3.32}$$

$$K_i=\left[(s-p_i)\frac{N(s)}{(s-p_1)(s-p_2)\cdots(s-p_n)}\right]_{s=p_i}=\frac{N(p_i)}{D'(p_i)} \tag{3.33}$$

したがって，極の実部が負であれば，その項は減衰していく。実部がゼロの項は持続振動をする。実部が正の項は発散する。

例題3.1　つぎの逆ラプラス変換を部分分数展開と付録を用いて求めよ。

$$f(t)=\mathcal{L}^{-1}\left\{\frac{1}{(T_1s+1)(T_2s+1)}\right\}$$

【解答】

$$f(t)=\mathcal{L}^{-1}\left\{\frac{K}{(T_1s+1)(T_2s+1)}\right\}$$

$$=\left[\frac{K}{T_1(T_2s+1)}\right]_{s=-1/T_1}e^{-t/T_1}+\left[\frac{K}{T_2(T_1s+1)}\right]_{s=-1/T_2}e^{-t/T_2}$$

$$
= \frac{K}{T_1 - T_2}(e^{-t/T_1} - e^{-t/T_2}) \tag{3.34}
$$

重複根が1種類ある場合は，次式のような部分分数に展開できる。

$$
F(s) = \frac{N(s)}{D(s)} = \frac{N(s)}{(s-p_1)^r(s-p_{r+1})\cdots(s-p_n)} \tag{3.35}
$$

$$
\begin{aligned}
f(t) &= \mathcal{L}^{-1}\left\{\frac{N(s)}{D(s)}\right\} = \mathcal{L}^{-1}\left\{\frac{K_{11}}{(s-p_1)^r} + \frac{K_{12}}{(s-p_1)^{r-1}} + \right. \\
&\qquad \left. \cdots + \frac{K_{1r}}{(s-p_1)} + \frac{K_2}{(s-p_2)} + \cdots + \frac{K_n}{(s-p_n)}\right\} \\
&= \sum_{i=1}^{r} \frac{K_{1i}}{(r-i)!} t^{r-i} e^{p_i t} + \sum_{i=r+1}^{n} K_i e^{p_i t}
\end{aligned} \tag{3.36}
$$

したがって，極の実部が負であれば，t のべき乗の影響でいったん増加しても減衰が強く，その項はいずれ減衰していく。実部がゼロの項や正の項は発散する。

例題3.2　つぎの逆ラプラス変換，すなわちインパルス応答を部分分数展開法で求めよ。分母の s がステップ入力を表す場合はステップ応答である。

$$
f(t) = \mathcal{L}^{-1}\left\{\frac{1}{(s+1)^2 s}\right\}
$$

【解答】

$$
f(t) = \mathcal{L}^{-1}\left\{\frac{A}{s} + \frac{B}{(s+1)^2} + \frac{C}{(s+1)}\right\} = \mathcal{L}^{-1}\left\{\frac{A(s+1)^2 + Bs + Cs(s+1)}{(s+1)^2 s}\right\} \tag{3.37}
$$

$$
\begin{aligned}
&A + C = 0, \qquad 2A + B + C = 0, \qquad A = 1, \\
&C = -A = -1, \qquad B = -2A - C = -2 + 1 = -1
\end{aligned} \tag{3.38}
$$

$$
\begin{aligned}
f(t) &= \mathcal{L}^{-1}\left\{\frac{1}{s} - \frac{1}{(s+1)^2} - \frac{1}{(s+1)}\right\} \\
&= \mathcal{L}^{-1}\left\{\frac{1}{s}\right\} - \mathcal{L}^{-1}\left\{\frac{1}{(s+1)^2}\right\} - \mathcal{L}^{-1}\left\{\frac{1}{(s+1)}\right\} = 1 - (t+1)e^{-t}
\end{aligned} \tag{3.39}
$$

減衰する項になる極を**安定極**，持続振動する項になる極を**振動極**，発散する極を**不安定極**と呼ぶ。一つでも不安定極があれば，その項の和は発散して不安定になるから，項の和が安定であるためにはすべての項，すなわちすべての極が安定でなければならない。式(3.39)の第2項は発散項$t+1$と収束項e^{-t}の積であるが，指数減衰のほうが強いので，最終的には減衰して$f(t)$は1に漸近する。第2項を有理関数にし，分母分子を微分して漸近値を確認してほしい。

4次の多項式までは係数から計算できる解析解の公式が知られている。3次がカルダノの公式，4次がフェラーリの公式である。変数変換により，単項式に変換できれば同一円状に等角に根が並ぶので，高次式でも容易に解ける。実係数多項式は実係数の1次と2次の項に因数分解できる。したがって，実根を一つ見つければ，元の多項式をその項で割り算することで残りの剰余多項式が求まる。このように工夫すれば，極はかなり解析的に求まる。

係数の数値がわかっていれば，高次式でも多くの数値解法があり，MATLAB®のようなCADツールで求められるし，Maple®（Maplesoft Co. Ltd.）のような変数のまま因数分解したり，根を求める数学ソフトもある。

3.2.5 根軌跡法

次式に示すようにフィードバック系の閉ループ極は，ループゲインKをゼロから大きくしていくとき，極とゼロ点をプロットした複素平面において，開ループ極，あるいは無限からスタートして開ループゼロ点，あるいは無限へ向かって移動していく。この閉ループ極の軌跡を**根軌跡**という。経路はネガティブフィードバックとポジティブフィードバックで異なることがある。

$$\begin{aligned}&D_C(s)D_G(s)D_H(s)\pm KN_C(s)N_G(s)N_H(s)=0,\\&D_C(s)D_G(s)D_H(s)=0\quad(K=0),\qquad N_C(s)N_G(s)N_H(s)=0\quad(K=\infty)\end{aligned}\tag{3.40}$$

ここで，添字C，G，Hの意味は1章と同じである。

根軌跡が虚軸と交わるときのループゲインKが安定限界ゲインK_cであり，その交点に対応する角周波数が**限界角周波数**（持続振動の角周波数）ω_cである。

$$D_C(j\omega)D_G(j\omega)D_H(j\omega) \pm KN_C(j\omega)N_G(j\omega)N_H(j\omega) = 0,$$
$$K_c = \mp \mathrm{Re}\left\{\frac{D_C(j\omega_c)D_G(j\omega_c)D_H(j\omega_c)}{N_C(j\omega_c)N_G(j\omega_c)N_H(j\omega_c)}\right\}$$
$$= \mp 1 / \mathrm{Re}\{C(j\omega_c)G(j\omega_c)H(j\omega_c)\},$$
$$0 = \mathrm{Im}\left\{\frac{D_C(j\omega_c)D_G(j\omega_c)D_H(j\omega_c)}{N_C(j\omega_c)N_G(j\omega_c)N_H(j\omega_c)}\right\} = \mathrm{Im}\{C(j\omega_c)G(j\omega_c)H(j\omega_c)\} \tag{3.41}$$

ここで，Re{・}は関数の実部，Im{・}は関数の虚部を意味する。この解は後で示すナイキスト法ではゲイン安定に相当する限界角周波数 ω_c であり，一巡周波数伝達関数の実軸交点が $-1/K_c$ である。

根軌跡の中にはループゲインを増やしても不安定にならないケースがある。このパターンを知っておくと（ある意味ロバストな）制御系設計（モデルマッチング法など）に便利である。特に，6章でも扱う積分器がある場合を考察する。**図 3.3** のように一次遅れに積分制御系の特性方程式は二次系になるが，次節のフルビッツ法でも示すように二次系はすべての係数が正であれば不安定にならないから，この根軌跡は右半平面を通らず安定である。

この後で述べるようにゼロ点をもたない二次遅れ系に積分制御を行うと，最左端の極から始まる根軌跡は無限に左に伸び，原点極と二次系の支配極（虚軸に最も近い極）に挟まれた線分から伸びる根軌跡は虚軸側に曲がり，不安定になる。しかし，二つの極の間にゼロ点があると，最左極からの根軌跡の矢印は右を向くから根軌跡は左に曲がる。

ゼロ点がなければPI制御器によって付けることができる。例えば，図(b)の一次遅れと積分制御系に，さらにPI制御器でゼロ点を極の左側に付ければ，図(d)のように根軌跡は左右からぶつかって実軸対称に円上に曲がり，実軸と交差した後に一方はゼロ点に向かい，もう一方は無限左方に伸びて，ゲイン調整に対して不安定にならないだけでなく振動性も抑制される。ゲインを大きくすれば卓越極の減衰がよくなるが，円が小さすぎると逆にパラメータ変動によって極ゼロ相殺（そうさい）で円が潰（つぶ）れて根軌跡急変のリスクがある。原点極は単独では

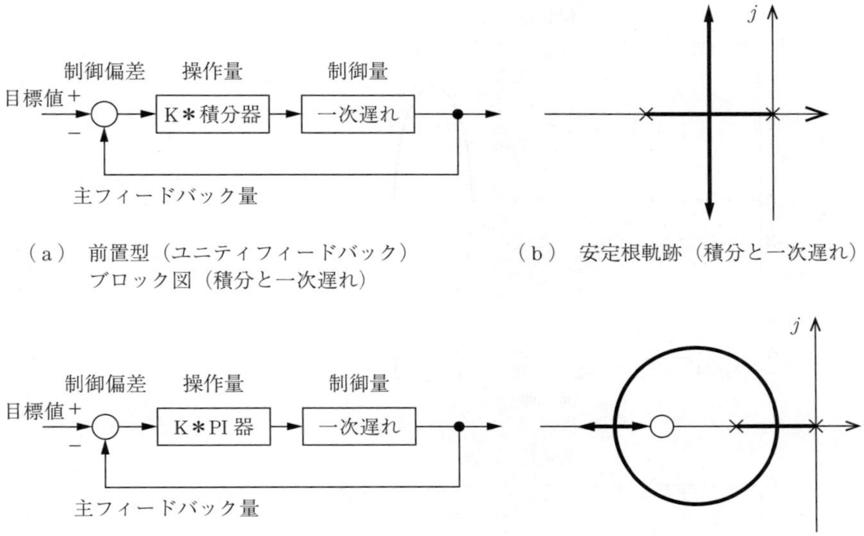

（c） 前置型（ユニティフィードバック）ブロック図（PI と一次遅れ）　（d） 安定根軌跡（PI と一次遅れ）

図 3.3　ループゲイン K の変化による安定根軌跡例（カバーの上の枠内の採用図）

不安定にはならない。ゼロ点を極の間に付ければ，原点極からはゼロ点に向かい，最左極からは無限左方に伸びる。原点近傍卓越極が変動と調整にロバストになる。

図 3.4 のように右ゼロ点があれば，根軌跡が開ループ安定極から開始しても，ハイゲインフィードバック制御で必ず虚軸を横切るので不安定になり，安定限界が存在するが，逆は真ではない。すなわち，前にも述べたが，右ゼロ点がなくても，制御系を含めて 3 次以上の系はネガテイブフィードバック制御によって不安定になることがある。

前に示したノッチフィルタ（バンドリジェクトフィルタ）やバンドパスフィルタのようなプロパ伝達関数では，極・ゼロの数も一致するし，極とゼロが近くて根軌跡が短い線分でブレが小さければ，ループゲイン変動に対して閉ループ安定度の変動が小さいことになる。根軌跡の位置が虚軸から遠いほど，安定度は高い。

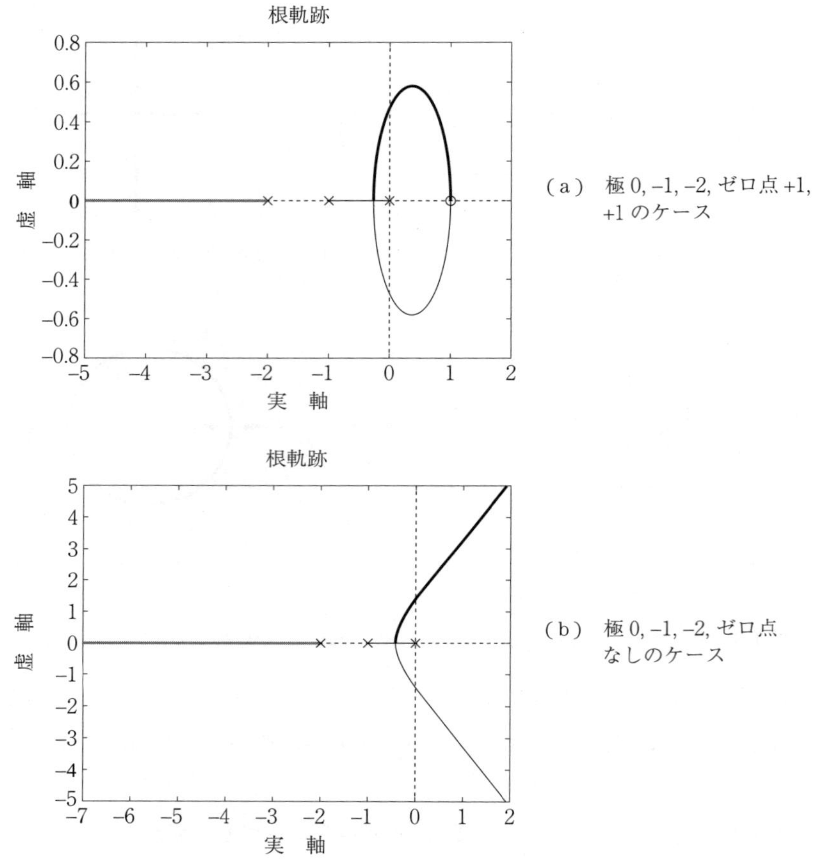

図 3.4　ループゲイン K の変化によって不安定になる根軌跡例

根軌跡のブレ幅がわかれば，根軌跡バンドが描ける。そのバンドが安定側にあれば，虚軸までの距離が根軌跡法での安定度を表すと考えられる。根軌跡が実軸に拘束されていれば，実係数 1 次因子に分解できる。極とゼロが近すぎると変動によって相殺が起こり，根軌跡が急変するリスクが発生する。

つぎに，バンドパスフィルタとノッチフィルタを組み合わせた特殊なフィルタが興味深い特性をもつので，4 種類の解析例（根軌跡，ボード線図，ステップ応答，インパルス応答）を**図 3.5** に示す。特に，根軌跡が実軸上に拘束され

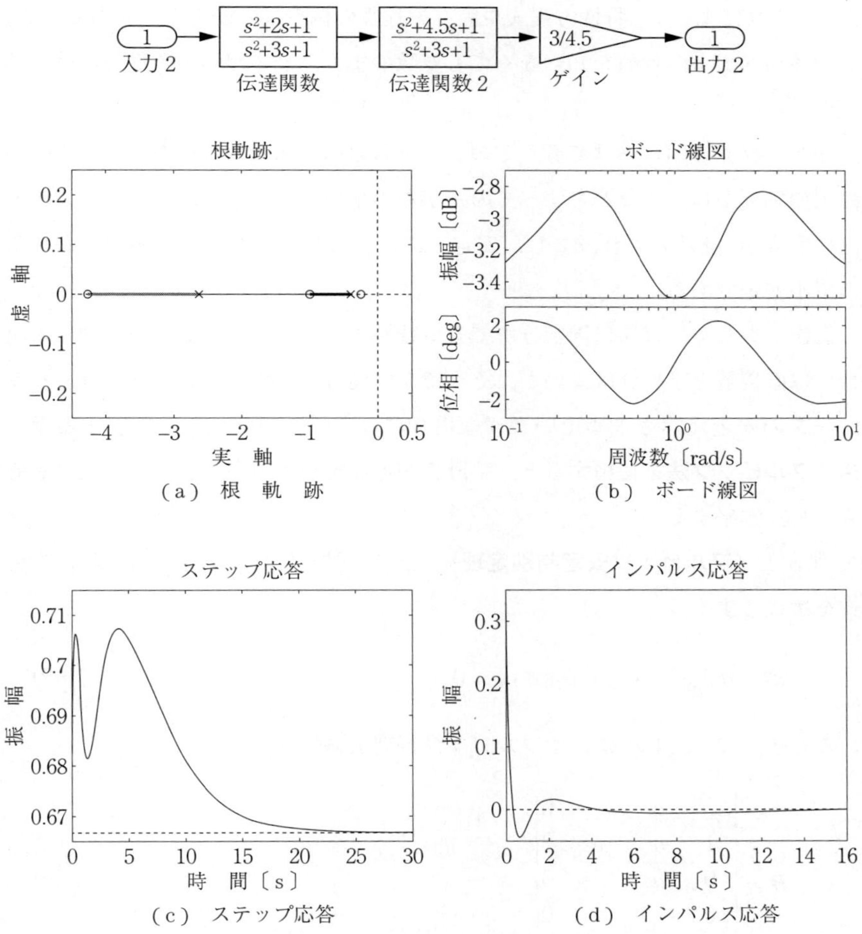

図 3.5 バンドパスおよびリジェクトフィルタの解析

ること，ステップ外乱もインパルス外乱も強力に抑制されることに注意してほしい。

3.2.6 フルビッツ法

実係数多項式の根がすべて複素平面の左半平面にあることを判定する方法で

ある。これによって，特性方程式や固有方程式の極や根の安定性が判別できる。高次多項式でも，数値を知らなくても変数のまま，安定限界の条件が出せる利点がある。

開ループでも閉ループでも，そのシステムの伝達関数の特性方程式のすべての根の実部が負，すなわちすべての根が左半平面にあるならば，そのシステム内の有界擾乱（じょうらん）はいずれ減衰し，安定である。ただし，原点極は積分性があるので不安定である。

低次，もしくは容易に因数分解できる特性方程式の場合や数値解が求まる場合には直接解を求めればよいが，そうでない場合や特性方程式に含まれるパラメータの安定範囲を求めたいような場合には，係数の関係から判別する**ラウス・フルビッツ法**を使用すると，手計算が可能で便利である。ラウス法は等価であり，省略する。

定理 3.1 （**フルビッツ安定判別定理**）　安定判別をしたい伝達関数の特性方程式を次式とする。

$$s^n + a_{n-1}s^{n-1} + \cdots + a_1 s + a_0 = 0 \tag{3.42}$$

このとき，式（3.43）に示すフルビッツ行列 $\boldsymbol{H}$ を作成して

$$\boldsymbol{H} = \begin{bmatrix} a_{n-1} & a_{n-3} & \cdots & 0 \\ 1 & a_{n-2} & \cdots & 0 \\ 0 & a_{n-1} & \cdots & 0 \\ 0 & 1 & \cdots & 0 \\ & & & \end{bmatrix} \tag{3.43}$$

（1）　特性方程式のすべての係数が正

（2）　フルビッツ行列 $\boldsymbol{H}$ のすべての主座対角行列式が正

であれば，その特性方程式のすべての根は左半平面にあり，そのような特性方程式をもつシステムは，すべて**フルビッツ安定**である。

例題として，前節の 2 次系に PI 制御器でゼロ点を付けて，根軌跡を左に曲

げるケースの，閉ループ特性方程式を調べてみよう。閉ループ伝達関数および特性方程式はつぎのようになる。

$$G(s)=\frac{1}{s^2+2\varsigma\omega_n s+\omega_n^2},\qquad C(s)=k\left(1+\frac{k_i}{s}\right),$$

$$W(s)=\frac{k(s+k_i)}{s^3+2\varsigma\omega_n s^2+\omega_n^2 s+k(s+k_i)},$$

$$\varphi(s)=s^3+2\varsigma\omega_n s^2+(\omega_n^2+k)s+kk_i=0 \tag{3.44}$$

係数はすべて正だから第1条件は満たしている。0の多い第3列で展開して

$$H_2=\begin{vmatrix}2\varsigma\omega_n & kk_i\\ 1 & \omega_n^2+k\end{vmatrix}=2\varsigma\omega_n(\omega_n^2+k)-kk_i>0,$$

$$H_2=2\varsigma\omega_n^3+k(2\varsigma\omega_n-k_i)>0,$$

$$H_3=\begin{vmatrix}2\varsigma\omega_n & kk_i & 0\\ 1 & \omega_n^2+k & 0\\ 0 & 2\varsigma\omega_n & kk_i\end{vmatrix}=H_2\times kk_i>0 \tag{3.45}$$

したがって，この系はすべての係数正かつ$H_2>0$のとき安定である。厳密な条件は面倒であるが$k>0$かつ$k_i<2\varsigma\omega_n$に選べば十分である。すなわち，任意の二次系は積分ゲインを1次の係数以下に選べば根軌跡はつねに安定であり，比例ゲインの調整やループゲイン変動では不安定にならない。ただし，むだ時間のモデル誤差には注意しなければならない。

さらに，この系にもう一度PI制御を行って二重ループにしてみると，つぎのようになる。

$$W(s)=\frac{k(s+k_i)}{s^3+2\varsigma\omega_n s^2+\omega_n^2 s+k(s+k_i)},\qquad C_c(s)=k_c\left(1+\frac{k_{ic}}{s}\right),$$

$$W_c(s)=\frac{kk_c(s+k_i)(s+k_{ic})}{s^4+2\varsigma\omega_n s^3+(\omega_n^2+k)s^2+kk_i s+k_c(s+k_{ic})},$$

$$\varphi_c(s)=s^4+2\varsigma\omega_n s^3+(\omega_n^2+k)s^2+(kk_i+k_c)s+k_ck_{ic}=0 \tag{3.46}$$

係数はすべて正だから第1条件は満たしている。ここで，根軌跡の安定性を調べるために，比例ゲインはどちらも同じで同時調整を仮定する。安定条件は

$$H_2=\begin{vmatrix}2\varsigma\omega_n & k(k_i+1)\\ 1 & \omega_n^2+k\end{vmatrix}=2\varsigma\omega_n(\omega_n^2+k)-k(k_i+1)>0,$$

$$H_2=2\varsigma\omega_n^3+k(2\varsigma\omega_n-k_i-1)>0,$$

$$H_3=\begin{vmatrix}2\varsigma\omega_n & k(k_i+1) & 0\\ 1 & \omega_n^2+k & kk_{ic}\\ 0 & 2\varsigma\omega_n & k(k_i+1)\end{vmatrix}=H_2\times k(k_i+1)-4kk_{ic}\varsigma^2\omega_n^2>0,$$

$$H_4=H_3\times kk_{ic} \tag{3.47}$$

先ほどと同様，厳密な条件は面倒なので $k>0$，$0<k_i<2\varsigma\omega_n-1$，$k_{ic}=\varepsilon\geqq 0$ に選べば十分根軌跡は安定であり，不安定にならない。すなわち，減衰係数が所定以上に大きな二次系は，両ループに積分器を入れた二重ループ制御でも，同一ループゲインの根軌跡が不安定にならない。ただし，むだ時間のモデル誤差には注意しなければならない。

減衰係数が所定以下の場合には，一般に下記のようにローカル微分ネガティブフィードバックによって減衰係数を大きくすることができるが，ライン切断時の特性急変に注意が必要である。

$$G(s)=\frac{K\omega_n^2}{s^2+2\varsigma\omega_n s+\omega_n^2},\qquad C(s)=k_d s,$$

$$W(s)=\frac{K\omega_n^2}{s^2+2(\varsigma+0.5K\omega_n k_d)\omega_n s+\omega_n^2},$$

$$\varsigma_{new}=\varsigma+0.5K\omega_n k_d \tag{3.48}$$

つぎに前に示した一次遅れに PI 制御の場合には

$$G(s)=\frac{1}{Ts+1},\qquad C(s)=k\left(1+\frac{k_i}{s}\right),$$

$$W(s)=\frac{k(s+k_i)}{Ts^2+(k+1)s+kk_i},$$

$$\varphi(s)=Ts^2+(k+1)s+kk_i=0 \tag{3.49}$$

すべての係数は正で根軌跡は不安定にならないが，これに積分出力を介したカスケード PI 制御を行った場合を検討してみよう（その他の伝達関数を介するカスケード制御も多い)。

$$W_i(s)=\frac{k(s+k_i)}{Ts^3+(k+1)s^2+kk_is},\qquad C_c(s)=k_c\left(1+\frac{k_{ic}}{s}\right),$$

$$W_c(s)=\frac{kk_c(s+k_i)(s+k_{ic})}{Ts^4+(k+1)s^3+kk_is^2+k_c(s+k_{ic})},$$

$$\varphi(s)=s^4+\frac{k+1}{T}s^3+\frac{kk_i}{T}s^2+\frac{k_c}{T}(s+k_{ic})=0 \tag{3.50}$$

前と同様に各ループゲインを統一すると，安定条件はつぎのようになり，

$$H_2=\begin{vmatrix}\dfrac{k+1}{T} & \dfrac{k}{T}\\ 1 & \dfrac{kk_i}{T}\end{vmatrix}=\frac{1}{T^2}k\{k_i(k+1)-T\}>0\qquad\left(k_i>\frac{T}{k+1}\right),$$

$$H_3=\begin{vmatrix}\dfrac{k+1}{T} & \dfrac{k}{T} & 0\\ 1 & \dfrac{kk_i}{T} & \dfrac{kk_{ic}}{T}\\ 0 & \dfrac{k+1}{T} & \dfrac{k}{T}\end{vmatrix}=\frac{k}{T}H_2-\frac{kk_{ic}}{T}\frac{(k+1)^2}{T^2}>0$$

$$\left(\frac{k\{k_i(k+1)-T\}}{(k+1)^2}>k_{ic}\right),$$

$$H_4=\frac{H_3\times kk_{ic}}{T}>0 \tag{3.51}$$

十分条件でよければ，根軌跡ゲインは $k=\varepsilon$ が最小で $k=\infty$ が最大だから，$k_i>T/(1+\varepsilon)$，$\varepsilon'>k_{ic}$ に選べば根軌跡は不安定にならないはずである。

3.3 周 波 数 応 答

3.3.1 周波数応答の複素入出力表現と実入出力表現

線形系に複素周期入力（便宜上位相ずれをゼロとする）を加えれば，**図 3.6**(a)の複素平面において，同じ周期でゲイン（角周波数の関数）と位相（角周

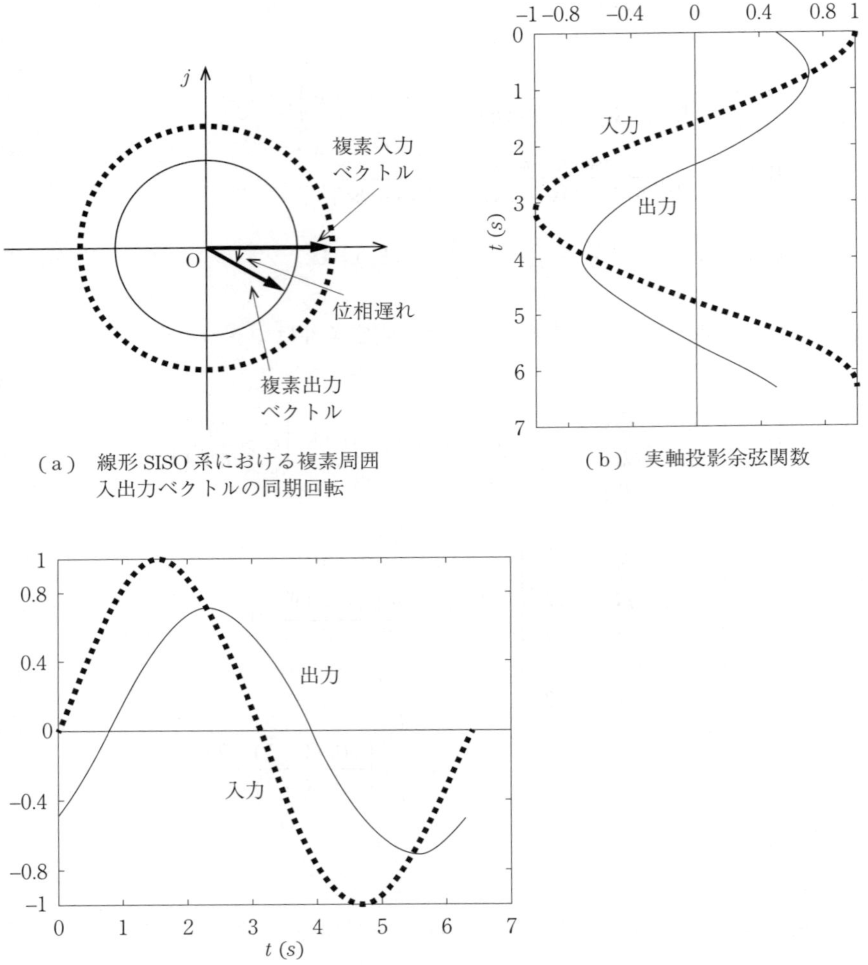

（a） 線形 SISO 系における複素周囲入出力ベクトルの同期回転

（b） 実軸投影余弦関数

（c） 虚軸投影正弦関数

図 3.6 複素周期関数と実周期関数の関係

波数の関数）の異なる複素入力（点線）ベクトルおよび複素出力（実線）ベクトルが同期回転する。入力周波数が大きくなれば遅れ系では位相がより遅れて出力円が小さくなる。

奥へ延びる時間軸も入れて虚軸投影表現すると，図（b）のように正弦関数入力（点線）と振幅変化や位相ずれのある出力（実線）になり，実軸投影表現すると，図(c)のように余弦関数入力（点線）と振幅変化や位相ずれのある出力（実線）になる。

この余弦関数を実数部に，正弦関数を虚数部にした複素関数表現を**オイラー表現**と呼ぶ。数学的に等価な表現として，複素指数関数表現も周期関数表現としてよく使われる。

演算子法では複素入出力という表現はせず，実時間入出力のみを用いるが，実時間周期入力はこの投影図のみを見ていると解釈できる。

複素指数関数もしくはオイラー表現を用いれば，この線形 SISO 系の入出力関係はつぎのように書ける。

$$
\begin{aligned}
&A_0(\omega)\left\{\cos(\omega t-\varphi(\omega))+j\sin(\omega t-\varphi(\omega))\right\}\\
&=G(j\omega)A_{in}\{\cos(\omega t)+j\sin(\omega t)\},\\
&A_0(\omega)e^{j(\omega t-\varphi(\omega))}=G(j\omega)A_{in}e^{j\omega t}
\end{aligned}
\tag{3.52}
$$

一般には伝達関数はラプラス変換法では複素数 s の関数で $G(s)$ と書くが，実部は減衰項を現すので，一定振幅の周期入力に対する伝達関数では実部を省略して $G(j\omega)$ と書く。これを**周波数伝達関数**と呼んでいる。

これを前節のようにあえて SIMO 系に拡張すると，つぎのような成分表現になる。

$$
\begin{aligned}
&\left[A_{0k}(\omega)\left\{\cos(\omega t-\varphi_k(\omega))+j\sin(\omega t-\varphi_k(\omega))\right\}\right]\\
&=G_k(j\omega)A_{in}\{\cos(\omega t)+j\sin(\omega t)\},\\
&\{A_{0k}(\omega)e^{j(\omega t-\varphi_k(\omega))}\}=G_k(j\omega)A_{in}e^{j\omega t}
\end{aligned}
\tag{3.53}
$$

振幅と位相の成分を並べたベクトル表現では成分ごとの積であるクロネッカー積を用いて，表現することもできるが誤解されやすいので省略する。

ベクトルになる部分のみの成分であるゲインと位相ずれを，左辺と等価な右辺の $j\omega$ の複素有理関数を複素数として計算した，つぎのようなフェザー表現（ゲインと位相角を並べて表現する）のほうが誤解が少なく扱いやすい。

$$\left|\boldsymbol{G}(j\omega)\right|\angle\boldsymbol{G}(j\omega) \tag{3.54}$$

ここで，絶対値計算も位相ずれ（∠の記号）も，周波数伝達関数ベクトルの成分ごとに行うものである。

3.3.2 ベクトル軌跡

(1) 記述法　図3.6（a）のように，複素平面における周期入力ベクトルに対する対象の周波数伝達関数 $G(j\omega)$ のゲインと位相角を各 ω ごとに求めて，複素平面に対応する長さと偏角の出力ベクトルの端点をプロットして，$\omega=0$ から $\omega=\infty$ まで軌跡を描いたものを**ベクトル軌跡**という。対象の変動や不確定性が既知の場合にはベクトル軌跡バンドが描ける[50)]。

(2) ナイキストの安定判別法　制御系の一巡周波数伝達関数のベクトル軌跡から，閉ループ周波数伝達関数の安定性を調べる方法である。閉ループ系の特性多項式（分母）をゼロにするのはネガティブフィードバックの場合は -1 であるから，これを**臨界点**という。

実軸上左側は位相が180度ずれるので，信号は反転し，ネガティブフィードバックで元に戻り，加え合わさって増幅する。ゲインが1以上あるとつぎつぎに増幅する。そこで，実軸との交点を**ゲイン交点**といい，それを $-1/a$ とおくとき，a を**ゲイン余裕**という。ゲイン余裕が1以下のとき不安定となる。1以上あれば**ゲイン安定**である。

単位円上はゲインが1であり，ベクトル軌跡がこの単位円内部にあればネガティブフィードバックによって信号は減衰していくから，閉ループは内部安定である。図3.7の例はすべて単位円内のナイキスト線図である。単位円と交差する場合（交点を**位相交点**という）でも，-180 度よりも手前であれば，もう少し位相が遅れてもよい余裕がある。これを**位相余裕**という。すなわち，位相交点を θ とするとき，位相余裕は $\alpha=\theta-(-180\text{ 度})=\theta+180$ 度である。位相余裕が0度以下なら不安定であり，0度以上あれば位相安定である。

ナイキスト線図におけるベクトル軌跡バンドが安定側にあれば臨界点までの距離が安定度を表すと考えられるが，一般にゲイン余裕と位相余裕に分けており，それぞれが安定であるときに，ゲイン安定とか位相安定と呼ばれることもある（**図 3.7**）。

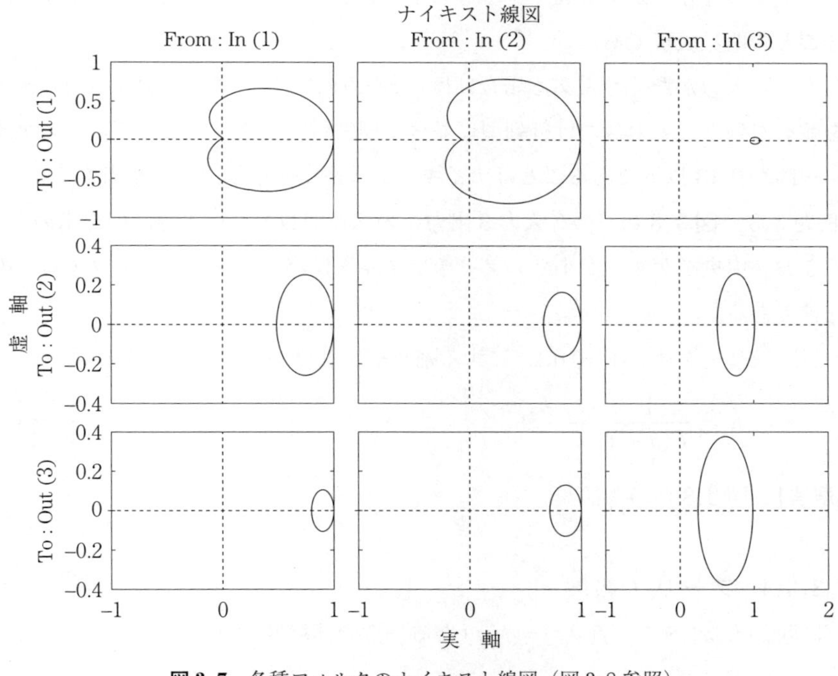

図 3.7　各種フィルタのナイキスト線図（図 3.8 参照）

3.3.3 ボ ー ド 線 図

周波数解析でよく用いられる**ボード線図**（横軸の角周波数 ω のみ対数軸の片対数グラフを用いる）を作成するためには，つぎのような 10 を底とする対数関数を用いたデシベル単位のゲインを**ゲイン線図**の縦軸に用いる。

$$g_{dB}(\omega) = 20\log_{10}\left|G(j\omega)\right| \tag{3.55}$$

位相角線図の縦軸では，つぎのように逆正接関数と変換係数を用いて，ラジアンから角度に変換する。

$$\varphi_{\mathrm{degree}}(\omega) = \tan^{-1}\left\{\frac{\mathrm{Im}(G(j\omega))}{\mathrm{Re}(G(j\omega))}\right\} \times \frac{180}{\pi} \tag{3.56}$$

ここで，逆正接関数は各複素周波数ベクトル成分の分母分子の符号による複素ベクトルの存在象限を区別できるものを用いる。ベクトル関数表現は単なる成分ごとの関数表現である。

もし，入力がたくさんある場合には，各入力ごとに，このSIMO系列の線図を並べた列を，入力数だけ行列型に並べて周波数解析グラフとしている。ゲイン線図が0 dB以下であることはナイキスト線図では単位円内に相当する。

例題3.3　**図3.8**(a)の3入力3出力系の伝達関数のボード線図列を求めよ。

なお，中央部ゲインが小さいノッチフィルタはバンドリジェクトフィルタの一種である。

〔注〕 ピーク値を1（0 dB）にする補正ゲインはつぎのようになる。

$$K = \frac{1}{\left|F(j\omega_n)\right|} \tag{3.57}$$

【解答】 図3.8(b)参照。

3.3.4 フーリエ級数

区間$[-\pi, \pi]$内で，$f(-\pi) = f(\pi)$なる任意の連続関数は

$$f(x) \sim \frac{1}{2}a_0 + \sum_{n=1}^{\infty}(a_n \cos nx + b_n \sin nx) \tag{3.58}$$

によって，一様近似できる。

各係数（**フーリエ係数**）はつぎのようにして求まる。

$$\begin{aligned} a_0 &= \frac{1}{\pi}\int_{-\pi}^{\pi} f(x)dx, \\ a_n &= \frac{1}{\pi}\int_{-\pi}^{\pi} f(x)\cos nx\, dx \qquad (n=1,\ 2,\ \cdots,\ k,\ \cdots), \\ b_n &= \frac{1}{\pi}\int_{-\pi}^{\pi} f(x)\sin nx\, dx \qquad (n=1,\ 2,\ \cdots,\ k,\ \cdots) \end{aligned} \tag{3.59}$$

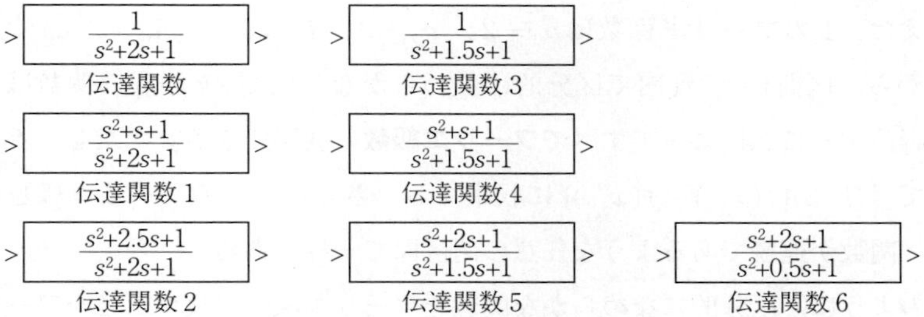

（a） ゲイン調整前の伝達関数（Simulink®）

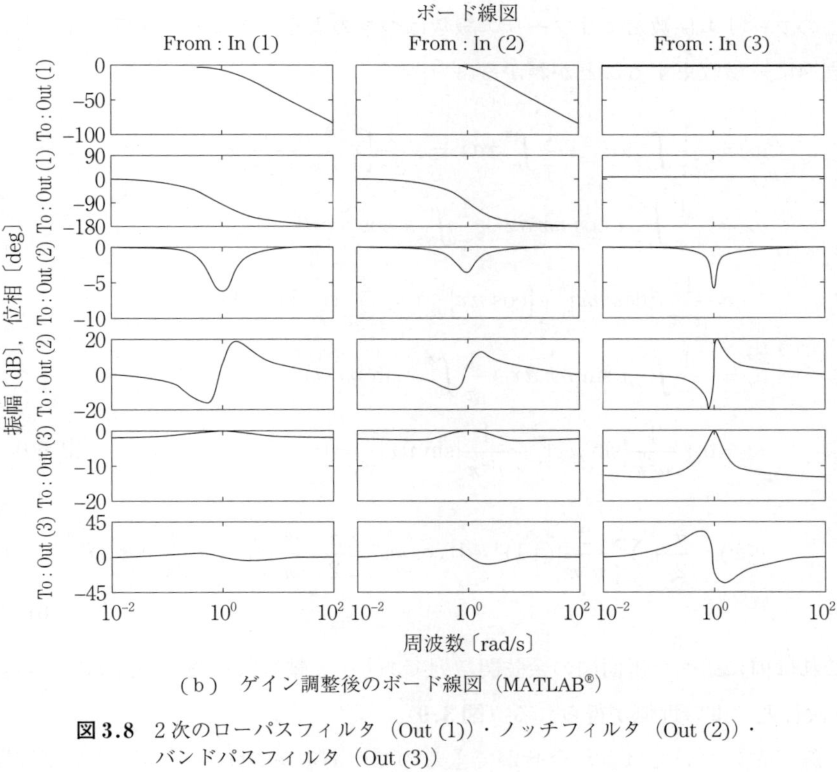

（b） ゲイン調整後のボード線図（MATLAB®）

図 3.8 2 次のローパスフィルタ（Out (1)）・ノッチフィルタ（Out (2)）・バンドパスフィルタ（Out (3)）

ここでは，慣例に従い，正規化係数は用いていないので注意してほしい。

例えば，1 のフーリエ係数は $a_0=2$，$a_j=0$，$b_j=0$ ($j=1, \cdots, \infty$) であることから，区間 $[-\pi, \pi]$ 内で区分的になめらかな，周期 2π の周期関数は，位相を調節することによってすべて**フーリエ級数**に展開できる。ただし，不連続点 x では $(1/2)\{f(x_{-0})+f(x_{+0})\}$ に収束する。さらに，このフーリエ級数の収束も，関数が連続であるような任意の閉区間で一様である。

このように，区分的になめらかな関数をフーリエ級数で表すことを**フーリエ展開**といい，もし展開できるなら同位相では一意，すなわち 1 種類である。

例えば，つぎのような上昇部と下降部が 1：1 の三角波は収束条件を満たし，このフーリエ係数およびフーリエ級数はつぎのように求まり，グラフ化すれば高速に一様収束することがわかる。

$$
\begin{aligned}
a_0 &= -\frac{1}{\pi}\int_{-\pi}^{0} x dx + \frac{1}{\pi}\int_{0}^{\pi} x dx = -\frac{1}{2\pi}\left[x^2\right]_{-\pi}^{0} + \frac{1}{2\pi}\left[x^2\right]_{0}^{\pi} = \pi, \\
a_n &= -\frac{1}{\pi}\int_{-\pi}^{0} x\cos nx\, dx + \frac{1}{\pi}\int_{0}^{\pi} x\cos nx\, dx \\
&= \frac{1}{n^2\pi}\left(\left[\cos nx\right]_{0}^{\pi} - \left[\cos nx\right]_{-\pi}^{0}\right) = \frac{2}{n^2\pi}((-1)^n - 1), \\
b_n &= -\frac{1}{\pi}\int_{-\pi}^{0} x\sin nx\, dx + \frac{1}{\pi}\int_{0}^{\pi} x\sin nx\, dx \\
&= 0 + \frac{1}{n^2\pi}\left[\sin nx\right]_{0}^{\pi} - \frac{1}{n^2\pi}\left[\sin nx\right]_{-\pi}^{0} = 0
\end{aligned}
\tag{3.60}
$$

$$
v(x) = \frac{\pi}{2} + \sum_{n=1}^{\infty}\frac{2}{n^2\pi}\{(-1)^n - 1\}\cos nx = \frac{\pi}{2} - \frac{4}{\pi}\cos x - \frac{4}{9\pi}\cos 3x - \cdots
\tag{3.61}
$$

これは前に述べた平面図の余弦関数列であり，y 軸対象な関数の近似になる。9 次程度でよい近似が得られる（**図 3.9**）。

線形系については重ね合せができるので，ある系 $G(j\omega)$ に対する V 型周期関数入力に対する時間応答は，フーリエ級数近似のそれぞれの項の応答の和になる。したがって，周波数伝達関数のゲイン曲線と位相曲線が既知なら，フー

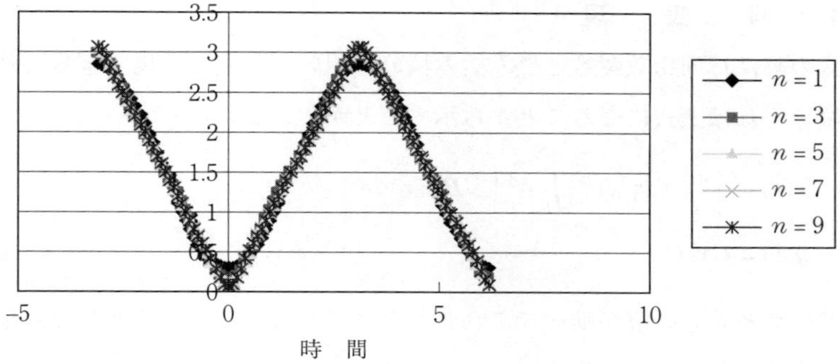

図 3.9 V 型周期関数のフーリエ級数 9 次近似

リエ級数近似入力の応答は計算できる。方形波でも繰返しパルスでも同じ次数での近似精度は落ちるが，計算可能である。ステップ入力のように周期性がない場合も，時間を制限すれば方形波の一部である。

3.4 システムの5表現

多入力多出力（MIMO）多変数線形時不変システムには多くの表現法があるが，ここでは（状態方程式表現，解表現，伝達関数行列表現，ブロック図表現，LFT 表現）の 5 種類の表現法を示す。

ただし，ここでは簡単にするために入力の出力への直達項は省略した。

3.4.1 状態方程式表現

高階微分方程式表現の変数を増やして 1 階微分に変換する場合も含めて，次式で表現できる。それぞれ，**状態方程式**と**出力方程式**と呼ぶ。

$$
\begin{aligned}
&\frac{d}{dt}\boldsymbol{x}(t) = \boldsymbol{A}\boldsymbol{x}(t) + \boldsymbol{B}\boldsymbol{u}(t), \\
&\boldsymbol{y}(t) = \boldsymbol{C}\boldsymbol{x}(t)
\end{aligned}
\tag{3.62}
$$

3.4.2 解　表　現

上式の解は行列指数関数と畳み込み積分を用いて次式で表現できることは，直接微分すれば上式になることから示すことができる。

$$
\begin{aligned}
\boldsymbol{x}(t) &= e^{\boldsymbol{A}(t-t_0)}\boldsymbol{x}(t_0) + \int_{t_0}^{t} e^{\boldsymbol{A}(t-\tau)}\boldsymbol{B}\boldsymbol{u}(\tau)d\tau, \\
\boldsymbol{y}(t) &= \boldsymbol{C}\boldsymbol{x}(t)
\end{aligned}
\tag{3.63}
$$

同じ初期値と入力の解が唯一でこれしかないことは，二つあるとして差をとれば一致することから示せる。

3.4.3 伝達関数行列表現

ベクトルに対する演算子法やラプラス変換法によって，状態方程式表現はつぎのような伝達関数表現ができる。初期値を入れた表現も可能である。

$$
\begin{aligned}
\boldsymbol{y}(t) &= \boldsymbol{C}(s\boldsymbol{I} - \boldsymbol{A})^{-1}\boldsymbol{B}\boldsymbol{u}(t) \\
&= \boldsymbol{C}\frac{1}{s}\boldsymbol{I}\left(\boldsymbol{I} - \frac{1}{s}\boldsymbol{A}\right)^{-1}\boldsymbol{B}\boldsymbol{u}(t)
\end{aligned}
\tag{3.64}
$$

第 2 式は，つぎの積分器ベースのグラフ表現のために積分器を外に出した表現である。この表現の利点は積分器には初期値が設定できることである。

3.4.4 ブロック図表現

スカラの伝達関数とフィードバックブロック線図表現のアナロジーから，**図 3.10** の積分器（積分演算子）ベースのグラフ表現が得られる。

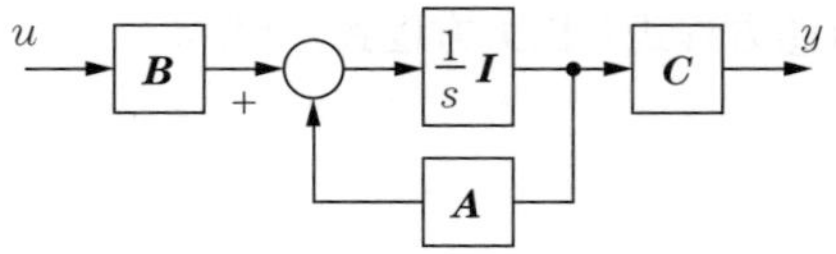

図 3.10 MIMO 系のブロック図表現

3.4.5　LFT　表　現

線形分数変換（linear fractional transformation，**LFT**）**表現**とは，**図 3.11** のようにシステム（$\boldsymbol{A}, \boldsymbol{B}, \boldsymbol{C}, \boldsymbol{D}$）の記述を省略し，任意の記号に対応できるブラックボックスシステムの外側に，積分器 $1/s$ や不確定性 $\varDelta$ や制御器 $K(s)$ などの注目ループを記述したものである。慣例として，ブロック線図とは逆に，入力は右から入れて出力は左から出すが，CAD 演算に併せて統一したほうが CAD の作図が便利なことも多い。積分演算の拡張性が高い表現である。この表現法の実例は５章で示す。

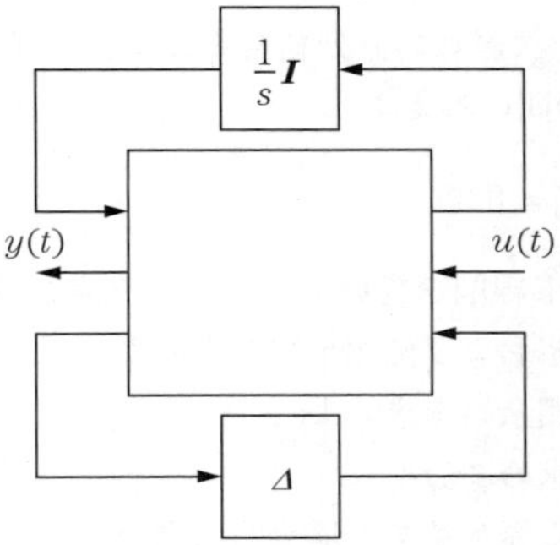

図 3.11　MIMO 系の LFT 表現

次章では，状態空間論に基づく現代制御理論における重要な成果である，オブザーバとレギュレータについて述べる。

章　末　問　題

【1】 図 3.5 のピークゲインは s に $j\omega_n$ を代入すれば求められるので，調整ゲインを計算せよ。定常ゲインとピークゲインを dB 単位で求めよ。

【2】 オン 1 秒・オフ 1 秒の 1：1 方形波の近似フーリエ級数を作成して，グラフ化して近似度を確認せよ。

【3】 標準二次系（$\zeta=1$，$\omega_n=1$，$\omega_n=0.75$，$\omega_n=0.5$）のインパルス応答およびステップ応答を求め，これをグラフに描いて，ステップ応答の立上り時間と整定時間を求めよ。

【4】 つぎの時定数 T_1, T_2 を有する一次遅れの直列結合系に積分ゲイン K_i の積分制御を行う場合について，下記の問に答えよ。

$$T_1=0.1, \qquad T_2=1, \qquad K_{\mathrm{i}}=0.35$$

(1) ベクトル軌跡およびボード線図を書いて，ゲイン交点と位相交点の角周波数を求めて，ゲイン余裕および位相余裕を求めよ。

(2) 近似ゲイン交点と近似位相余裕を求めよ。

(3) 位相交点とゲイン余裕を求めよ。

(4) フルビッツ法により安定限界ゲインも理論的に求めよ。

【5】 一般的な出力フィードバック制御系において，積分制御では，目標値に対する定常偏差がゼロになることを示せ。

4 レギュレータとオブザーバ

本章では1章の基礎知識に基づいて2章の応用問題に使えるように，多入力多出力：**MIMO**（multi input multi output）系に対して，計測できない状態を推定する観測器：**オブザーバ**（observer）を用いて，出力を原点付近に調整する調整器：**レギュレータ**（regulator）の基礎理論を紹介する。

これらを構成するために，まずは，全状態フィードバックのレギュレータ構成に必要な可制御条件，オブザーバ構成に必要な可観測条件が重要である。そこで，2章のカスケードタンクで物理的に考察した可制御・可観測のシステム的な定義と数学的判定法を示す。

つぎに，変分法によって，有限時間の評価関数を用いることが特徴である有限時間最適制御と無限時間の評価関数を用いる無限時間最適制御の必要条件を示す。十分条件についてはダイナミックプログラミング（DP）法を用いる。

それに先立って，リアルタイムで適応できるという意味で有用な**無限時間最適制御**を紹介する。その必要条件から導出されるリカッチ型代数方程式（Riccati algebraic equation）の解法として，**有本・ポッター法**を紹介する。この最適制御では操作量変動を抑える省エネ性と状態量変動を抑える最小分散性のトレードオフは評価関数に含まれる重み行列の調整によって行う。

レギュレータの収束の速さや振動性の改善のために，先の可制御条件を用いれば任意に固有値指定可能なレギュレータを構成できる。同様に可観測条件を用いれば任意に固有値指定可能なオブザーバを構成できる。これによって，安定性や収束の速さや応答特性をユーザがわかりやすく調整できるという特徴があるが，極指定型レギュレータについてはここでは省略する。

最後に，可制御かつ可観測な制御対象に対して，拡大系を用いることによってオブザーバ付きレギュレータの構成可能条件と構成法を示し，オブザーバの分離性について述べる。

また，PI–PD 制御などの2自由度制御への最適レギュレータの適用法としては，PD ローカルフィードバックの代わりに LQR や LQG で置き換えた PI–LQR や PI–LQG が一般的であるが，本書では，目標値および計測制御に LQR を用いた2自由度制御を紹介するので，試してほしい。

4.1 可制御・可観測

ここで扱う可制御・可観測は，2章で示した物理的な可制御・可観測とは異なり，レギュレータとオブザーバを構成するための数学的条件である。本節ではその判定を可制御行列や可観測行列と呼ばれる行列のフルランク性によって行う方法を示す。

4.1.1 定義と判別法

〔1〕 可制御性・可観測性の定義　　つぎの多入力多出力（MIMO）システムにおいて

$$\frac{d}{dt}\boldsymbol{x}(t)=\boldsymbol{A}\boldsymbol{x}(t)+\boldsymbol{B}\boldsymbol{u}(t),\qquad \boldsymbol{y}(t)=\boldsymbol{C}\boldsymbol{x}(t)+\boldsymbol{D}\boldsymbol{u}(t)$$

$$(\boldsymbol{x}(t)\in R^n,\quad \boldsymbol{u}(t)\in R^r,\quad \boldsymbol{y}(t)\in R^m)\tag{4.1}$$

・任意の初期状態 $x(0)$ に対して，ある有限な時刻 t_f が存在し，$\boldsymbol{x}(t_f)=0$ とできる $\boldsymbol{u}(t)$ $(0<t<t_f)$ が存在するとき，システム $(\boldsymbol{A},\boldsymbol{B},\boldsymbol{C})$ は**可制御**（controllable）であるといい，$(\boldsymbol{A},\boldsymbol{B})$ を**可制御対**という

・観測量と操作量 $\{\boldsymbol{y}(t),\ \boldsymbol{u}(t),\ 0<t<t_f\}$ からシステムの初期状態 $\boldsymbol{x}(0)$ を一意に決定できるような有限の時間 t_f が存在するとき，システム $(\boldsymbol{A},\ \boldsymbol{B},\ \boldsymbol{C})$ は**可観測**（observable）であるといい，$(\boldsymbol{A},\boldsymbol{C})$ は**可観測対**であるという。

〔2〕 可制御性・可観測性の数学的判定条件　　システム $(\boldsymbol{A},\ \boldsymbol{B},\ \boldsymbol{C},\ \boldsymbol{D})$ が可

制御であるための必要十分条件は，つぎの $n\times(n\times r)$ の**可制御性行列**（controllability matrix）（**可制御グラム行列**（controllability Gramian）ともいう）がフルランクをもつことである。

$$\mathrm{rank}\begin{bmatrix}\boldsymbol{B} & \boldsymbol{AB} & \cdots & \boldsymbol{A}^{n-1}\boldsymbol{B}\end{bmatrix}=n \tag{4.2}$$

ある行列がフルランクであるとは行と列の小さいほうの数だけ一次独立なベクトルが含まれているということである。行や列を並べ変えれば行列式がゼロでない正則な正方行列が含まれることでもチェックできる。

システム$(\boldsymbol{A},\ \boldsymbol{B},\ \boldsymbol{C},\ \boldsymbol{D})$が可観測であるための必要十分条件は，つぎの $(n\times m)\times n$ の**可観測性行列**（observability matrix）（**可観測グラム行列**（observability Gramian）ともいう）がフルランクをもつことである。

$$\mathrm{rank}\begin{bmatrix}\boldsymbol{C}\\ \boldsymbol{CA}\\ \vdots\\ \boldsymbol{CA}^{n-1}\end{bmatrix}=n \tag{4.3}$$

〔3〕 **双対システム**　式(4.1)のシステム$(\boldsymbol{A}, \boldsymbol{B}, \boldsymbol{C}, \boldsymbol{D})$に対して，入力と出力の次数を入れ替えたシステム$(\boldsymbol{A}^T,\ \boldsymbol{C}^T,\ \boldsymbol{B}^T,\ \boldsymbol{D}^T)$を**双対システム**（dual system）という。これは逆システムとは異なるので，出力を入れれば入力が出てくるシステムではない。

〔4〕 **可制御・可観測の双対性**　可制御性や可観測性も入れ替わり，システム$(\boldsymbol{A}^T, \boldsymbol{C}^T, \boldsymbol{B}^T, \boldsymbol{D}^T)$が可制御であるための必要十分条件は，つぎの $n\times(n\times m)$ の可制御グラム行列がフルランクをもつことである。

$$\mathrm{rank}\begin{bmatrix}\boldsymbol{C}^T & \boldsymbol{A}^T\boldsymbol{C}^T & \cdots & (\boldsymbol{A}^T)^{n-1}\boldsymbol{C}^T\end{bmatrix}=n \tag{4.4}$$

システム$(\boldsymbol{A}^T,\ \boldsymbol{C}^T,\ \boldsymbol{B}^T,\ \boldsymbol{D}^T)$が可観測であるための必要十分条件は，つぎの $n\times(n\times r)$ 次元の可観測グラム行列がフルランクをもつことである。

$$\mathrm{rank}\begin{bmatrix} \boldsymbol{B}^T \\ \boldsymbol{B}^T\boldsymbol{A}^T \\ \vdots \\ \boldsymbol{B}^T(\boldsymbol{A}^T)^{n-1} \end{bmatrix} = n \tag{4.5}$$

〔5〕 **相似システム**　　式(4.1)のシステム$(\boldsymbol{A}, \boldsymbol{B}, \boldsymbol{C}, \boldsymbol{D})$に対して，状態変数$\boldsymbol{x}$を行列$\boldsymbol{T}$で$\boldsymbol{x} = \boldsymbol{T}\boldsymbol{z}$に座標変換したシステム$(\boldsymbol{T}^{-1}\boldsymbol{A}\boldsymbol{T},\ \boldsymbol{T}^{-1}\boldsymbol{B},\ \boldsymbol{C}\boldsymbol{T},\ \boldsymbol{D})$を**相似システム**（similar system）という。これは入力が同じなら出力（$\boldsymbol{y} = \boldsymbol{C}\boldsymbol{T}\boldsymbol{z} + \boldsymbol{D}\boldsymbol{u}$）も同じになり，状態のみ座標変換されるから，システムの固有特性は同じである。例えば，**相似変換**（similarity transformation）によって可制御性・可観測性，および伝達関数行列とその固有値は不変である。これは相似変換によって行列のランクや行列式が不変であることから容易に示せるので本章の章末問題とする。

4.1.2 実現と正準形

前項で示したように可制御・可観測の判定には状態方程式表現の$(\boldsymbol{A},\ \boldsymbol{B},\ \boldsymbol{C})$が必要である。次節で述べるレギュレータやオブザーバなどの現代制御理論の適用でも同様である。2章のようにモデリングの段階で状態表現が得られる場合はそれを使えばよいが，つぎのような伝達関数表現のみが与えられる場合には状態方程式表現に変換する必要がある。この作業を**実現**（realization）と呼んでいる。

多入力多出力系でも可能であるが，ここでは以下のように簡易なSISO系に限定する。

$$G(s) = \frac{Ka_0(b_{n-1}s^{n-1} + \cdots + b_1 s + 1)}{(s^n + a_{n-1}s^{n-1} + \cdots + a_0)} + d \tag{4.6}$$

実現は唯一ではなく，無数にあるが，次数，すなわち状態変数の数が最小のものを**最小実現**（minimal order realization）と呼んでいる。一般に，n次の特性方程式を有する伝達関数の場合の状態方程式の最小次数はn次である。

最小実現の方法もさまざまあるが，特別な形態と性質をもつものを**正準形**

(canonical form) と呼んでいる。可制御正準形や可観測正準形，ジョルダン正準形などがある。

本項では配置上，前者の2種類について述べる。

〔1〕 **可制御正準形とその構成法**　可制御正準形は隣の状態をつぎの状態の微分に定めていき，ある状態だけはすべての状態の線形結合と入力の係数倍の和とし，出力は全状態の線形結合とする方式である。ゼロ点がなければ出力が一つの状態である。

このように状態変数と出力を選ぶとつぎのような可制御正準形が得られる。

$$
\frac{d}{dt}\boldsymbol{x}(t)=\begin{bmatrix} 0 & 1 & \cdots & 0 \\ 0 & 0 & \ddots & \vdots \\ \vdots & \vdots & \ddots & 1 \\ -a_0 & -a_1 & \cdots & -a_{n-1} \end{bmatrix}\boldsymbol{x}(t)+\begin{bmatrix} 0 \\ \vdots \\ 0 \\ Ka_0 \end{bmatrix}u(t),
$$

$$
y(t)=\begin{bmatrix} 1 & b_1 & \cdots & b_{n-1} \end{bmatrix}\boldsymbol{x}(t)+du(t) \tag{4.7}
$$

可制御正準形も唯一ではないが，このように伝達関数の係数をそのまま使えて構成しやすく便利な表現を**随伴表現**と呼んでいる。完全正規化形は省略する。

逆に，この状態表現から伝達関数を求めるとつぎのように等価性を確認できる。微分演算子を d/dt の代わりに s に書き換えて，演算子をまとめて多項式の演算子や有理関数の演算子を定義すれば，つぎのように変形できる。

$$
\frac{d}{dt}x_n=-a_{n-1}x_n-\cdots-a_0x_1+Ka_0u,
$$

$$
sx_n=s^nx_1=(-a_{n-1}s^{n-1}\cdots-a_0)x_1+Ka_0u,
$$

$$
x_1=\frac{Ka_0}{(s^n+a_{n-1}s^{n-1}+\cdots+a_0)},
$$

$$
y=x_1+b_1x_2+\cdots+b_{n-1}x_n+du=(1+b_1s+\cdots+b_{n-1}s^{n-1})x_1+du \tag{4.8}
$$

この出力式に一つ上の x_1 を代入すれば，元の伝達関数が得られる。

可制御正準形が可制御であることは可制御グラム行列において，$\boldsymbol{A}$ を $\boldsymbol{b}$ に掛けるたびに列ベクトルのゼロが減っていく独立ベクトルになることからわかる。

〔2〕 **可観測正準形とその構成法**　可観測正準形は出力を状態変数の一つにとって，その係数倍と隣の状態の和と入力を状態の微分にしていく方式である。ゼロ点がなければ入力は一つの状態のみに入る。

このように状態変数と出力を選ぶとつぎのような可観測正準形が得られる。

$$\frac{d}{dt}\boldsymbol{x}(t)=\begin{bmatrix}0 & 0 & \cdots & -a_0\\ 1 & 0 & \ddots & \vdots\\ \vdots & \ddots & \ddots & -a_{n-2}\\ 0 & 0 & 1 & -a_{n-1}\end{bmatrix}\boldsymbol{x}(t)+Ka_0\begin{bmatrix}1\\ \vdots\\ b_{n-2}\\ b_{n-1}\end{bmatrix}u(t),$$

$$y(t)=\begin{bmatrix}0 & 0 & \cdots & 1\end{bmatrix}\boldsymbol{x}(t)+du(t) \tag{4.9}$$

可観測正準形も唯一ではないが，この随伴表現も伝達関数の係数をそのまま使えて構成しやすく便利である。

逆にこの状態表現から伝達関数を求めるとつぎのように等価性を確認できる。

$$s^n x_n(t)=-a_{n-1}s^{n-1}x_n(t)+s^{n-1}x_{n-1}(t)+s^{n-1}Ka_0b_{n-1}u(t)$$

$$s^{n-1}x_{n-1}(t)=-a_{n-2}s^{n-2}x_n(t)+s^{n-2}x_{n-2}(t)+s^{n-2}Ka_0b_{n-2}u(t)$$

$$\vdots$$

$$sx_1(t)=-a_0x_n(t)+Ka_0u(t),$$

$$(s^n+a_{n-1}s^{n-1}+a_{n-2}s^{n-2}+\cdots+a_0)x_n(t)=Ka_0(b_{n-1}s^{n-1}+b_{n-2}s^{n-2}+\cdots+1)u(t),$$

$$y(t)=\left\{\frac{Ka_0(b_{n-1}s^{n-1}+b_{n-2}s^{n-2}+\cdots+1)}{(s^n+a_{n-1}s^{n-1}+a_{n-2}s^{n-2}+\cdots+a_0)}+d\right\}u(t) \tag{4.10}$$

この伝達関数は元の伝達関数である。

可観測正準形が可観測であることは可観測グラム行列において，$\boldsymbol{A}$ を $\boldsymbol{c}$ に掛ける度に行ベクトルのゼロが減っていく独立ベクトルになることからわかる。

このようにゼロ点がなければどちらの実現であろうと可制御かつ可観測であるが，ゼロ点がある場合には実現の仕方によってもう一つの性質が失われることがある。すなわち，可制御正準形での実現は必ずしも可観測ではないし，可観測正準形での実現は必ずしも可制御ではない。このことは6章で有用である。

例題 4.1 つぎのゼロ点を一つ有する 2 次系の可制御正準形の可制御性と可観測性を調べよ。また，伝達関数も求めて比例制御ゲインの安定性条件を調べよ。

$$\begin{bmatrix} \dfrac{d}{dt}x_1(t) \\ \dfrac{d}{dt}x_2(t) \end{bmatrix} = \begin{bmatrix} 0 & 1 \\ -\omega_n^2 & -2\varsigma\omega_n \end{bmatrix} \begin{bmatrix} x_1(t) \\ x_2(t) \end{bmatrix} + \begin{bmatrix} 0 \\ K\omega_n^2 \end{bmatrix} u(t),$$

$$y(t) = \begin{bmatrix} 1 & \dfrac{c}{\omega_n^2} \end{bmatrix} \begin{bmatrix} x_1(t) \\ x_2(t) \end{bmatrix} \tag{4.11}$$

【解答】

$$\mathrm{rank}\begin{bmatrix} 0 & 1 \\ 1 & -2\varsigma\omega_n \end{bmatrix} K\omega_n^2 = 2 \tag{4.12}$$

可制御グラム行列がフルランクであるから可制御である。可観測グラム行列は

$$\mathrm{rank}\begin{bmatrix} 1 & \dfrac{c}{\omega_n^2} \\ -c & 1-2\varsigma\dfrac{c}{\omega_n} \end{bmatrix} = 2 \quad \begin{matrix} c \text{ 虚根か} \\ \text{if } (\omega_n^2 - 2\varsigma\omega_n c + c^2 \neq 0) \quad \text{then} \quad \text{可観測である。} \end{matrix}$$

$$\mathrm{rank}\begin{bmatrix} 1 & \dfrac{c}{\omega_n^2} \\ -c & 1-2\varsigma\dfrac{c}{\omega_n^2} \end{bmatrix} = 1 \quad \begin{matrix} c \text{ 実根かつ} \\ \text{if } (\omega_n^2 - 2\varsigma\omega_n c + c^2 = 0) \quad \text{then} \quad \text{可観測ではない。} \end{matrix} \tag{4.13}$$

この条件式から c パラメータの位置が極と虚軸対称の右半平面にあるような左ゼロ点 $s = -\omega_n^2 / c$ のときに可観測性が失われることがわかる。

伝達関数はつぎのように順次求めることもできるし，$\boldsymbol{G}(s) = \boldsymbol{C}(s\boldsymbol{I} - \boldsymbol{A})^{-1}\boldsymbol{B}$ の公式から求めることもできる。

$$\frac{d}{dt}x_1(t) = x_2(t),$$

$$\frac{d}{dt}x_2(t) = -2\varsigma\omega_n x_2(t) - \omega_n^2 x_1(t) + K\omega_n^2 u(t),$$

$$\frac{d^2}{dt^2}x_1(t)+2\varsigma\omega_n\frac{d}{dt}x_1(t)+\omega_n^2x_1(t)=K\omega_n^2u(t),$$

$$x_1(t)=\frac{K\omega_n^2}{s^2+2\varsigma\omega_ns+\omega_n^2}u(t),$$

$$y(t)=x_1(t)+\frac{c}{\omega_n^2}x_2(t)=\left(1+\frac{c}{\omega_n^2}s\right)x_1(t)=\frac{K(cs+\omega_n^2)}{s^2+2\varsigma\omega_ns+\omega_n^2}u(t)$$

公式のほうは各自確かめよ。

比例制御ゲインの安定限界はつぎのようになる。

$$W(s)=\frac{K(cs+\omega_n^2)}{s^2+(2\varsigma\omega_n+kKc)s+(1+kK)\omega_n^2},$$

$$K>0,\ \ c\geqq 0,\ \ k\geqq 0\quad\Rightarrow\quad\text{stable},$$

$$K>0,\ \ c<0\quad\Rightarrow\quad 0<k<-\frac{2\varsigma\omega_n}{Kc}$$

例題 4.2　つぎのゼロ点を一つ有する 2 次系の可観側正準形の可制御性と可観測性を調べよ。

$$\begin{bmatrix}\dfrac{d}{dt}x_1(t)\\ \dfrac{d}{dt}x_2(t)\end{bmatrix}=\begin{bmatrix}0 & -\omega_n^2\\ 1 & -2\varsigma\omega_n\end{bmatrix}\begin{bmatrix}x_1(t)\\ x_2(t)\end{bmatrix}+K\omega_n^2\begin{bmatrix}1\\ \dfrac{c}{\omega_n^2}\end{bmatrix}u(t),$$

$$y(t)=\begin{bmatrix}0 & 1\end{bmatrix}\begin{bmatrix}x_1(t)\\ x_2(t)\end{bmatrix}\tag{4.14}$$

【解答】

$$\text{rank}\begin{bmatrix}0 & 1\\ 1 & -2\varsigma\omega_n\end{bmatrix}=2\tag{4.15}$$

可観測グラム行列がフルランクであるから可観測である。可制御グラム行列は

$$\operatorname{rank}\begin{bmatrix} 1 & -c \\ \dfrac{c}{\omega_n^2} & 1-\dfrac{2c\varsigma}{\omega_n} \end{bmatrix}=2 \qquad \begin{matrix} c\ \text{虚根か} \\ \text{if}\ (\omega_n^2-2c\varsigma\omega_n+c^2\neq 0) \quad \text{then} \quad \text{可制御である。} \end{matrix}$$

$$\operatorname{rank}\begin{bmatrix} 1 & -c \\ \dfrac{c}{\omega_n^2} & 1-\dfrac{2c\varsigma}{\omega_n} \end{bmatrix}=1 \qquad \begin{matrix} c\ \text{実根かつ} \\ \text{if}\ (\omega_n^2-2c\varsigma\omega_n+c^2=0) \quad \text{then} \quad \text{可制御ではない。} \end{matrix} \tag{4.16}$$

この条件式から，c パラメータの位置が極と虚軸対称の右半平面にあるような左ゼロ点 $s=-\omega_n^2/c$ のときに，可制御性が失われることがわかる。

この二つの例題の伝達関数は同じであるから，このような実極・実ゼロ点があると，実現の仕方によって，可制御性が失われたり可観測性が失われたりする。

しかし，これらの正準形実現マジックは状態変数や出力の構成を変えているので，2章で述べたような物理的因果関係から，可制御でない系を可制御にできるとか，可観測でない系を可観測にできるとかいった，因果律を崩すようなことを可能にするわけではない。

〔3〕 **対角正準形とその構成法**　　つぎのSISOシステム $(\boldsymbol{A}, \boldsymbol{b}, \boldsymbol{c})$ において

$$\frac{d}{dt}\boldsymbol{x}(t)=\boldsymbol{A}\boldsymbol{x}(t)+\boldsymbol{b}u(t),$$
$$y(t)=\boldsymbol{c}^T\boldsymbol{x}(t) \tag{4.17}$$

$\boldsymbol{A}$ の固有ベクトル $v_i\ (i=1,\cdots,n)$ を並べてつくったつぎのようなモード行列 $\boldsymbol{T}$ による相似変換によって，状態変数ベクトルを $\boldsymbol{x}$ から $\boldsymbol{z}$ に変換して状態変数すなわち実現法を変えると，つぎのようになる。

$$\boldsymbol{T}=[\boldsymbol{v}_1 \quad \boldsymbol{v}_2 \quad \cdots \quad \boldsymbol{v}_n], \qquad \boldsymbol{x}(t)=\boldsymbol{T}\boldsymbol{z}(t), \qquad \tilde{\boldsymbol{A}}=\boldsymbol{T}^{-1}\boldsymbol{A}\boldsymbol{T} \tag{4.18}$$

つぎのように $\boldsymbol{A}$ を二つのブロック対角かブロック三角行列に変換した際に，分離された二つの状態を**モード**と呼ぶ。

$$
\begin{bmatrix} \dfrac{d}{dt}\boldsymbol{z}_1(t) \\ \dfrac{d}{dt}\boldsymbol{z}_2(t) \end{bmatrix} = \begin{bmatrix} \tilde{\boldsymbol{A}}_{11} & \tilde{\boldsymbol{A}}_{12} \\ \boldsymbol{0} & \tilde{\boldsymbol{A}}_{22} \end{bmatrix} \begin{bmatrix} \boldsymbol{z}_1(t) \\ \boldsymbol{z}_2(t) \end{bmatrix} + \begin{bmatrix} \tilde{\boldsymbol{b}}_1 \\ \boldsymbol{0} \end{bmatrix} u(t),
$$

$$
y(t) = [\tilde{\boldsymbol{c}}_1 \quad \tilde{\boldsymbol{c}}_2] \begin{bmatrix} \boldsymbol{z}_1(t) \\ \boldsymbol{z}_2(t) \end{bmatrix} \tag{4.19}
$$

さらに，モード $\boldsymbol{z}_2$ が他のモード $\boldsymbol{z}_1$ から分離されていて，操作ベクトル $u(t)$ の対応する係数ベクトルもゼロであって，モード $\boldsymbol{z}_2$ が自律系となる場合には操作 $u(t)$ はそのモード $\boldsymbol{z}_2$ には影響を与えられないから，そのモードが張る部分空間を**不可制御部分空間**（uncontrollable subspace）という。したがって，対応する対角ブロック $\tilde{\boldsymbol{A}}_{22}$ に含まれる固有値は制御によって変えられない。

同様にモード変換によって，次式のようにモード $\boldsymbol{z}_1$ から分離されたモード $\boldsymbol{z}_2$ に対応する出力係数ベクトルがゼロで出力に現れて来ないモードが張る部分空間を，**不可観測部分空間**（unobservable subspace）という。

$$
\begin{bmatrix} \dfrac{d}{dt}\boldsymbol{z}_1(t) \\ \dfrac{d}{dt}\boldsymbol{z}_2(t) \end{bmatrix} = \begin{bmatrix} \tilde{\boldsymbol{A}}_{11} & \tilde{\boldsymbol{A}}_{12} \\ \boldsymbol{0} & \tilde{\boldsymbol{A}}_{22} \end{bmatrix} \begin{bmatrix} \boldsymbol{z}_1(t) \\ \boldsymbol{z}_2(t) \end{bmatrix} + \begin{bmatrix} \tilde{\boldsymbol{b}}_1 \\ \tilde{\boldsymbol{b}}_2 \end{bmatrix} u(t),
$$

$$
y(t) = [\tilde{\boldsymbol{c}}_1 \quad \boldsymbol{0}] \begin{bmatrix} \boldsymbol{z}_1(t) \\ \boldsymbol{z}_2(t) \end{bmatrix} \tag{4.20}
$$

これらの二つの性質を両方もつ，不可制御不可観測部分空間もあり得る。可制御・可観測部分空間についてはここでは省略し，6 章の課題とする。

4.2　リアプノフの安定判別法

リアプノフ（Lyapunov）**の安定判別法**は制御によるものも含めて自律系の状態変数の二次形式などにより，ポテンシャルエネルギーを表す汎関数をつくり，その時間変化を調べて安定性を判別する方法である。非線形系へも応用できる点と線形系では最適制御につながる点で優れている。

4.2.1 非線形系に対するリアプノフ安定と漸近安定

ある非線形の自由応答系：

$$\frac{d}{dt}\boldsymbol{x}(t)=\boldsymbol{f}(\boldsymbol{x}(t)) \tag{4.21}$$

に対して，**リアプノフ関数**（Lyapunov function）をつぎのような**正定値汎関数**（ベクトルを引数としてスカラを出力する関数を**汎関数**という。汎関数 $V(\boldsymbol{x})$ がつぎの性質をもつときに**正定値**（positive definite）という）として定義する。

$$V(\boldsymbol{x})>0 \qquad (\boldsymbol{x}\neq\boldsymbol{0},\ V(\boldsymbol{0})=0) \tag{4.22}$$

その導関数がつぎのように原点以外では**負定値**（negative definite）の性質をもてば，自由応答系(4.21)は**漸近安定**（asymptotic stability，解軌道が原点に収束する安定性を漸近安定という）である。

$$\frac{d}{dt}V(\boldsymbol{x})\leqq 0,\qquad \frac{d}{dt}V(\boldsymbol{x})\neq 0\qquad \left(\boldsymbol{x}\neq\boldsymbol{0},\ \frac{d}{dt}V(\boldsymbol{0})\equiv 0\right) \tag{4.23}$$

一方，その導関数が原点以外でも，ある領域で**半負定値**（semi-negative definite）ならば，安定（解軌道が原点に収束はしないがある領域から出ない性質）である。半負定値とは原点以外で負またはゼロである（**図 4.1**）。

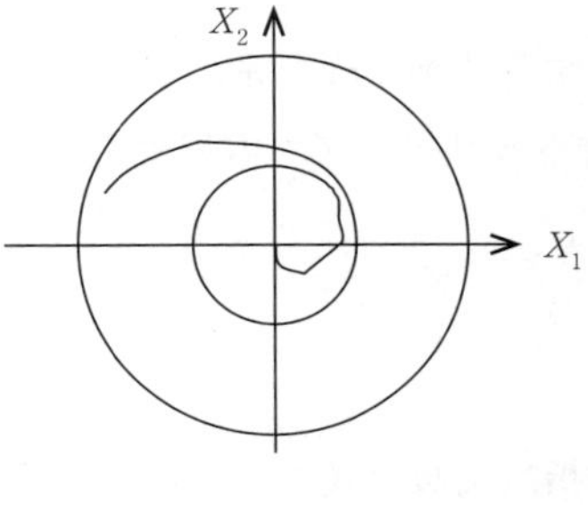

図 4.1 リアプノフ関数の状態軌跡（2 次元の例）†

† 漸近安定で原点収束の場合と安定でリミットサイクルの場合がある。固定的閉軌道に収束するような解軌道を**リミットサイクル**，固定的でなく，つねに変化する解軌道で形成する固定領域を**アトラクタ**という。

$$\frac{d}{dt}V(\boldsymbol{x}) \leqq 0 \tag{4.24}$$

4.2.2　時不変線形系に対するリアプノフ方程式

つぎの時不変線形系の自由応答系に対して（制御後の閉ループ系も含めて）

$$\frac{d}{dt}\boldsymbol{x}(t) = \boldsymbol{A}\boldsymbol{x}(t) \tag{4.25}$$

$\boldsymbol{P}_L$ を正定値対称行列として，リアプノフ関数をつぎのようにおけば

$$V(t) = \boldsymbol{x}(t)^T \boldsymbol{P}_L \boldsymbol{x}(t) > 0 \qquad (\boldsymbol{P}_L > 0) \tag{4.26}$$

両辺を時間で微分して，導関数を負定値とするために，正定値対称行列 $\boldsymbol{Q}_L$ を与えて，つぎのようにおけるとする。

$$\begin{aligned}\frac{d}{dt}V(t) &= \boldsymbol{x}(t)^T\{\boldsymbol{A}^T\boldsymbol{P}_L + \boldsymbol{P}_L\boldsymbol{A}\}\boldsymbol{x}(t)\\ &= -\boldsymbol{x}(t)^T\boldsymbol{Q}_L\boldsymbol{x}(t) < 0 \qquad (\boldsymbol{Q}_L > 0)\end{aligned} \tag{4.27}$$

このとき，状態変数ベクトル $\boldsymbol{x}(t)$ は漸近安定であり，原点に収束する。ここで，次式を**時不変リアプノフ方程式**という。後で出てくるリカッチ方程式の解と区別するため $\boldsymbol{Q}$ と $\boldsymbol{P}$ には添字 L を付けている。

$$\boldsymbol{P}_L\boldsymbol{A} + \boldsymbol{A}^T\boldsymbol{P}_L = -\boldsymbol{Q}_L < 0 \tag{4.28}$$

言い換えれば，システム行列 $\boldsymbol{A}$ を有する時不変線形系の自由応答系はある与えらえた正定値行列 $\boldsymbol{Q}_L$ に対して，時不変リアプノフ方程式を満たす正定値行列 $\boldsymbol{P}_L$ が存在すれば，漸近安定である。

4.2.3　リアプノフ方程式の解

リアプノフ方程式の解は $\boldsymbol{A}$ 行列の指数関数（式の中にあるように指数関数の指数部が行列の関数で，行列 $\boldsymbol{A}$ の無限級数で定義される。付録参照）と与えられた $\boldsymbol{Q}_L$ 行列を用いたつぎの半無限積分を用いて与えらえる。

$$\boldsymbol{P}_L = \int_0^{\infty} e^{\boldsymbol{A}^T\tau}\boldsymbol{Q}_L e^{\boldsymbol{A}\tau} d\tau \tag{4.29}$$

ここで，$\boldsymbol{Q}_L$ は正定値対称行列であり，τ はスカラの時間を表す積分変数である。T は転置記号である。

【証明】　$\boldsymbol{P}_L$ が正定値対称行列であることは $\boldsymbol{Q}_L$ の性質と $\boldsymbol{P}_L$ の構成法から明らかである。系が漸近安定であれば，任意の正定値対称行列 $\boldsymbol{Q}_L$ に対して，つぎのような対称行列 $\boldsymbol{P}_L$ は正定値で，時変リアプノフ方程式を満たす。

$$\begin{aligned}
\boldsymbol{P}_L^T(t)\boldsymbol{A} + \boldsymbol{A}^T\boldsymbol{P}_L(t) &= \int_0^t (e^{\boldsymbol{A}^T\tau}\boldsymbol{Q}_L e^{\boldsymbol{A}\tau}\boldsymbol{A} + \boldsymbol{A}^T e^{\boldsymbol{A}^T\tau}\boldsymbol{Q}_L e^{\boldsymbol{A}\tau})d\tau \\
&= \int_0^t \frac{d}{d\tau}(e^{\boldsymbol{A}^T\tau}\boldsymbol{Q}_L e^{\boldsymbol{A}\tau})d\tau = \Big[e^{\boldsymbol{A}^T\tau}\boldsymbol{Q}_L e^{\boldsymbol{A}\tau}\Big]_0^t \\
&= \frac{d}{d\tau}\int_0^t e^{\boldsymbol{A}^T\tau}\boldsymbol{Q}_L e^{\boldsymbol{A}\tau}d\tau - \boldsymbol{Q}_L = \dot{\boldsymbol{P}}_L(t) - \boldsymbol{Q}_L
\end{aligned} \tag{4.30}$$

$\boldsymbol{A}$ が漸近安定行列なら，行列指数関数はゼロに収束するので，その積分値 $\boldsymbol{P}_L(t)$ は定数 $\boldsymbol{P}_L$ に収束してその導関数はゼロに収束し，つぎの時不変リアプノフ方程式となる。

$$\boldsymbol{P}_L\boldsymbol{A} + \boldsymbol{A}^T\boldsymbol{P}_L = -\boldsymbol{Q}_L \tag{4.31}$$

4.3　無限時間最適制御

本節では無限時間最適制御の構成法と証明について述べる。1 入力系のほうが必要十分条件ではわかりやすいので，入力システム $(\boldsymbol{A}, \boldsymbol{b})$，$(\boldsymbol{x}, u)$ で表現するが，工夫すれば多入力系にも拡張できるので，必要に応じて可能ならば一工夫して，システム $(\boldsymbol{A}, \boldsymbol{B})$，$(\boldsymbol{x}, \boldsymbol{u})$ に置き換えていただきたい。その他の対応記号も同様であるので，スカラ r でも行列 $\boldsymbol{R}$ のように表現する。

つぎの線形システムに対して

$$\frac{d}{dt}\boldsymbol{x}(t) = \boldsymbol{A}\boldsymbol{x}(t) + \boldsymbol{b}u(t) \tag{4.32}$$

つぎの無限時間評価を最小にする線形操作量 $u(t)$ は

$$J=\int_0^\infty (\boldsymbol{x}^T(\tau)\boldsymbol{Q}_\infty \boldsymbol{x}(\tau)d\tau + u^T(\tau)ru(\tau))d\tau \to \min_u \tag{4.33}$$

$(\boldsymbol{A},\boldsymbol{B})$ が可制御で $(\boldsymbol{A},\boldsymbol{Q})$ が可観測のとき，次式で求められる。

$$u(t)=\boldsymbol{f}^T\boldsymbol{x}(t)=-r^{-1}\boldsymbol{b}^T\boldsymbol{P}_\infty \boldsymbol{x}(t) \tag{4.34}$$

ここで，$\boldsymbol{P}_\infty$ はつぎのリカッチ代数方程式の正定値対称行列解である。

$$\boldsymbol{P}_\infty\boldsymbol{A}+\boldsymbol{A}^T\boldsymbol{P}_\infty+\boldsymbol{Q}_\infty-\boldsymbol{P}_\infty\boldsymbol{b}r^{-1}\boldsymbol{b}^T\boldsymbol{P}_\infty=\boldsymbol{0} \tag{4.35}$$

その解 $\boldsymbol{P}_\infty$ は $2n$ 次元に拡大したつぎのハミルトン行列 $\boldsymbol{H}$ から

$$\boldsymbol{H}=\begin{bmatrix}\boldsymbol{A} & -\boldsymbol{b}r^{-1}\boldsymbol{b}^T \\ -\boldsymbol{Q}_\infty & -\boldsymbol{A}^T\end{bmatrix} \tag{4.36}$$

次式で求まる。

$$\boldsymbol{P}_\infty=\boldsymbol{P}_2\boldsymbol{P}_1^{-1},$$
$$\begin{bmatrix}\boldsymbol{P}_1 \\ \boldsymbol{P}_2\end{bmatrix}=\begin{bmatrix}\boldsymbol{\xi}_{11} & \boldsymbol{\xi}_{21} & \boldsymbol{\xi}_{31} & \cdots & \boldsymbol{\xi}_{n1} \\ \boldsymbol{\xi}_{12} & \boldsymbol{\xi}_{22} & \boldsymbol{\xi}_{32} & \cdots & \boldsymbol{\xi}_{n2}\end{bmatrix} \tag{4.37}$$

ここで，$[\boldsymbol{\xi}_i]$ は固有値の実部が負の安定固有値に対応する固有ベクトルを並べた行列であり，上下 2 段に分けて，上段を $\boldsymbol{P}_1$，下段を $\boldsymbol{P}_2$ とする。

この無限時間最適制御型のレギュレータシステム構成図を**図 4.2** に示す。

この制御系はフィードバック行列が定数行列であり，一度求めれば無限時間その行列を使うことができるのでオンラインで使用可能である。しかし，評価も無限時間なので，最適な結果になるのも無限時間かかると考えられるが，立上り時間が短ければ問題はない。しかし，その収束の早さは閉ループシステムの固有値の実部次第である。一般的には固有値の実部は時間応答で指数関数の指数として解に作用するので，絶対値が大きいほど収束は早くなる。

収束を早くするためには当然大きな操作量が必要で，操作量が小さければ収束は遅くなり，最適化にも時間がかかる。

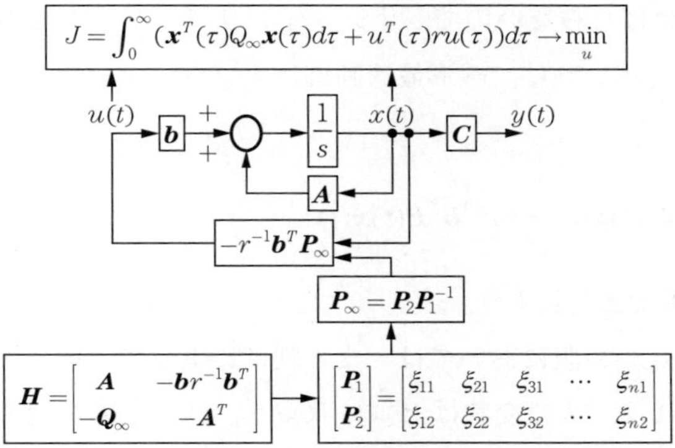

図 4.2 無限時間最適制御型のレギュレータシステム構成図

したがって，評価関数の重み行列 $\boldsymbol{Q}_{\infty}$ と r のバランスを変えて，できるだけ大きな操作をすれば早い最適化となり，できるだけ小さな操作をすれば遅い最適化であるが，短期的には省エネになる。しかし，実際には操作量には制限があるので，できるだけ大きな操作とは限界値を行き来する離散値制御，すなわちバンバン制御（bang bang control）になってしまう。

4.3.1 無限時間最適制御の解説

本項ではこれらの実際的で簡便で有用な結果を簡単に証明してみよう。評価の積分終端の ∞ を t_f で置き換えた有限時間最適制御問題のつぎの評価関数において

$$J=\boldsymbol{x}(t_f)\boldsymbol{Q}_f\boldsymbol{x}(t_f)+\int_0^{t}(\boldsymbol{x}^T(\tau)\boldsymbol{Q}(\tau)\boldsymbol{x}(\tau)d\tau+u^T(\tau)ru(\tau))d\tau\to\min_u \tag{4.38}$$

上記の有限時間評価の最適解を求めるためにはつぎの非定常リカッチ方程式の正定値解 $\boldsymbol{P}(t)$ が必要である。

$$\frac{d}{dt}\boldsymbol{P}(t)=-(\boldsymbol{P}(t)\boldsymbol{A}+\boldsymbol{A}^T\boldsymbol{P}(t)-\boldsymbol{P}(t)\boldsymbol{b}r^{-1}\boldsymbol{b}^T\boldsymbol{P}(t)+\boldsymbol{Q}(t)) \tag{4.39}$$

初期条件ではなく，終端条件が与えられており，この行列微分方程式は時間を

逆向きに解かねばならないので，オンラインリアルタイムでの実現は難しいが，その $\boldsymbol{P}(t)$ を用いれば，線形最適制御はオフライン記憶的に次式で計算できる。

$$u(t) = \boldsymbol{f}^T(t)\boldsymbol{x}(t) = -r^{-1}\boldsymbol{b}^T\boldsymbol{P}(t)\boldsymbol{x}(t) \tag{4.40}$$

このことは次項で証明しよう。

さて，$t_f \to \infty$ の極限においては，この制御によって，可制御システムが漸近安定化できれば，状態変数はゼロに収束し，式(4.40)左辺の $d/dt(\boldsymbol{P}(t))$ も一様有界になることが知られている。

したがって，評価関数は最初の終端項がゼロになって消え，つぎの無限時間積分のみになる。

$$J = \int_0^{\infty} (\boldsymbol{x}^T(\tau)\boldsymbol{Q}(\tau)\boldsymbol{x}(\tau)d\tau + u^T(\tau)ru(\tau))d\tau \to \min_u \tag{4.41}$$

さらに，システム行列 $\boldsymbol{A}$ が漸近安定で，つぎのように評価重み関数も非定常リカッチ方程式が漸近安定になる線形ベクトル方程式クラスなら，すなわち $-\hat{\boldsymbol{A}}$ が漸近安定で，正定値対称行列 $\boldsymbol{Q}(\tau)$ は付録の $\boldsymbol{P}$ マトリックスの性質に示すように半正定値行列 $\boldsymbol{P}(t)\boldsymbol{b}r^{-1}\boldsymbol{b}^T\boldsymbol{P}(t)$ と対角正定値行列 $\boldsymbol{Q}$ の二つに分解でき，行列 $\boldsymbol{P}(t)$ をベクトル $\boldsymbol{p}(t)$ に引き伸ばして，つぎのように書き換えられる。

$$\begin{aligned}
&J = \int_0^{\infty} (\boldsymbol{x}^T(\tau)(\boldsymbol{Q} + \boldsymbol{P}(\tau)\boldsymbol{b}r^{-1}\boldsymbol{b}^T\boldsymbol{P}(\tau))\boldsymbol{x}(\tau)d\tau + u^T(\tau)ru(\tau))d\tau \to \min_u,\\
&\frac{d}{dt}\boldsymbol{P}(t) = -(\boldsymbol{P}(t)\boldsymbol{A} + \boldsymbol{A}^T\boldsymbol{P}(t) + \boldsymbol{Q}),\\
&\frac{d}{dt}\boldsymbol{p}(t) = -\hat{\boldsymbol{A}}\boldsymbol{p}(t) + \boldsymbol{q}
\end{aligned} \tag{4.42}$$

具体的な引き伸ばし方は参考コラムに示したような一部を取り出すマスク行列による列ベクトル基準方針に基づいて，$\boldsymbol{x}$ ベクトルを定め，つぎのようにスカラ表記によって，当てはまる新行列要素を探し，$\boldsymbol{P}$ の対称性による重複要素を削除してリパッキングすれば，下記のように上記の $\boldsymbol{p}$ ベクトル方程式に書き換えることができる。紙面の都合で時間引数は省略した。

$$\frac{d}{dt}\boldsymbol{P} = -(\boldsymbol{PA} + \boldsymbol{A}^T\boldsymbol{P} + \boldsymbol{Q}),$$

$$\frac{d}{dt}p_{ij} = -\left(\sum_{k=1}^{n} p_{ik}a_{kj} + \sum_{k=1}^{n} a_{ki}p_{kj} + q_{ij}\right) \qquad (i=1,\cdots,n,\ \ j=1,\cdots,n) \tag{4.43}$$

行列の要素 p を縦に要素番号を付け直してベクトルに引き伸ばして $\boldsymbol{x}$ とし，行列の要素 q を縦に要素番号を付け直してベクトルに引き伸ばして $\boldsymbol{u}$ とすれば

$$\frac{d}{dt}x_{n(j-1)+i} = -\left(\sum_{k=1}^{n} a_{kj}x_{n(k-1)+i} + \sum_{k=1}^{n} a_{ki}x_{n(j-1)+k} + u_{n(j-1)+i}\right)$$
$$(i=1,\cdots,n,\ \ j=1,\cdots,n) \tag{4.44}$$

並べ直しと添字の付け直しが複雑になるので省略するが，結局つぎのような線形ベクトル方程式に書き換えることができる。

$$\frac{d}{dt}\boldsymbol{x}(t) = -\tilde{\boldsymbol{A}}\boldsymbol{x}(t) + \boldsymbol{u}(t) \tag{4.45}$$

式(4.45)のシステム行列 $-\tilde{\boldsymbol{A}}$ が漸近安定であれば，そのステップ応答は定数に収束し，左辺はゼロに収束し，右辺だけの代数方程式になる。これは定常状態を意味するので，評価重みを正定値対称の収束行列 $\boldsymbol{P}_\infty$ と $\boldsymbol{Q}_\infty$ を用いてつぎのように書き直せば

$$J = \int_0^\infty (\boldsymbol{x}^T(\tau)(\boldsymbol{Q} + \boldsymbol{P}_\infty \boldsymbol{b} r^{-1}\boldsymbol{b}^T\boldsymbol{P}_\infty)\boldsymbol{x}(\tau)d\tau + u^T(\tau)ru(\tau))d\tau \to \min_u,$$

$$J = \int_0^\infty (\boldsymbol{x}^T(\tau)\boldsymbol{Q}_\infty\boldsymbol{x}(\tau)d\tau + u^T(\tau)ru(\tau))d\tau \to \min_u \tag{4.46}$$

定常リカッチ方程式は収束評価重み行列 $\boldsymbol{Q}_\infty$ を用いて，つぎのようになる。

$$\boldsymbol{P}_\infty\boldsymbol{A} + \boldsymbol{A}\boldsymbol{P}_\infty + \boldsymbol{Q}_\infty - \boldsymbol{P}_\infty\boldsymbol{b}r^{-1}\boldsymbol{b}^T\boldsymbol{P}_\infty = 0 \tag{4.47}$$

定常は非定常の特別な場合であるから，線形操作量は非定常と同様に，この正定解 $\boldsymbol{P}_\infty$ を用いて次式で定まる。

$$u(t) = \boldsymbol{f}^T\boldsymbol{x}(t) = -r^{-1}\boldsymbol{b}^T\boldsymbol{P}_\infty\boldsymbol{x}(t) \tag{4.48}$$

最適状態変数も非定常と同様次式の解として求まる。

$$\dot{\boldsymbol{x}}(t)=(\boldsymbol{A}-\boldsymbol{b}r^{-1}\boldsymbol{b}^T\boldsymbol{P}_\infty)\boldsymbol{x}(t), \qquad \boldsymbol{x}(0)=\boldsymbol{x}_0 \tag{4.49}$$

ハミルトン行列をつぎのようにおいたとき，

$$\boldsymbol{H}=\begin{bmatrix}\boldsymbol{A} & -\boldsymbol{b}r^{-1}\boldsymbol{b}^T\\ -\boldsymbol{Q}_\infty & -\boldsymbol{A}^T\end{bmatrix} \tag{4.50}$$

この行列の $2n$ 次元固有ベクトルを $\{\boldsymbol{\xi}_i\}\,(i=1,2,\cdots,n)$ とする。実部が負の固有値に対応する固有ベクトルを n 本横に並べて上下 2 段に分割すると

$$\begin{bmatrix}\boldsymbol{P}_1\\ \boldsymbol{P}_2\end{bmatrix}=\begin{bmatrix}\boldsymbol{\xi}_{11} & \boldsymbol{\xi}_{21} & \boldsymbol{\xi}_{31} & \cdots & \boldsymbol{\xi}_{n1}\\ \boldsymbol{\xi}_{12} & \boldsymbol{\xi}_{22} & \boldsymbol{\xi}_{32} & \cdots & \boldsymbol{\xi}_{n2}\end{bmatrix},$$
$$\boldsymbol{P}_\infty=\boldsymbol{P}_2\boldsymbol{P}_1^{-1} \tag{4.51}$$

が定常リカッチ方程式の解であることを示す。

まず，式(4.51)の第 1 式にハミルトン行列 $\boldsymbol{H}$ を左から掛ければ，固有値・固有ベクトルの定義と対角固有値行列 $\boldsymbol{\Lambda}$ を用いて次式が得られる。

$$\boldsymbol{H}\begin{bmatrix}\boldsymbol{P}_1\\ \boldsymbol{P}_2\end{bmatrix}=[\lambda_i\boldsymbol{\xi}_i]=[\boldsymbol{\xi}_i\lambda_i]=\begin{bmatrix}\boldsymbol{P}_1\\ \boldsymbol{P}_2\end{bmatrix}\boldsymbol{\Lambda} \tag{4.52}$$

ここで，式(4.51)の解候補 $\boldsymbol{P}_\infty$ を用いて

$$\boldsymbol{P}_2=\boldsymbol{P}_\infty\boldsymbol{P}_1 \tag{4.53}$$

を上式に代入すれば

$$\boldsymbol{H}\begin{bmatrix}\boldsymbol{I}_n\\ \boldsymbol{P}_\infty\end{bmatrix}\boldsymbol{P}_1=\begin{bmatrix}\boldsymbol{I}_n\\ \boldsymbol{P}_\infty\end{bmatrix}\boldsymbol{P}_1\boldsymbol{\Lambda} \tag{4.54}$$

これに左からつぎのような下三角行列を掛けると

$$\begin{bmatrix}\boldsymbol{I}_n & \boldsymbol{0}\\ \boldsymbol{P}_\infty & -\boldsymbol{I}_n\end{bmatrix}\boldsymbol{H}\begin{bmatrix}\boldsymbol{I}_n\\ \boldsymbol{P}_\infty\end{bmatrix}\boldsymbol{P}_1=\begin{bmatrix}\boldsymbol{I}_n\\ \boldsymbol{0}\end{bmatrix}\boldsymbol{P}_1\boldsymbol{\Lambda} \tag{4.55}$$

$$\begin{bmatrix}\boldsymbol{A}-\boldsymbol{b}r^{-1}\boldsymbol{b}^T\boldsymbol{P}_\infty\\ \boldsymbol{P}_\infty\boldsymbol{A}+\boldsymbol{A}^T\boldsymbol{P}_\infty-\boldsymbol{P}_\infty\boldsymbol{b}r^{-1}\boldsymbol{b}^T\boldsymbol{P}_\infty+\boldsymbol{Q}_\infty\end{bmatrix}\boldsymbol{P}_1=\begin{bmatrix}\boldsymbol{P}_1\boldsymbol{\Lambda}\\ \boldsymbol{0}\end{bmatrix} \tag{4.56}$$

各ブロックを等値すれば次式が得られる。

$$(\boldsymbol{A}-\boldsymbol{b}r^{-1}\boldsymbol{b}^T\boldsymbol{P}_\infty)\boldsymbol{P}_1=\boldsymbol{P}_1\boldsymbol{\Lambda},$$
$$\boldsymbol{P}_\infty\boldsymbol{A}+\boldsymbol{A}^T\boldsymbol{P}_\infty-\boldsymbol{P}_\infty\boldsymbol{b}r^{-1}\boldsymbol{b}^T\boldsymbol{P}_\infty+\boldsymbol{Q}_\infty=\boldsymbol{0} \qquad (4.57)$$

第2式は定常リカッチ方程式であり，第1式はつぎのような閉ループのシステム行列の相似変換式となる。

$$\boldsymbol{P}_1^{-1}(\boldsymbol{A}-\boldsymbol{b}r^{-1}\boldsymbol{b}^T\boldsymbol{P}_\infty)\boldsymbol{P}_1=\boldsymbol{\Lambda} \qquad (4.58)$$

すなわち，閉ループシステム行列の固有値はハミルトン行列の固有ベクトル行列によって決まることがわかる。

このようにシステムが定係数で，漸近安定で，評価が無限時間で，定常リカッチの定数解で支配されるシステムでは，容易にオンライン最適制御が可能であるが，最適化されるには十分時間が必要である。

参考コラム

安定固有値対応固有ベクトルを上下に分離するマスクプログラム

```
%Separate and Mask Matrix E1,E2,EE1 on
%Eigen Vector Matrix V for selecting Stable Eigen
%values
E1=[1 0 0 0;0 1 0 0];
E2=[0 0 1 0;0 0 0 1];
EE1=[0 0 0 0;0 0 0 0];
j=1;
for i=1:4;
if(D(i,i)<0)kminus(j)=i;j=j+1;end
end
kminus;
EE1(1,kminus(1))=1;
EE1(2,kminus(2))=1;
EE1;
%Separating and Masking of Eigen Vector
%Matrix V
V1=E1*V*EE1';
V2=E2*V*EE1';
```

※ MATLAB® の m ファイル使用

4.3.2 有限時間最適制御の解説

〔1〕 変分法による必要性の証明　　動的制約条件

$$\frac{d\boldsymbol{x}(t)}{dt} = \boldsymbol{A}\boldsymbol{x}(t) + \boldsymbol{b}u(t), \qquad \boldsymbol{x}(0) = \boldsymbol{x}_0 \tag{4.59}$$

の下でのつぎの操作量も加えた二次形式評価の最適化問題としてとらえると

$$J = \boldsymbol{x}^T(t_f)\boldsymbol{P}(t_f)\boldsymbol{x}(t_f) + \int_{t_0}^{t_f}(\boldsymbol{x}^T(t)\boldsymbol{Q}\boldsymbol{x}(t) + u^T(t)ru(t))dt \tag{4.60}$$

前にも述べたラグランジュの未定乗数ベクトル $\boldsymbol{\lambda}(t)$ を導入して，新たな評価関数：

$$J^*(\boldsymbol{x}(t), u(t), \boldsymbol{x}(t_f), t, t_f) = \frac{1}{2}\boldsymbol{x}^T(t_f)\boldsymbol{P}(t_f)\boldsymbol{x}(t_f) + \int_{t_0}^{t_f}\left[\frac{1}{2}\{\boldsymbol{x}^T(t)\boldsymbol{Q}\boldsymbol{x}(t) + u^T(t)ru(t)\} + \boldsymbol{\lambda}^T(t)\{\boldsymbol{A}\boldsymbol{x}(t) + \boldsymbol{b}u(t) - \dot{\boldsymbol{x}}(t)\}\right]dt \tag{4.61}$$

を最適化することと等価である。

ここで，ハミルトニアン H をつぎのようにおいて，部分積分を行うと

$$H(\boldsymbol{x}(t), u(t), t) = \frac{1}{2}\{\boldsymbol{x}^T(t)\boldsymbol{Q}\boldsymbol{x}(t) + u^T(t)ru(t)\} + \boldsymbol{\lambda}^T(t)\{\boldsymbol{A}\boldsymbol{x}(t) + \boldsymbol{b}u(t)\} \tag{4.62}$$

上記の評価式はつぎのようになる。

$$J^* = \frac{1}{2}\boldsymbol{x}^T(t_f)\boldsymbol{P}(t_f)\boldsymbol{x}(t_f) + \boldsymbol{\lambda}^T(t_0)\boldsymbol{x}(t_0) - \boldsymbol{\lambda}^T(t_f)\boldsymbol{x}(t_f) + \int_{t_0}^{t_f}\{\boldsymbol{H}(\boldsymbol{x}(t), \boldsymbol{u}(t), t) + \dot{\boldsymbol{\lambda}}^T(t)\boldsymbol{x}(t)\}dt \tag{4.63}$$

これに，変分法を適用して，停留条件を求めると，最適制御のつぎの必要条件を得る。

$$\frac{\partial H}{\partial \boldsymbol{u}^T(t)} = \boldsymbol{R}\boldsymbol{u}(t) + \boldsymbol{b}^T\boldsymbol{\lambda}(t) = \boldsymbol{0} \qquad \therefore\ \boldsymbol{u}(t) = -\boldsymbol{R}^{-1}\boldsymbol{b}^T\boldsymbol{\lambda}(t) \tag{4.64a}$$

$$\frac{\partial J^*}{\partial \boldsymbol{x}^T(t)} = \boldsymbol{Q}\boldsymbol{x}(t) + \boldsymbol{A}^T\boldsymbol{\lambda}(t) + \dot{\boldsymbol{\lambda}}(t) = \boldsymbol{0} \qquad \therefore \quad \dot{\boldsymbol{\lambda}}(t) = -\boldsymbol{Q}\boldsymbol{x}(t) - \boldsymbol{A}^T\boldsymbol{\lambda}(t) \tag{4.64b}$$

$$\frac{\partial J^*}{\partial \boldsymbol{x}^T(t_f)} = \boldsymbol{P}(t_f)\boldsymbol{x}(t_f) - \boldsymbol{\lambda}(t_f) = \boldsymbol{0} \qquad \therefore \quad \boldsymbol{\lambda}(t_f) = \boldsymbol{P}(t_f)\boldsymbol{x}(t_f) \tag{4.64c}$$

ここで，$\boldsymbol{\lambda}(t)$ の候補として，終端条件の自然な延長である線形式：

$$\boldsymbol{\lambda}(t) = \boldsymbol{P}(t)\boldsymbol{x}(t) \tag{4.65}$$

を採用すると，つぎのプレリカッチ方程式：

$$\frac{d\boldsymbol{P}(t)}{dt}\boldsymbol{x}(t) + \boldsymbol{P}(t)(\boldsymbol{A}\boldsymbol{x}(t) - \boldsymbol{b}r^{-1}\boldsymbol{b}^T\boldsymbol{P}(t)\boldsymbol{x}(t)) = -\boldsymbol{Q}\boldsymbol{x}(t) - \boldsymbol{A}^T\boldsymbol{P}(t)\boldsymbol{x}(t) \tag{4.66}$$

を得る。これが任意の $\boldsymbol{x}(t)$ について成り立つためには，次式が成立する。

$$\frac{d\boldsymbol{P}(t)}{dt} = -(\boldsymbol{P}(t)\boldsymbol{A} + \boldsymbol{A}^T\boldsymbol{P}(t) - \boldsymbol{P}(t)\boldsymbol{b}r^{-1}\boldsymbol{b}^T\boldsymbol{P}(t) + \boldsymbol{Q}) \tag{4.67}$$

最適操作計算に用いる $\boldsymbol{P}(t)$ は上の**非定常リカッチ方程式**の解でなければならない。ただし，評価関数において与えられているのは初期条件ではなく，終端条件：

$$\boldsymbol{P}(t_f) = \boldsymbol{Q}_f \tag{4.68}$$

であるから，時間を逆向きに解く必要がある。この $\boldsymbol{P}(t)$ の軌跡を用いて，つぎの最適操作候補を得る。ヘッセ行列条件を導入することは有益ではない。

$$u(t) = -r^{-1}\boldsymbol{b}^T\boldsymbol{P}(t)\boldsymbol{x}(t) \tag{4.69}$$

これを用いれば，最適状態候補 $\boldsymbol{x}$ はつぎの自律系の解として得られる。

$$\frac{d\boldsymbol{x}(t)}{dt} = (\boldsymbol{A} - \boldsymbol{b}r^{-1}\boldsymbol{b}^T\boldsymbol{P}(t))\boldsymbol{x}(t), \qquad \boldsymbol{x}(0) = \boldsymbol{x}_0 \tag{4.70}$$

〔2〕 ダイナミックプログラミング（DP）による十分性の証明　1入力系ならば，与えられた評価関数を最適化する操作量を用いた現在の最適評価を

つぎのように記述する。

$$J^*(\boldsymbol{x}(t),t)=\min_u\left\{\boldsymbol{x}^T(t_f)\boldsymbol{Q}_f\boldsymbol{x}(t_f)+\int_t^{t_f}(\boldsymbol{x}^T(\tau)\boldsymbol{Q}\boldsymbol{x}(\tau)+u^T(\tau)ru(\tau))d\tau\right\} \tag{4.71}$$

ここで，min は，$u(\tau)\,(t\leqq\tau\leqq t_f)$ について解く。

これを DP の最適性原理を用いて 2 段階に分けると，現在と未来の評価はつぎのようになる。多入力の場合でも単峰なら 1 入力ずつ逐次最小化すればよい。

$$J^*(\boldsymbol{x}(t),t)=\min_u 1\left\{-\int_t^{t+\delta t}(\boldsymbol{x}^T(\tau)\boldsymbol{Q}\boldsymbol{x}(\tau)+u^T(\tau)ru(\tau))d\tau\right.$$
$$\left.+J^*(\boldsymbol{x}(t+\delta t),t+\delta t)\right\} \tag{4.72}$$

積分範囲は微小であるから，矩形近似すると，現在と未来の評価の関係はつぎのようになる。

$$J^*(\boldsymbol{x}(t),t)=\min_u 1\left\{-(\boldsymbol{x}^T(t)\boldsymbol{Q}\boldsymbol{x}(t)+u^T(t)ru(t))\delta t\right.$$
$$\left.+J^*(\boldsymbol{x}(t+\delta t),t+\delta t)\right\} \tag{4.73}$$

前の変分法から最適操作候補を状態変数ベクトルについて線形と仮定すれば

$$u(t)=\boldsymbol{f}^T(t)\boldsymbol{x}(t) \tag{4.74}$$

前のリアプノフ法より，最適評価はつぎのように仮定できる。

$$J^*(\boldsymbol{x}(t),t)=\boldsymbol{x}^T(t)\boldsymbol{P}(t)\boldsymbol{x}(t) \tag{4.75}$$

ここで，$\boldsymbol{P}(t)$ は対称行列であり，$\boldsymbol{P}(t_f)=\boldsymbol{Q}_f$ が与えられる。

δ_t についてのテイラー展開を用いると，変分はつぎのように書ける。

$$J^*(\boldsymbol{x}(t+\delta t),t+\delta t)=J^*(\boldsymbol{x}(t),t)+\left(\frac{\partial}{\partial t}J^*\right)\delta t+O((\delta t)^2) \tag{4.76}$$

2 次以上の項を無視すると

$$J^*(\boldsymbol{x}(t+\delta t), t+\delta t) = J^*(\boldsymbol{x}(t), t) + \left\{\left(\frac{d}{dt}\boldsymbol{x}^T(t)\right)\boldsymbol{P}(t)\boldsymbol{x}(t) + \boldsymbol{x}^T(t)\left(\frac{d}{dt}\boldsymbol{P}(t)\right)\boldsymbol{x}(t) + \boldsymbol{x}^T(t)\boldsymbol{P}(t)\left(\frac{d}{dt}\boldsymbol{x}(t)\right)\right\}\delta t \tag{4.77}$$

これを前ページの式に代入して，整理すると，次式が得られる。

$$-\boldsymbol{x}^T(t)\left(\frac{d}{dt}\boldsymbol{P}(t)\right)\boldsymbol{x}(t)\delta t = \min_u 1\left\{(\boldsymbol{x}^T(t)\boldsymbol{Q}\boldsymbol{x}(t) + u^T(t)ru(t)) + \left(\frac{d}{dt}\boldsymbol{x}^T(t)\right)\boldsymbol{P}(t)\boldsymbol{x}(t) + \boldsymbol{x}^T(t)\boldsymbol{P}(t)\left(\frac{d}{dt}\boldsymbol{x}^T(t)\right)\right\}\delta t \tag{4.78}$$

δ_t について，恒等式であるから，整理し直して，次式を得る。

$$-\boldsymbol{x}^T(t)\left(\frac{d}{dt}\boldsymbol{P}(t)\right)\boldsymbol{x}(t) = \min_u 1\{\boldsymbol{x}^T(t)[\boldsymbol{Q} + \boldsymbol{A}^T\boldsymbol{P}(t) + \boldsymbol{P}(t)\boldsymbol{A} - \boldsymbol{P}(t)\boldsymbol{b}r^{-1}\boldsymbol{b}^T\boldsymbol{P}(t)]\boldsymbol{x}(t) + [u(t) + r^{-1}\boldsymbol{b}\boldsymbol{P}(t)\boldsymbol{x}(t)]^T r[u(t) + r^{-1}\boldsymbol{b}\boldsymbol{P}(t)\boldsymbol{x}(t)]\} \tag{4.79}$$

後半は二次形式であるから，原点が唯一の最小解であり，最適操作は次式になる。

$$u(t) = \boldsymbol{f}^T(t)\boldsymbol{x}(t) = -r^{-1}\boldsymbol{b}^T\boldsymbol{P}(t)\boldsymbol{x}(t) \tag{4.80}$$

これを代入して，その前の式の後半を消去して，前半の $\boldsymbol{x}(t)$ についての恒等式からつぎの非定常リカッチ方程式を得る。

$$\begin{aligned} &\frac{d}{dt}\boldsymbol{P}(t) = -[\boldsymbol{Q} + \boldsymbol{A}^T\boldsymbol{P}(t) + \boldsymbol{P}(t)\boldsymbol{A} - \boldsymbol{P}(t)\boldsymbol{b}r^{-1}\boldsymbol{b}^T\boldsymbol{P}(t)], \\ &\boldsymbol{P}(t_f) = \boldsymbol{Q}_f \end{aligned} \tag{4.81}$$

これらは，変分法で求めた解候補と一致するから，この解候補は線形フィードバックによる唯一の最小解であったことがわかる。

4.4 オブザーバ付きレギュレータ

これまでのレギュレータは全状態観測型であったが，部分観測型では測れない状態を推定する必要がある。本節では状態を推定するための観測器（オブザーバともいう）を構成し，それによって推定した状態フィードバックによるレギュレータの構成法を示す。しかし，必ずしも最適性を保証するものではない。

話を簡単にするためにn次元観測器を用いると全体システムの方程式はつぎのようになる。

$$\frac{d}{dt}\boldsymbol{x}(t) = \boldsymbol{A}\boldsymbol{x}(t) + \boldsymbol{B}\boldsymbol{u}(t), \qquad \boldsymbol{y}(t) = \boldsymbol{C}\boldsymbol{x}(t)$$
$$\frac{d}{dt}\boldsymbol{z}(t) = (\boldsymbol{A} + \boldsymbol{L}\boldsymbol{C})\boldsymbol{z}(t) - \boldsymbol{L}\boldsymbol{y}(t) + \boldsymbol{B}\boldsymbol{u}(t),$$
$$\boldsymbol{u}(t) = \boldsymbol{F}\boldsymbol{z}(t) + \boldsymbol{w}(t) \tag{4.82}$$

ここで，$\boldsymbol{w}$ は新たな入力である。システム構成図は**図 4.3** のようになる。

$\boldsymbol{w}(t)$ から $\boldsymbol{y}(t)$ への総合伝達関数行列を直接上式から求めようとすると長くなるだけでうまくいかない。そこで，このような複合系では拡大系を構成して，

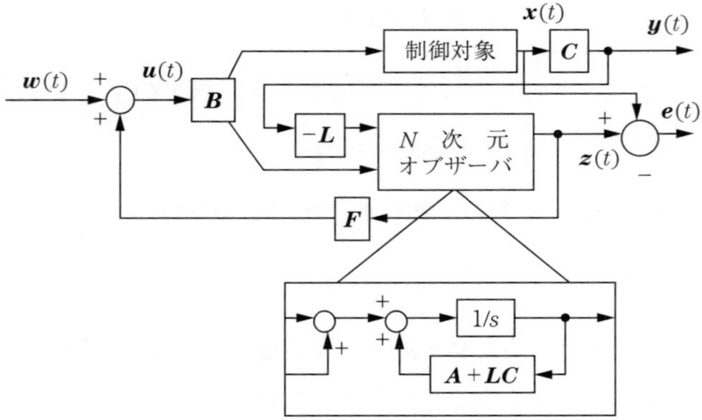

図 4.3　n 次元オブザーバ付きレギュレータの構成図

つぎのように三角行列にできれば一般に都合がよい。

$$\begin{bmatrix} \dfrac{d}{dt}\boldsymbol{x}(t) \\ \dfrac{d}{dt}\boldsymbol{e}(t) \end{bmatrix} = \begin{bmatrix} \boldsymbol{A}+\boldsymbol{BF} & -\boldsymbol{BF} \\ \boldsymbol{0} & \boldsymbol{A}+\boldsymbol{LC} \end{bmatrix} \begin{bmatrix} \boldsymbol{x}(t) \\ \boldsymbol{e}(t) \end{bmatrix} + \begin{bmatrix} \boldsymbol{B} \\ \boldsymbol{0} \end{bmatrix} \boldsymbol{w}(t) \tag{4.83}$$

この拡大系の固有方程式は一般に各対角ブロックの固有方程式の積に分解できる。このことは微分演算子 d/dt を1文字の微分演算子 s で置き換えて代数計算で構成した下記の伝達関数行列の対角ブロックを見ればわかる。

つまり，このような上三角ブロック行列の総合伝達関数行列は付録のブロック逆行列算法を用いれば，**図 4.4** のようになり，オブザーバが分離できて，出力には現れてこないし，新入力からも影響されない。これをオブザーバの分離性ということもあるが，本書では観測器の**不可観測性・不可制御性**と呼ぶ。

$$\begin{bmatrix} \boldsymbol{x}(t) \\ \boldsymbol{e}(t) \end{bmatrix} = \begin{bmatrix} s\boldsymbol{I}-(\boldsymbol{A}+\boldsymbol{BF}) & -\boldsymbol{BF} \\ \boldsymbol{0} & s\boldsymbol{I}-(\boldsymbol{A}+\boldsymbol{LC}) \end{bmatrix}^{-1} \begin{bmatrix} \boldsymbol{B} \\ \boldsymbol{0} \end{bmatrix} \boldsymbol{w}(t),$$

$$\begin{bmatrix} \boldsymbol{x}(t) \\ \boldsymbol{e}(t) \end{bmatrix} = \begin{bmatrix} \{s\boldsymbol{I}-(\boldsymbol{A}+\boldsymbol{BF})\}^{-1} & \{s\boldsymbol{I}-(\boldsymbol{A}+\boldsymbol{BF})\}^{-1}\boldsymbol{BF}\{s\boldsymbol{I}-(\boldsymbol{A}+\boldsymbol{LC})\}^{-1} \\ \boldsymbol{0} & \{s\boldsymbol{I}-(\boldsymbol{A}+\boldsymbol{LC})\}^{-1} \end{bmatrix} \begin{bmatrix} \boldsymbol{B} \\ \boldsymbol{0} \end{bmatrix} \boldsymbol{w}(t),$$

$$\begin{bmatrix} \boldsymbol{x}(t) \\ \boldsymbol{e}(t) \end{bmatrix} = \begin{bmatrix} \{s\boldsymbol{I}-(\boldsymbol{A}+\boldsymbol{BF})\}^{-1}\boldsymbol{B} \\ \boldsymbol{0} \end{bmatrix} \boldsymbol{w}(t),$$

$$\boldsymbol{y}(t) = \boldsymbol{C}\{s\boldsymbol{I}-(\boldsymbol{A}+\boldsymbol{BF})\}^{-1}\boldsymbol{Bw}(t) \tag{4.84}$$

しかし，この系を構成するためには図 4.3 の枠内に示した出力からは不可観測モードの安定なオブザーバも必要で，この系の固有多項式は各対角ブロック

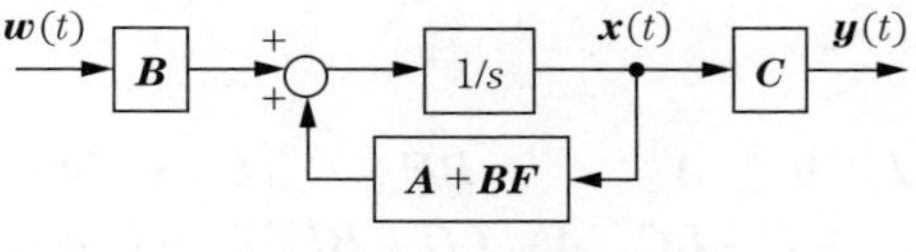

図 4.4 n 次元オブザーバ付きレギュレータの総合伝達関数の実現系の構成図

の固有多項式の積になるから，構成可能条件にはそれぞれの固有多項式を安定にするゲイン行列 $\boldsymbol{F}$ と $\boldsymbol{L}$ の存在性が必要である。

$(\boldsymbol{A}, \boldsymbol{B})$ が可制御かつ $(\boldsymbol{A}, \boldsymbol{C})$ が可観測であれば，それぞれ制御系とオブザーバの拡大系の固有値を実係数なら共役の範囲で任意に指定できるから，それぞれを安定化する $\boldsymbol{F}$ と $\boldsymbol{L}$ が存在する。さらに，収束の早さも変更できる。

つぎに，この拡大系の上三角ブロック化法も示しておこう。原式を，対象とオブザーバの状態 $\boldsymbol{x}$ と $\boldsymbol{z}$ で拡大行列化すると次式になる。

$$\begin{bmatrix} \dfrac{d}{dt}\boldsymbol{x}(t) \\ \dfrac{d}{dt}\boldsymbol{z}(t) \end{bmatrix} = \begin{bmatrix} \boldsymbol{A} & \boldsymbol{BF} \\ -\boldsymbol{LC} & \boldsymbol{A}+\boldsymbol{LC}+\boldsymbol{BF} \end{bmatrix} \begin{bmatrix} \boldsymbol{x}(t) \\ \boldsymbol{z}(t) \end{bmatrix} + \begin{bmatrix} \boldsymbol{B} \\ \boldsymbol{B} \end{bmatrix} \boldsymbol{w}(t) \tag{4.85}$$

この $\boldsymbol{z}$ を偏差の状態 $\boldsymbol{e}$ に置き換えるために，つぎの相似変換を上式に代入することにより

$$\begin{bmatrix} \boldsymbol{x}(t) \\ \boldsymbol{z}(t) \end{bmatrix} = \boldsymbol{T} \begin{bmatrix} \boldsymbol{x}(t) \\ \boldsymbol{x}(t) \end{bmatrix}, \qquad \boldsymbol{T} = \boldsymbol{T}^{-1} = \begin{bmatrix} \boldsymbol{I} & \boldsymbol{0} \\ \boldsymbol{I} & -\boldsymbol{I} \end{bmatrix} \tag{4.86}$$

相似変換行列の特殊性でつぎのように簡単に変形できて，上三角ブロック行列が得られる。

$$\boldsymbol{T}\begin{bmatrix} \dfrac{d}{dt}\boldsymbol{x}(t) \\ \dfrac{d}{dt}\boldsymbol{e}(t) \end{bmatrix} = \begin{bmatrix} \boldsymbol{A} & \boldsymbol{BF} \\ -\boldsymbol{LC} & \boldsymbol{A}+\boldsymbol{LC}+\boldsymbol{BF} \end{bmatrix} \boldsymbol{T} \begin{bmatrix} \boldsymbol{x}(t) \\ \boldsymbol{e}(t) \end{bmatrix} + \begin{bmatrix} \boldsymbol{B} \\ \boldsymbol{B} \end{bmatrix} \boldsymbol{w}(t),$$

$$\begin{bmatrix} \dfrac{d}{dt}\boldsymbol{x}(t) \\ \dfrac{d}{dt}\boldsymbol{e}(t) \end{bmatrix} = \boldsymbol{T}^{-1}\begin{bmatrix} \boldsymbol{A} & \boldsymbol{BF} \\ -\boldsymbol{LC} & \boldsymbol{A}+\boldsymbol{LC}+\boldsymbol{BF} \end{bmatrix} \boldsymbol{T} \begin{bmatrix} \boldsymbol{x}(t) \\ \boldsymbol{e}(t) \end{bmatrix} + \boldsymbol{T}^{-1}\begin{bmatrix} \boldsymbol{B} \\ \boldsymbol{B} \end{bmatrix} \boldsymbol{w}(t),$$

$$\begin{bmatrix} \dfrac{d}{dt}\boldsymbol{x}(t) \\ \dfrac{d}{dt}\boldsymbol{e}(t) \end{bmatrix} = \begin{bmatrix} \boldsymbol{I} & \boldsymbol{0} \\ \boldsymbol{I} & -\boldsymbol{I} \end{bmatrix} \begin{bmatrix} \boldsymbol{A} & \boldsymbol{BF} \\ -\boldsymbol{LC} & \boldsymbol{A}+\boldsymbol{LC}+\boldsymbol{BF} \end{bmatrix} \begin{bmatrix} \boldsymbol{I} & \boldsymbol{0} \\ \boldsymbol{I} & -\boldsymbol{I} \end{bmatrix} \begin{bmatrix} \boldsymbol{x}(t) \\ \boldsymbol{e}(t) \end{bmatrix} + \begin{bmatrix} \boldsymbol{I} & \boldsymbol{0} \\ \boldsymbol{I} & -\boldsymbol{I} \end{bmatrix} \begin{bmatrix} \boldsymbol{B} \\ \boldsymbol{B} \end{bmatrix} \boldsymbol{w}(t) \tag{4.87}$$

この行列計算により，つぎのように上三角ブロック行列となる。

$$\begin{bmatrix} \dfrac{d}{dt}\boldsymbol{x}(t) \\ \dfrac{d}{dt}\boldsymbol{e}(t) \end{bmatrix} = \begin{bmatrix} \boldsymbol{A}+\boldsymbol{BF} & -\boldsymbol{BF} \\ \boldsymbol{0} & \boldsymbol{A}+\boldsymbol{LC} \end{bmatrix} \begin{bmatrix} \boldsymbol{x}(t) \\ \boldsymbol{e}(t) \end{bmatrix} + \begin{bmatrix} \boldsymbol{B} \\ \boldsymbol{0} \end{bmatrix} \boldsymbol{w}(t) \tag{4.88}$$

4.5 積分器付きレギュレータ

この前節のオブザーバ付きレギュレータはSISO系に限定すれば，容易に積分制御を外部に追加できて，1章で解説したI–PD二自由度制御を拡張できる。すなわち，レギュレータによってシステムの極配置を改善した上で積分制御によって外乱に対する定常特性を改善できて，サーボならハードサーボになる。オブザーバは分離されるので，あってもなくても積分器付きレギュレータのシステム構成はレギュレータゲインベクトル $\boldsymbol{f}$ と積分器ゲイン k_i を用いて**図 4.5** のように描ける。

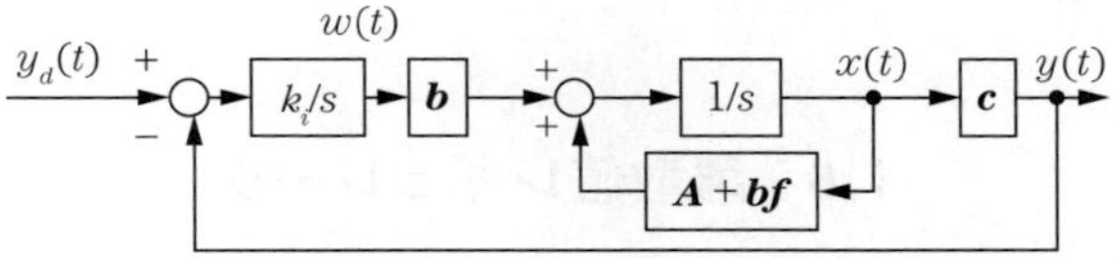

図 4.5 積分器付きレギュレータのシステム構成図

伝達関数は次式から求まる。

$$y(t) = \boldsymbol{c}(s\boldsymbol{I} - (\boldsymbol{A}+\boldsymbol{bf}))^{-1}\boldsymbol{b}w(t),$$

$$w(t) = \frac{k_i}{s}(y_d(t) - y(t)) \tag{4.89}$$

下式を上式に代入すれば目標値から出力までの伝達関数はつぎのようになる。

$$y(t) = \{s + \boldsymbol{c}(s\boldsymbol{I} - (\boldsymbol{A}+\boldsymbol{bf}))^{-1}\boldsymbol{b}k_i\}^{-1}\boldsymbol{c}(s\boldsymbol{I} - (\boldsymbol{A}+\boldsymbol{bf}))^{-1}\boldsymbol{b}k_i y_d(t),$$

$$G_c(s) = \{s + \boldsymbol{c}(s\boldsymbol{I} - (\boldsymbol{A}+\boldsymbol{bf}))^{-1}\boldsymbol{b}k_i\}^{-1}\boldsymbol{c}(s\boldsymbol{I} - (\boldsymbol{A}+\boldsymbol{bf}))^{-1} \tag{4.90}$$

最終値定理により，目標値 $y_d(t)$ のステップ応答の最終値はつぎのようになり，出力は目標値に一致し，定常偏差はゼロになる。

$$G_c(0)=1 \tag{4.91}$$

ここで外乱 $v(t)$ を入れて簡易化のため目標値をゼロにすると，次式が得られる。

$$\begin{aligned} y(t)&=\boldsymbol{c}(s\boldsymbol{I}-(\boldsymbol{A}+\boldsymbol{bf}))^{-1}\boldsymbol{b}(w(t)+v(t)),\\ w(t)&=-\frac{k_i}{s}y(t) \end{aligned} \tag{4.92}$$

$W(t)$ を代入して整理すれば外乱 $v(t)$ から出力までの伝達関数はつぎのようになる。

$$\begin{aligned} y(t)&=\{s+\boldsymbol{c}(s\boldsymbol{I}-(\boldsymbol{A}+\boldsymbol{bf}))^{-1}\boldsymbol{b}k_i\}^{-1}\boldsymbol{c}(s\boldsymbol{I}-(\boldsymbol{A}+\boldsymbol{bf}))^{-1}\boldsymbol{b}sv(t),\\ G_d(s)&=\{s+\boldsymbol{c}(s\boldsymbol{I}-(\boldsymbol{A}+\boldsymbol{bf}))^{-1}\boldsymbol{b}k_i\}^{-1}\boldsymbol{c}(s\boldsymbol{I}-(\boldsymbol{A}+\boldsymbol{bf}))^{-1}\boldsymbol{b}s \end{aligned} \tag{4.93}$$

最終値定理により，外乱 $v(t)$ のステップ応答の最終値はつぎのようにゼロになり，外乱の出力への影響はゼロに収束する。

$$G_c(0)=0 \tag{4.94}$$

4.6 離散値レギュレータ

これまでは $\boldsymbol{\lambda}(t)$ の候補として，終端条件の自然な延長である線形式から誘導された状態変数の線形のフィードバック操作を用いてきたが，これが仮定であったことが気になる。そこで，評価も修正してつぎのような離散値の最適解について考えてみよう（変分法，DP，最大原理によるバンバン制御とは異なる）。

まず，状態方程式はつぎのように漸近安定な線形時不変自律系に離散値操作 $f=\text{constant}$ が行われる系のクラスを考える。

$$\frac{d}{dt}\boldsymbol{x}(t)=\boldsymbol{A}\boldsymbol{x}(t)+\boldsymbol{f}(\boldsymbol{u}(t)) \qquad (\boldsymbol{x}(0)=\boldsymbol{x}_0) \tag{4.95}$$

ここで，目標値からの制御偏差ベクトル $\boldsymbol{e}(t)$ のつぎのような有限時間の二次形式評価を導入する。すなわち操作量の最小化は考慮しないことにする。

$$\boldsymbol{R} \to \boldsymbol{0}, \qquad \boldsymbol{e}(t) = \boldsymbol{x}(t) - \boldsymbol{x}_d(t),$$

$$J = \boldsymbol{e}^T(t_f)\boldsymbol{P}(t_f)\boldsymbol{e}(t_f) + \int_{t_0}^{t_f} \boldsymbol{e}^T(t)\boldsymbol{Q}\boldsymbol{e}(t)dt \tag{4.96}$$

このとき，ハミルトニアンや等式拘束の拡張評価を用いて，独立変数について変分をとれば，停留方程式はつぎのようになる。

$$\frac{\partial H}{\partial \boldsymbol{u}^T(t)} = \boldsymbol{R}\boldsymbol{u}(t) + \frac{\partial f(\boldsymbol{u}(t))}{\partial \boldsymbol{u}^T(t)}\boldsymbol{\lambda}(t) = \boldsymbol{0} \qquad \therefore \quad \boldsymbol{u}(t) = -\{\boldsymbol{u}_{\max}, 0, \boldsymbol{u}_{\min}\} \tag{4.97a}$$

$$\frac{\partial J^*}{\partial \boldsymbol{e}^T(t)} = \boldsymbol{Q}\boldsymbol{e}(t) + \boldsymbol{A}^T\boldsymbol{\lambda}(t) + \dot{\boldsymbol{\lambda}}(t) = \boldsymbol{0} \qquad \therefore \quad \dot{\boldsymbol{\lambda}}(t) = -\boldsymbol{Q}\boldsymbol{e}(t) - \boldsymbol{A}^T\boldsymbol{\lambda}(t) \tag{4.97b}$$

$$\frac{\partial J^*}{\partial \boldsymbol{e}^T(t_f)} = \boldsymbol{P}(t_f)\boldsymbol{e}(t_f) - \boldsymbol{\lambda}(t_f) = \boldsymbol{0} \qquad \therefore \quad \boldsymbol{\lambda}(t_f) = \boldsymbol{P}(t_f)\boldsymbol{e}(t_f) \tag{4.97c}$$

ここで，第1式から要請される操作量の必要条件は不定なので，簡単のためにあらかじめ上記の3値に限定しておく。

終端条件の自然な延長により，次式の解が仮定できる。

$$\boldsymbol{\lambda}(t) = \boldsymbol{P}(t)\boldsymbol{e}(t) \tag{4.98}$$

これを微分すれば，つぎのプレリカッチ微分方程式が得られる。

$$\frac{d}{dt}\{\boldsymbol{P}(t)\}\boldsymbol{e}(t) = -\boldsymbol{P}(t)(\boldsymbol{A}\boldsymbol{e}(t) + \boldsymbol{f}(\boldsymbol{u}(t))) - \boldsymbol{Q}\boldsymbol{e}(t) - \boldsymbol{A}^T\boldsymbol{P}(t)\boldsymbol{e}(t) \tag{4.99}$$

ここで，離散操作が切り替えられるたびに時間セクションを区分すれば，$\boldsymbol{f} = \boldsymbol{0}$，すなわち操作がゼロのセクション $j(0)$ では，つぎのリカッチ微分方程式が成立する。

$$\frac{d}{dt}\boldsymbol{P}_{j(0)}(t_j) = -(\boldsymbol{P}_{j(0)}(t_j)\boldsymbol{A} + \boldsymbol{A}^T\boldsymbol{P}_{j(0)}(t_j) + \boldsymbol{Q}) \tag{4.100}$$

すべてのセクションの終端において，つぎの境界条件が仮定できる。

$$\boldsymbol{P}_j(t_{jf}) = \boldsymbol{Q}(t_f) \tag{4.101}$$

$\boldsymbol{f} = \mathrm{constant}$ と仮定したので，実際の可能解はつぎのように区分定数である。

$$\boldsymbol{u}(t_j) = \gamma_j \tag{4.102}$$

この区分ステップ操作によって，漸近安定系に対するステップ応答は繰り返されて，漸次目標値に近づく。切り替えるタイミングを状態によって変えるならば，これも線形ではないが一種の状態フィードバックである。

閉ループ系の $\boldsymbol{A}$ 行列はこの状態フィードバックによって変わらないので，区分ごとに操作量がゼロでない場合には前回操作量をゼロにシフトすればつぎのように書ける。

$$\frac{d}{dt}\boldsymbol{x}(t_j) = \boldsymbol{A}\boldsymbol{x}(t_j), \qquad \boldsymbol{x}(t_j(0)) = \boldsymbol{x}_{t_j(0)} \tag{4.103}$$

評価関数に操作量は入れていないが，慣性系などで操作量ゼロのセクションを交互に挟む間欠（かんけつ）操作方式にすれば，操作エネルギーもかなり節約できる。

章　末　問　題

【1】 つぎのゼロ点一つの3次系が可制御または可観測であるためのランク条件と，それらが崩れるゼロ点条件を示せ。ただし，パラメータはすべて正とする。

(1) 可制御正準形

$$\begin{bmatrix} \dot{x}_1(t) \\ \dot{x}_2(t) \\ \dot{x}_3(t) \end{bmatrix} = \begin{bmatrix} 0 & 1 & 0 \\ 0 & 0 & 1 \\ -\alpha\omega_n^2 & -2\alpha\zeta\omega_n - \omega_n^2 & -2\varsigma\omega_n - \alpha \end{bmatrix} \begin{bmatrix} x_1(t) \\ x_2(t) \\ x_3(t) \end{bmatrix} + \begin{bmatrix} 0 \\ 0 \\ K\omega_n^2\alpha \end{bmatrix} u(t),$$

$$y(t) = \begin{bmatrix} 1 & \dfrac{c}{\alpha\omega_n^2} & 0 \end{bmatrix} \begin{bmatrix} x_1(t) \\ x_2(t) \\ x_3(t) \end{bmatrix} \tag{4.104}$$

(2) 可観測正準形

$$\begin{bmatrix} \dot{x}_1(t) \\ \dot{x}_2(t) \\ \dot{x}_3(t) \end{bmatrix} = \begin{bmatrix} 0 & 0 & -\alpha\omega_n^2 \\ 1 & 0 & -2\alpha\varsigma\omega_n - \omega_n^2 \\ 0 & 1 & -2\varsigma\omega_n - \alpha \end{bmatrix} \begin{bmatrix} x_1(t) \\ x_2(t) \\ x_3(t) \end{bmatrix} + K\alpha\omega_n^2 \begin{bmatrix} 1 \\ \dfrac{c}{\alpha\omega_n^2} \\ 0 \end{bmatrix} u(t),$$

$$y(t)=[0 \quad 0 \quad 1]\boldsymbol{x}(t)+du(t) \tag{4.105}$$

【2】 つぎに示す完全断熱（空気中への放熱がない）・完全撹拌（温度分布がなく集中系である）を仮定したカスケード連結タンクの1出力系の状態方程式について，可観測性を可観測性行列（OM）のランク条件で調べ，物理的整合性について記述せよ。

$$\begin{bmatrix} \dfrac{d}{dt}\Theta_1(t) \\ \dfrac{d}{dt}\Theta_2(t) \end{bmatrix} = \begin{bmatrix} -\dfrac{1}{R_1} & 0 \\ \dfrac{1}{R_{12}} & -\dfrac{1}{R_2} \end{bmatrix} \begin{bmatrix} \Theta_1(t) \\ \Theta_2(t) \end{bmatrix} + \begin{bmatrix} \dfrac{1}{R_1} & \dfrac{K_1}{R_1} & 0 \\ 0 & 0 & \dfrac{K_2}{R_2} \end{bmatrix} \begin{bmatrix} \Theta_i(t) \\ Q_{h1}(t) \\ Q_{h2}(t) \end{bmatrix},$$

$$y_1(t)=[1 \quad 0]\begin{bmatrix} \Theta_1(t) \\ \Theta_2(t) \end{bmatrix}, \qquad y_2(t)=[0 \quad 1]\begin{bmatrix} \Theta_1(t) \\ \Theta_2(t) \end{bmatrix} \tag{4.106}$$

【3】 つぎに示す完全断熱（空気中への放熱がない）・完全撹拌（温度分布がなく集中系である）を仮定したカスケード連結タンクの1出力系の状態方程式について，可制御性を可制御性行列（CM）のランク条件で調べ，物理的整合性について記述せよ。

(1)

$$\begin{bmatrix} \dfrac{d}{dt}\Theta_1(t) \\ \dfrac{d}{dt}\Theta_2(t) \end{bmatrix} = \begin{bmatrix} -\dfrac{1}{R_1} & 0 \\ \dfrac{1}{R_{12}} & -\dfrac{1}{R_2} \end{bmatrix} \begin{bmatrix} \Theta_1(t) \\ \Theta_2(t) \end{bmatrix} + \begin{bmatrix} \dfrac{K_1}{R_1} \\ 0 \end{bmatrix} Q_{h1}(t) \tag{4.107}$$

(2)

$$\begin{bmatrix} \dfrac{d}{dt}\Theta_1(t) \\ \dfrac{d}{dt}\Theta_2(t) \end{bmatrix} = \begin{bmatrix} -\dfrac{1}{R_1} & 0 \\ \dfrac{1}{R_{12}} & -\dfrac{1}{R_2} \end{bmatrix} \begin{bmatrix} \Theta_1(t) \\ \Theta_2(t) \end{bmatrix} + \begin{bmatrix} 0 \\ \dfrac{K_2}{R_2} \end{bmatrix} Q_{h2}(t) \tag{4.108}$$

【4】 つぎの可観測正準形の伝達関数をシステム行列公式から求め，積分制御の安定限界を最小位相形の場合と非最小位相形の場合について，それぞれ調べよ。

$$\begin{bmatrix} \dfrac{d}{dt}x_1(t) \\ \dfrac{d}{dt}x_2(t) \end{bmatrix} = \begin{bmatrix} 0 & -\omega_n^2 \\ 1 & -2\varsigma\omega_n \end{bmatrix} \begin{bmatrix} x_1(t) \\ x_2(t) \end{bmatrix} + K\omega_n^2 \begin{bmatrix} 1 \\ \dfrac{c}{\omega_n^2} \end{bmatrix} u(t),$$

$$y(t)=[0 \quad 1]\begin{bmatrix} x_1(t) \\ x_2(t) \end{bmatrix} \tag{4.109}$$

【5】 簡易オブザーバとして位相変数型状態変数を仮定したPDオブザーバを用いた場合のレギュレータを構成せよ。

【6】 $\boldsymbol{A}$ が次式のシステム行列のときには $\boldsymbol{Q}_L = \boldsymbol{I}$ のときのリアプノフ方程式の解 $\boldsymbol{P}_L$ はどうなるか，代表的減衰係数（0.7, 1, 1.4）で確認せよ。

$$\begin{bmatrix} \dfrac{d}{dt}x_1(t) \\ \dfrac{d}{dt}x_2(t) \end{bmatrix} = \begin{bmatrix} 0 & 1 \\ -1 & -2\varsigma \end{bmatrix} \begin{bmatrix} x_1(t) \\ x_2(t) \end{bmatrix} \tag{4.110}$$

【7】 状態変数の座標変換行列 $\boldsymbol{x}(t) = \boldsymbol{T}\boldsymbol{z}(t)$ によってシステム（$\boldsymbol{A}, \boldsymbol{B}, \boldsymbol{C}$）が（$\tilde{\boldsymbol{A}}, \tilde{\boldsymbol{B}}, \tilde{\boldsymbol{C}}$）に変換された場合の伝達関数行列は等価であることを示せ。
したがって，固有値，極，ゼロ点や可制御性・可観測性などは不変である。

【8】 n 次元オブザーバ付きレギュレータのブロック線図を本文の式を参考にして5項組($\boldsymbol{A}, \boldsymbol{B}, \boldsymbol{C}, \boldsymbol{F}, \boldsymbol{L}$)と新たな目標ベクトル $\boldsymbol{w}$ を用いて描け。ただし，状態変数の $\boldsymbol{x}, \boldsymbol{z}$ は分離して図中に記入せよ。

5 簡易ロバスト制御

多くのプロセス制御やサーボにおいても制御対象のパラメータ変動やモデル誤差に対して，システム特性がロバスト（robust）であることが望ましい。特に安定性はロバスト安定であってほしい。近年のロバスト制御の研究の進展は著しいものがあり，専門書も多く出ている。このように重要で進歩的なロバスト制御への入門のために，本章では古典的な概念や方法も含めて簡易なロバスト制御（simple robust control）を中心に紹介する。

5.1 ロバスト制御の種類

ロバストという用語は日本語では頑健と訳されるため，広義のロバスト制御はつぎに示すような多様な意味があるが，本章では狭義のモデリング誤差に対する制御系の頑健さとパラメータ変動に対する安定性を主に議論する。

(1) 積分を含む制御が有する外乱に対しても定常誤差がゼロになる特性の頑健さ（ただし，本書ではサーボ機構による外乱絶縁技術は除外する）。

(2) 制御対象パラメータが変動する場合の制御性の頑健さ

(3) 制御器パラメータを調整する際の制御性の頑健さ。特に，3章で示した不安定にならない根軌跡は重要であり，モデルマッチング法を用いるものが知られている。

狭義のモデルの不確かさについてもつぎの3種類がある。

(1) 加法的モデルの不確かさ（制御対象のパラメータ同定誤差や変動など）

(2) 乗法的モデルの不確かさ（入力むだ時間の同定誤差や変動など）

(3)　フィードバックモデルの不確かさ（センサやシグナルコンデショナのモデルリダクション誤差やパラメータ同定誤差など）

次節以降では三つ目のフィードバックモデルの不確かさを中心に議論していく。加法的および乗法的モデルの不確かさについては，一般のロバスト制御の成書を参考にしてほしい。

5.2　ハーディ空間とノルム

本節ではロバスト制御（$\boldsymbol{H}^\infty$ **制御**など）で用いられる**ハーディ空間**（Hardy space，$\boldsymbol{H}^\infty$ **空間**）とそのノルム（$\boldsymbol{H}^\infty$ **ノルム**）について解説する。

定　理　（**特異値分解定理**）　$\boldsymbol{A}\in\boldsymbol{R}^{m\times n}$ とする。このとき，この行列を次式のように**特異値分解**（singular value decomposition，**SVD**）するユニタリー行列 $\boldsymbol{U}$, $\boldsymbol{V}$ が存在する。

$$\begin{aligned}\boldsymbol{U}&=[\boldsymbol{u}_1\quad\boldsymbol{u}_2\quad\cdots\quad\boldsymbol{u}_m]\in R^{m\times m}\text{ or }C^{m\times m}\\ \boldsymbol{V}&=[\boldsymbol{v}_1\quad\boldsymbol{v}_2\quad\cdots\quad\boldsymbol{v}_m]\in R^{m\times m}\text{ or }C^{m\times m}\end{aligned}\tag{5.1}$$

ここで $\boldsymbol{A}$ の $\boldsymbol{U}$, $\boldsymbol{V}$ による特異値分解とは次式のようにすることである。

$$\boldsymbol{A}=\boldsymbol{U\Sigma V}^*,\qquad \boldsymbol{\Sigma}=\begin{bmatrix}\boldsymbol{\Sigma}_1 & \boldsymbol{0}\\ \boldsymbol{0} & \boldsymbol{0}\end{bmatrix},\qquad \boldsymbol{\Sigma}_1=\begin{bmatrix}\sigma_1 & 0 & \cdots & 0\\ 0 & \sigma_2 & \cdots & 0\\ \vdots & \vdots & \ddots & \vdots\\ 0 & 0 & \cdots & \sigma_p\end{bmatrix},$$

$$\sigma_1\geqq\sigma_2\geqq\cdots\geqq\sigma_p\geqq 0,\qquad p=\min\{m,n\}\tag{5.2}$$

注 1)　特異値と固有値の関係について

σ_i, $\boldsymbol{u}_i$, $\boldsymbol{v}_i$ をそれぞれ行列 $\boldsymbol{A}$ の i 番目の特異値，左特異ベクトル，右特異ベクトルとすると

$$\boldsymbol{A}\boldsymbol{v}_i = \sigma_i \boldsymbol{u}_i \qquad (\leftarrow \boldsymbol{v}_i = \boldsymbol{A}^* \boldsymbol{u}_i / \sigma_i),$$
$$\boldsymbol{A}^* \boldsymbol{u}_i = \sigma_i \boldsymbol{v}_i \qquad (\leftarrow \boldsymbol{u}_i = \boldsymbol{A}\boldsymbol{v}_i / \sigma_i) \tag{5.3}$$

すなわち

$$\boldsymbol{A}^* \boldsymbol{A}\boldsymbol{v}_i = \sigma_i{}^2 \boldsymbol{v}_i, \qquad \boldsymbol{A}\boldsymbol{A}^* \boldsymbol{u}_i = \sigma_i{}^2 \boldsymbol{u}_i \tag{5.4}$$

ここで，σ_i^2 は $\boldsymbol{AA}^*$ or $\boldsymbol{A}^*\boldsymbol{A}$ の正の固有値であり，$\boldsymbol{u}_i$ は $\boldsymbol{AA}^*$ の固有ベクトル，$\boldsymbol{v}_i$ は $\boldsymbol{A}^*\boldsymbol{A}$ の固有ベクトルである。また，$\boldsymbol{A}^*$ は $\boldsymbol{A}$ の共役転置行列，すなわち

$$a_{ij}^* = \overline{a}_{ji}$$

また，行列 $\boldsymbol{A}$ の最大特異値および最小特異値をつぎのような記号で記述する。

$$\overline{\sigma}(\boldsymbol{A}) = \sigma_{\max}(\boldsymbol{A}) = \sigma_1, \qquad \underline{\sigma}(\boldsymbol{A}) = \sigma_{\min}(\boldsymbol{A}) = \sigma_p \tag{5.5}$$

注 2）　$\boldsymbol{UU}^* = \boldsymbol{U}^*\boldsymbol{U} = \boldsymbol{I}$ となるとき，$\boldsymbol{U}$ をユニタリー行列という。

<u>$L^\infty(jR)$ or simply L^∞ 空間</u>　　つぎの最大特異値の本質的上界で定義されるノルムを有する jR で本質的に有界な行列値（またはスカラ値）関数のバナッハ空間。

ここで，バナッハ空間とはノルムが定義されているベクトル空間で，二つのベクトルの差のノルムで定義される距離について完備な距離空間である。

$$\|\boldsymbol{F}\|_\infty := \operatorname*{ess\,sup}_{\omega \in R} \overline{\sigma}[\boldsymbol{F}(j\omega)] \tag{5.6}$$

<u>H^∞ 空間</u>　　開右半平面解析的かつ有界な関数を有する，L^∞ のサブ空間でハーディ空間と呼ばれる。ノルムは次式の最大特異値の上限で定義される。

$$\|\boldsymbol{F}\|_\infty := \sup_{\mathrm{Re}(s)>0} \overline{\sigma}[\boldsymbol{F}(s)] = \sup_{\omega \in R} \overline{\sigma}[\boldsymbol{F}(j\omega)] \tag{5.7}$$

第 2 の等式は Boyed and Desoer [1985] によって行列剰余定理を用いて証明された。

例　題　つぎの行列の H^∞ ノルムを求めよ。

$$\boldsymbol{A}=\begin{bmatrix}\dfrac{1}{j\omega+1} & \dfrac{1}{3j\omega+1}\\ \dfrac{1}{4j\omega+1} & \dfrac{1}{2j\omega+1}\end{bmatrix} \tag{5.8}$$

【解答】 $(\boldsymbol{AA}^*)^* = \boldsymbol{AA}^*$ より $\boldsymbol{AA}^*$ はエルミート行列であり，エルミート行列の固有値は実数であるから，σ^2 は実数である。また，$\boldsymbol{x}^*\boldsymbol{A}^*\boldsymbol{Ax} \geqq 0$ ($\because$ $\boldsymbol{y}^*\boldsymbol{y} \geqq 0$) より，$\boldsymbol{A}^*\boldsymbol{A}$ も $\boldsymbol{AA}^*$ も半正定行列であり，半正定行列の固有値は半正であるから，$\boldsymbol{AA}^*$ の固有値である σ^2 は半正である。その正の平方根が特異値 σ である。

$$\boldsymbol{AA}^*=\begin{bmatrix}\dfrac{1}{j\omega+1} & \dfrac{1}{3j\omega+1}\\ \dfrac{1}{4j\omega+1} & \dfrac{1}{2j\omega+1}\end{bmatrix}\begin{bmatrix}\dfrac{1}{-j\omega+1} & \dfrac{1}{-4j\omega+1}\\ \dfrac{1}{-3j\omega+1} & \dfrac{1}{-2j\omega+1}\end{bmatrix}$$

$$=\begin{bmatrix}\dfrac{1}{(\omega^2+1)}+\dfrac{1}{(9\omega^2+1)} & \dfrac{1}{(1+4\omega^2-3j\omega)}+\dfrac{1}{(1+6\omega^2+j\omega)}\\ \dfrac{1}{(1+4\omega^2+3j\omega)}+\dfrac{1}{(1+6\omega^2-j\omega)} & \dfrac{1}{(16\omega^2+1)}+\dfrac{1}{(4\omega^2+1)}\end{bmatrix},$$

$$\left|\sigma^2\boldsymbol{I}-\boldsymbol{AA}^*\right|=\left\|\begin{matrix}\sigma^2-\dfrac{10\omega^2+2}{(\omega^2+1)(9\omega^2+1)} & -\dfrac{2+10\omega^2-2j\omega}{(1+4\omega^2-3j\omega)(1+6\omega^2+j\omega)}\\ -\dfrac{2+10\omega^2+2j\omega}{(1+4\omega^2+3j\omega)(1+6\omega^2-j\omega)} & \sigma^2-\dfrac{20\omega^2+2}{(16\omega^2+1)(4\omega^2+1)}\end{matrix}\right\|,$$

$$\sigma^4-\left\{\frac{10\omega^2+2}{(\omega^2+1)(9\omega^2+1)}+\frac{20\omega^2+2}{(16\omega^2+1)(4\omega^2+1)}\right\}\sigma^2$$
$$+\frac{10\omega^2+2}{(\omega^2+1)(9\omega^2+1)}\frac{20\omega^2+2}{(16\omega^2+1)(4\omega^2+1)}-\frac{(2+10\omega^2)^2+4\omega^2}{\{(1+4\omega^2)^2+9\omega^2\}\{(1+6\omega^2)^2+\omega^2\}}=0 \tag{5.9}$$

$$\bar{\sigma}(\omega)=\left[\left\{\frac{5\omega^2+1}{(\omega^2+1)(9\omega^2+1)}+\frac{10\omega^2+1}{(16\omega^2+1)(4\omega^2+1)}\right\}\right.$$

$$+\left\{\left(\frac{5\omega^2+1}{(\omega^2+1)(9\omega^2+1)}+\frac{10\omega^2+1}{(16\omega^2+1)(4\omega^2+1)}\right)^2\right.$$

$$\left.\left.+\frac{(2+10\omega^2)^2+4\omega^2}{\{(1+4\omega^2)^2+9\omega^2\}\{(1+6\omega^2)^2+\omega^2\}}\right\}^{0.5}\right]^{-0.5},$$

$$\|\boldsymbol{A}\|_\infty=\sup_\omega \bar{\sigma}(\omega)=2.2 \tag{5.10}$$

数値計算ではあるが，上記特異値は $\omega=0$ で ω について最大になっている。

5.3　感度関数と相補感度関数

一つのロバスト設計の考え方として，入力外乱 d から出力 y までの制御対象の伝達関数 G と閉ループ伝達関数 W の比として**感度関数**（sensitivity function）S がつぎのように定義されている（引数は省略）。

$$y=(d+Ce)G=\{d+C(r-Hy)\}G,$$

$$W_d=\frac{G}{1+CHG},$$

$$S=\frac{W_d}{G_d}=\frac{G}{1+CHG}\frac{1}{G}=\frac{1}{1+CHG} \tag{5.11}$$

低感度とは S のゲインが小さいことである。つまり，このロバスト制御の考え方は制御によって外乱に対する感度を下げることである。感度 S を特に低周波数で下げる周波数整形（frequency shaping）を目的にする問題設定を**感度低減問題**（sensitivity reduction problem）という。

これに対して，感度関数と相補的に

$$S+T=1 \tag{5.12}$$

となるように，**相補感度関数**（complementary sensitivity function）Tが定義される。すなわち

$$T=1-S=1-\frac{1}{1+CHG}=\frac{CHG}{1+CHG} \tag{5.13}$$

このTのゲインは従来法のように絶対値をとって簡単に実軸上で考えれば，前向き伝達関数のナイキスト（ベクトル）軌跡が実軸と交差する臨界角周波数におけるゲイン（原点からの距離）とその臨界点 −1 までのゲインの比を表す。Tの感度（ゲイン）が小さいほど，ナイキストのゲイン安定の意味でゲイン余裕が大きく，前向き周波数伝達関数の変動やモデル誤差に対しても閉ループは安定である。しかし，位相余裕はないかもしれないので，別々に考えていた。ロバスト安定では任意の周波数に対してつぎの相補感度関数（= 閉ループ伝達関数）の絶対値を臨界単位円の内側の円内に抑える。

$$\left|T(j\omega)\right|=\left|\frac{C(j\omega)H(j\omega)G(j\omega)}{1+C(j\omega)H(j\omega)G(j\omega)}\right|\leq\frac{1}{\gamma(j\omega)} \qquad (\gamma(j\omega)\geqq 1 \quad \text{for} \quad \forall\omega) \tag{5.14}$$

すなわち，相補感度関数を低感度にするロバスト制御は開ループではなく，閉ループに対する繰返し制御のための位相余裕無限状態でゲイン余裕を増して，安定性の悪化に対する感度を下げることである。

しかし，感度関数と相補感度関数は拮抗的であるから，両方同時によくすることはできないので，外乱周波数に応じて外乱抑制重視と安定性重視に必要な周波数帯域を分けて両者のバランス設計をすることが必要で，そのような設計は**混合感度低減問題**（mixed sensitivity reduction problem）と呼ばれている。

その解法はそれぞれに重みを付けて後で示すロバスト制御問題に帰着させる方法が一般的である。

5.4 内部安定判別法

5.4.1 小ゲイン定理

本節では**小ゲイン定理**（small gain theorem）を本章の重要な背景理論として紹介する。ロバストPI制御の議論において，いくつかの問題を指摘した後，安全に関する大目標と解析解に関する小目標を紹介する。さらに，MIMOシステムに対して空間論を用いることが，難しい未知のモデリング誤差を有する具体的なロバスト制御問題に対するPI制御調整の解析解を得るために可能になってきた方法を，一入力一出力（SISO）システムに対して示す。最終的には閉ループゲイン余裕をパラメータ平面で示す。さらに，ロバスト制御のメリット，デメリット，リスクを議論して，その安全のための対策を示す。特に，逆システムによる極・ゼロ相殺法は根軌跡急変リスクに注意が必要である。

最近，多くの研究者が多くの種類のロバストシステムに関して研究を行っている。基本的なロバスト安定性の概念は小ゲイン定理（Zbou K. with Doyle F. C.and Glover K., 1996）に基づいている。その定理はつぎのように述べられる。

「閉ループシステムが**内部安定**（internally stable）であるための必要十分条件は，ノミナルループ伝達関数 $\boldsymbol{G}(s)$ の H^{∞} ノルムがフィードバック要素の任意の不確定性伝達関数 $\Delta(s)$ の H^{∞} ノルムの逆数よりも小さいことである（**図5.1**）。」

ここで，内部安定とは「制御系に含まれるすべての入出力関係を表す伝達関数が，プロパで安定な実有理関数（記号では RH^{∞} と書く）であることである。」

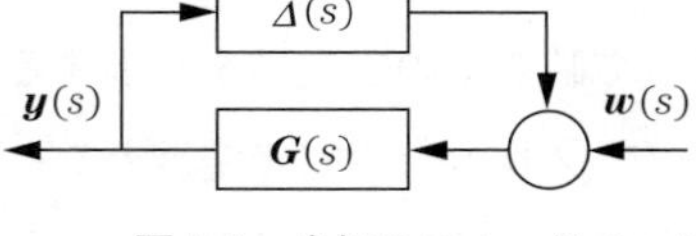

$\|\Delta(s)\|_{\infty} \leqq \gamma$ のとき $\|\boldsymbol{G}(s)\|_{\infty} \leqq \dfrac{1}{\gamma}$ ならば内部安定

図5.1 未知のフィードバック要素を有するフィードバックシステム構成

これはロバスト制御においては重要な安定性概念であり，摂動や不確かさを有するシステムにおいては，閉ループ伝達関数だけでなくすべてのブロックの安定性が重要であるという主張である。

さらに，この定理の拡張はこの概念をわかりやすくして，つぎのように主張している。「閉ループが安定であるための十分条件は，前向きとフィードバック伝達関数が共に安定ならば，それらの開ループ伝達関数の H^{∞} ノルムの積が1よりも小さいことである。」

5.4.2 有界実補題

MIMO 状態空間モデル $(\boldsymbol{A}, \boldsymbol{B}, \boldsymbol{C}, \boldsymbol{D})$ において，上記の小ゲイン定理における制御対象 $\boldsymbol{G}(s)$ の有界ノルムのための **LMI**（linear matrix inequality，**線形行列不等式**）を用いた必要十分条件はつぎの**有界実補題**[58]（bounded real lemma）として知られている。

$$\exists \boldsymbol{P} = \boldsymbol{P}^T > \boldsymbol{0} \quad \text{such that} \quad \begin{bmatrix} \boldsymbol{PA} + \boldsymbol{A}^T\boldsymbol{P} & \boldsymbol{PB} & \boldsymbol{C}^T \\ \boldsymbol{B}^T\boldsymbol{P} & -\frac{1}{\gamma}\boldsymbol{I}_m & \boldsymbol{D}^T \\ \boldsymbol{C} & \boldsymbol{D} & -\frac{1}{\gamma}\boldsymbol{I}_p \end{bmatrix} < \boldsymbol{0}$$

$$\Leftrightarrow \quad \|\boldsymbol{G}(s)\|_{\infty} < \frac{1}{\gamma} \tag{5.15}$$

したがって，小ゲイン定理と組み合わせれば，未知の不確定フィードバック要素 $\varDelta$ の H^{∞} ノルムが有界であるとき，すなわち，γ より小さいときには，その要素 $\varDelta$ によるフィードバックシステム図 5.1 が内部安定であるための必要十分条件は，上記の負定値 LMI が成り立つような正定値対称行列 $\boldsymbol{P}$ が存在することである。これはリアプノフ方程式によって制御系の安定性を判別する手法の拡張，すなわちシステム $(\boldsymbol{A}, \boldsymbol{B}, \boldsymbol{C}, \boldsymbol{D})$ の H^{∞} ノルム有界安定定理となっている。したがって，リアプノフ方程式のときと同様に解を見つけないかぎり上記 LMI を満たす $\boldsymbol{P}$ 行列を見つけることは一般に困難である。

5.5　ロバスト制御問題の定式化

さて，もともと内部安定になっている対象ならいいが，そうでない場合には制御によって，未知のフィードバック要素の不確定性 H^∞ ノルムの上限 γ に応じて，内部安定条件を満たすように前向き要素 $\boldsymbol{A}(s)$ の H^∞ ノルムの上限を $1/\gamma$ 以下に抑制しなければならない。

このようなフィードバック制御はロバスト制御の一つであり，与えられた不確定性ノルム上限 γ を含む制御対象 $\boldsymbol{P}(s)$ に対して，制御後の閉ループ系が所定の上限 $1/\gamma$ を満たすようにロバスト制御 $\boldsymbol{K}(s)$ を求めるロバスト制御問題は一般的につぎのように定式化できる。

図 5.2 からつぎのようにして右の関係式を誘導し

$$\begin{bmatrix} \boldsymbol{z}(s) \\ \boldsymbol{e}(s) \end{bmatrix} = \begin{bmatrix} \boldsymbol{P}_{11}(s) & \boldsymbol{P}_{12}(s) \\ \boldsymbol{P}_{21}(s) & \boldsymbol{P}_{22}(s) \end{bmatrix} \begin{bmatrix} \boldsymbol{w}(s) \\ \boldsymbol{K}(s)\boldsymbol{e}(s) \end{bmatrix} \tag{5.16}$$

$$\begin{aligned}
&\boldsymbol{z}(s) = \boldsymbol{P}_{11}(s)\boldsymbol{w}(s) + \boldsymbol{P}_{12}(s)\boldsymbol{K}(s)\boldsymbol{e}(s), \\
&\boldsymbol{e}(s) = \boldsymbol{P}_{21}(s)\boldsymbol{w}(s) + \boldsymbol{P}_{22}(s)\boldsymbol{K}(s)\boldsymbol{e}(s), \\
&\boldsymbol{e}(s) = (\boldsymbol{I} - \boldsymbol{P}_{22}(s)\boldsymbol{K}(s))^{-1}\boldsymbol{P}_{21}(s)\boldsymbol{w}(s), \\
&\boldsymbol{z}(s) = \{\boldsymbol{P}_{11}(s) + \boldsymbol{P}_{12}(s)\boldsymbol{K}(s)(\boldsymbol{I} - \boldsymbol{P}_{22}(s)\boldsymbol{K}(s))^{-1}\boldsymbol{P}_{21}(s)\}\boldsymbol{w}(s), \\
&\boldsymbol{z}(s) = \boldsymbol{\Phi}(s)\boldsymbol{w}(s)
\end{aligned} \tag{5.17}$$

これらをブロック図表現すると，**図 5.3** のようになる。

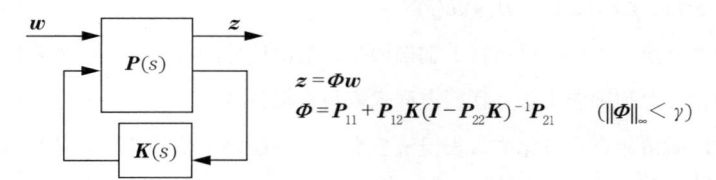

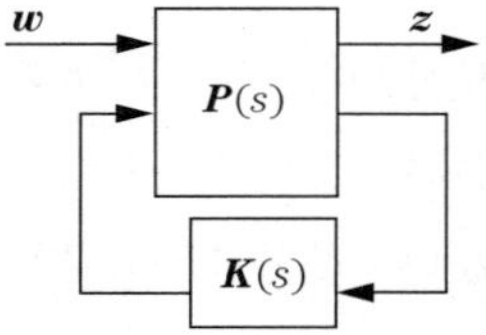

$$\boldsymbol{z} = \boldsymbol{\Phi}\boldsymbol{w}$$
$$\boldsymbol{\Phi} = \boldsymbol{P}_{11} + \boldsymbol{P}_{12}\boldsymbol{K}(\boldsymbol{I} - \boldsymbol{P}_{22}\boldsymbol{K})^{-1}\boldsymbol{P}_{21} \qquad (\|\boldsymbol{\Phi}\|_\infty < \gamma)$$

図 5.2　閉ループ伝達関数行列のハーディ空間ノルムが有界なときのロバスト制御 $\boldsymbol{K}(s)$ を得るためのフィードバックシステム構成

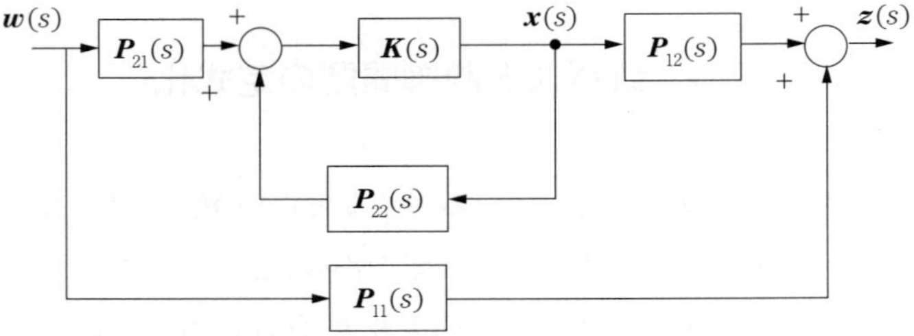

図 5.3　閉ループシステムの制御器 $\boldsymbol{K}(s)$ ベース表現

このロバスト制御 $\boldsymbol{K}(s)$ は 6 章に示すように実数回積分に拡張しうるが，これを積分制御の場合に，いつものシステム 4 項組$(\boldsymbol{A}, \boldsymbol{B}, \boldsymbol{C}, \boldsymbol{D})$で表現すると**図 5.4** のように積分器ベースのブロック線図に書き換えられる。

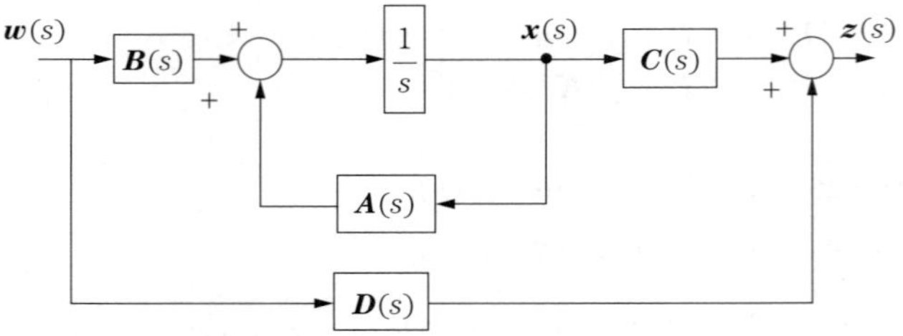

図 5.4　積分制御の場合のシステム 4 項組$(\boldsymbol{A}, \boldsymbol{B}, \boldsymbol{C}, \boldsymbol{D})$の積分器ベース表現

これを状態方程式表現すれば，このシステムは係数も線形システムの伝達関数で表現された入れ子構造になっている線形時変系であることがわかる。

$$\begin{aligned}&\dot{\boldsymbol{x}}(t) = \boldsymbol{A}(s)\boldsymbol{x}(t) + \boldsymbol{B}(s)\boldsymbol{w}(t),\\ &\boldsymbol{z}(t) = \boldsymbol{C}(s)\boldsymbol{x}(t) + \boldsymbol{D}(s)\boldsymbol{w}(t)\end{aligned} \tag{5.18}$$

このことから上記のロバスト制御の基本形は積分制御であり，さらに，それを一般化した制御をすると状態方程式表現も拡張されていることになるが，このように微積分を一般化する表現法をもっていない。積分制御のノルム問題も後で議論する。

さて，この積分制御を LFT 表現で示そう（**図 5.5**）。ただし，信号の流れは左から右とした。

$$
\begin{aligned}
&\boldsymbol{x}(t) = (s\boldsymbol{I} - \boldsymbol{A}(s))^{-1}\boldsymbol{B}(s)\boldsymbol{w}(t),\\
&\boldsymbol{z}(t) = [\boldsymbol{C}(s)(s\boldsymbol{I} - \boldsymbol{A}(s))^{-1}\boldsymbol{B}(s) + \boldsymbol{D}(s)]\boldsymbol{w}(t),\\
&\boldsymbol{\Phi}(s) = \boldsymbol{C}(s)(s\boldsymbol{I} - \boldsymbol{A}(s))^{-1}\boldsymbol{B}(s) + \boldsymbol{D}(s),\\
&\begin{bmatrix}\boldsymbol{z}(t)\\ \boldsymbol{e}(s)\end{bmatrix} = \begin{bmatrix}\boldsymbol{D}(s) & \boldsymbol{C}(s)\\ \boldsymbol{B}(s) & \boldsymbol{A}(s)\end{bmatrix}\begin{bmatrix}\boldsymbol{w}(t)\\ \boldsymbol{x}(s)\end{bmatrix}
\end{aligned}
\tag{5.19}
$$

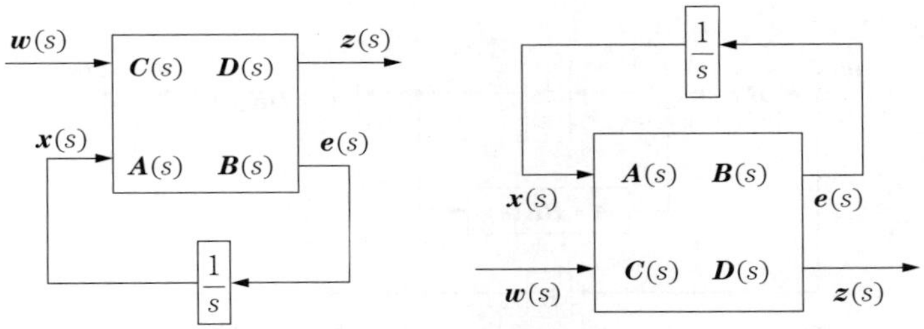

図 5.5 システム $(\boldsymbol{A}(s), \boldsymbol{B}(s), \boldsymbol{C}(s), \boldsymbol{D}(s))$ の LFT 表現

すなわち，スカラ γ で抑えられる有界な不確定性を含むシステム $(\boldsymbol{A}(s), \boldsymbol{B}(s), \boldsymbol{C}(s), \boldsymbol{D}(s))$ はその総合伝達関数行列 $\boldsymbol{\Phi}(s)$ の H^∞ ノルムが $1/\gamma$ で抑えられるならば内部安定である。

さて，内部安定な定係数の MIMO 状態空間モデル $(\boldsymbol{A}, \boldsymbol{B}, \boldsymbol{C}, \boldsymbol{D})$ において，もう一度同じ記号 $\boldsymbol{K}(s)$ と $\boldsymbol{w}(t)$ を用いた線形制御系の定式化と積分器ベースグラフ表現はつぎのようになる。

$$
\begin{aligned}
&\dot{\boldsymbol{x}}(t) = \boldsymbol{A}\boldsymbol{x}(t) + \boldsymbol{B}\boldsymbol{u}(t), \qquad \boldsymbol{z}(t) = \boldsymbol{C}\boldsymbol{x}(t) + \boldsymbol{D}\boldsymbol{u}(t),\\
&\boldsymbol{u}(t) = \boldsymbol{K}(s)\boldsymbol{x}(t) + \boldsymbol{w}(t)
\end{aligned}
\tag{5.20}
$$

制御式を対象に代入すれば，閉ループシステムはつぎのようになる。

$$
\begin{aligned}
&\dot{\boldsymbol{x}}(t) = (\boldsymbol{A} + \boldsymbol{B}\boldsymbol{K}(s))\boldsymbol{x}(t) + \boldsymbol{B}\boldsymbol{w}(t),\\
&\boldsymbol{z}(t) = (\boldsymbol{C} + \boldsymbol{D}\boldsymbol{K}(s))\boldsymbol{x}(t) + \boldsymbol{D}\boldsymbol{w}(t)
\end{aligned}
\tag{5.21}
$$

演算子法で伝達関数行列に直せば

$$\boldsymbol{x}(t) = \{s\boldsymbol{I} - (\boldsymbol{A} + \boldsymbol{B}\boldsymbol{K}(s))\}^{-1}\boldsymbol{B}\boldsymbol{w}(t),$$

$$\boldsymbol{z}(t) = [(\boldsymbol{C} + \boldsymbol{D}\boldsymbol{K}(s))\{s\boldsymbol{I} - (\boldsymbol{A} + \boldsymbol{B}\boldsymbol{K}(s))\}^{-1}\boldsymbol{B} + \boldsymbol{D}]\boldsymbol{w}(t),$$

$$\boldsymbol{z}(t) = \left[(\boldsymbol{C}\boldsymbol{K}(s)^{-1} + \boldsymbol{D})\frac{1}{s}\boldsymbol{K}(s)\left\{\boldsymbol{I} - \frac{1}{s}(\boldsymbol{A}\boldsymbol{K}(s)^{-1} + \boldsymbol{B})\boldsymbol{K}(s)\right\}^{-1}\boldsymbol{B} + \boldsymbol{D}\right]\boldsymbol{w}(t) \tag{5.22}$$

積分器ベースのブロック図表現は**図 5.6** のようになる。

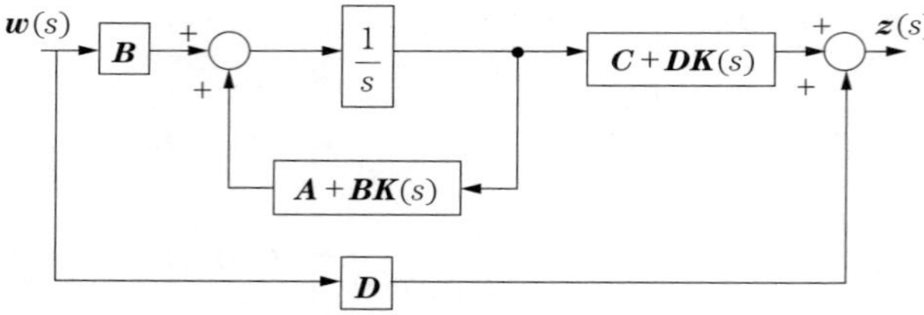

図 5.6　閉ループシステムの積分器ベース表現（ブロック図表現）

線形制御 $\boldsymbol{K}(s)$ を定係数行列 $\boldsymbol{K}$ に限定し，$\boldsymbol{w}(s)$ をゼロとした場合について，制御の評価をシステムの不確定性に対するロバスト安定性，すなわち内部安定性から状態変数の変動と操作の大きさを小さくするという最適性に置き換えた最適制御では閉ループ系の極配置や特性もよくすることで知られている。

その後で，先のロバスト制御の議論は概念的・一般的なものであったが，次節ではこれを低次の SISO 系に限定して，正規化することによって，基本的な積分単独（AI）制御や一歩進めて積分比例（IP）制御で実現し，ロバスト安定なパラメータの解析解を計算する具体的な方法を求めてみよう。MIMO 系や高次系については，正規化や条件を満たす対象へのローカルフィードバックによるパラメータ調整などさまざまな困難がある。

5.6 簡易ロバスト正規化 IP 制御

本節ではフィードバック要素に1次の不確定モデルを有する2次系について例示する。

① **制 御 対 象**　1次のセンサシグナルコンデショナ特性 $H(s)$ に不確定時定数 ε がある強プロパ（strictly proper）な（ここではゼロ点がない）二次モデル $G(s)$ を考える。

$$G(s) = \frac{K_0\omega_n^2}{s^2 + 2\varsigma\omega_n s + \omega_n^2}, \qquad H(s) = \frac{K_s}{\varepsilon s + 1} \tag{5.23}$$

② **正　規　化**　制御対象ゲイン K_0 とセンサゲイン K_s で割って，ゲインを正規化。

③ **IP 制御器の正規化**　つぎのように積分ゲインでくくった PI 制御が IP 制御。

$$C(\overline{s}) = \overline{K}_i\left(\frac{1}{\overline{s}} + \overline{p}\right) = \overline{K}_i\omega_n\left(\frac{1}{s} + \frac{\overline{p}}{\omega_n}\right) \tag{5.24}$$

④ **制御対象の正規化**

$$\overline{G}_0(s) = \frac{1}{K_s K_0}G(s)H(s) = \frac{\omega_n^2}{(\varepsilon s+1)(s^2 + 2\varsigma\omega_n s + \omega_n^2)},$$

$$\overline{s} \triangleq \frac{s}{\omega_n}, \qquad \overline{\varepsilon} = \omega_n\varepsilon \tag{5.25}$$

⑤ **閉ループ伝達関数**

$$W(\overline{s}) = \frac{\overline{K}_i(1 + \overline{ps})(\overline{\varepsilon s} + 1)}{\overline{\varepsilon s}^4 + (2\varsigma\overline{\varepsilon} + 1)\overline{s}^3 + (\overline{\varepsilon} + 2\varsigma)\overline{s}^2 + (\overline{K}_i\overline{p} + 1)\overline{s} + \overline{K}_i} \tag{5.26}$$

ゲインを正規化することによって，不確定な時定数 ε を有するフィードバック要素 $H(s)$ の H^∞ ノルムはつぎに示すように1となるから

(0) 不確定フィードバック要素のゲイン正規化の際に想定される変動の最大ゲインで正規化しておけば，その H^∞ ノルムは1以下にできる。

$$\overline{H}(j\omega)=\frac{1}{\varepsilon\omega j+1}, \qquad \overline{H}\overline{H}^{*}=\frac{1}{\varepsilon^{2}\omega^{2}+1}, \qquad \left|\sigma^{2}-\overline{H}\overline{H}^{*}\right|=0,$$

$$\sigma=\sqrt{\frac{1}{\varepsilon^{2}\omega^{2}+1}}, \qquad \left\|\overline{H}\right\|_{\infty}=\operatorname*{ess\,sup}_{\omega\in R}\overline{\sigma}[H(j\omega)]=1 \tag{5.27}$$

したがって

(1)　閉ループ伝達関数 $W(s)$ の H^{∞} ノルムも 1 以下にすれば，内部安定となる[†]。

固有角周波数でも正規化することによって，二次系部が不足減衰時のピーク位置も 1 に統一できるので，解析解を単純化できる。このように正規化することは本質的に重要である。

周波数伝達関数のゲイン曲線の定義はつぎのように H^{∞} ノルムと関係があるから

$$g_{w}(\omega)=20\log_{10}\left|W(j\omega)\right|=20\log_{10}\sigma_{w}^{2} \tag{5.28}$$

(2)　閉ループのゲイン曲線がどの ω でも 1 を越えなければ内部安定である。

また，積分制御が含まれているので，閉ループ伝達関数の周波数伝達関数のゲイン曲線は低周波数域において必ず 1 から開始される。すなわち，$g_w(0)=1$。また，制御対象は強プロパな二次系に制限したから比例項によるゼロ点が加わっても閉ループ伝達関数 $W(s)$ は強プロパな関数になり，$g_w(\infty)=0$。したがって，1 以下から始まって 0 で終わる曲線となり，

(3)　閉ループのゲイン曲線のすべての停留点のゲインが 1 以下であれば，内部安定である。

ここで，前提条件をまとめれば，(0) 強プロパなフィードバック要素を有する強プロパな制御対象が IP 制御によって制御されている，となる。

(ε, ξ) 平面において，$\overline{p}$ を変化させた場合のロバストループゲイン余裕をプロットした図がカバーの下の枠内の図である。さらに，その最悪ラインを示すことも有用である[43)]。

† ここでは $\omega=0$ の近傍は評価せず積分制御も有界とする。

5.7　パラメータ変動に対する PID 制御のロバスト安定

5.7.1　パラメータ変動対象に対する I-PD 標準二次系パラメータ調整

本節では，つぎのような一次系と二次系の制御対象表現の内部モデル調整[56]について述べる。電気回路の二次系についてはアナロジーを考慮してパラメータを置き換えればよい。

①　元の制御対象表現

$$G_1(s)=\frac{K}{Ts+1} \tag{5.29}$$

$$G_2(s)=\frac{1}{ms^2+cs+k} \tag{5.30}$$

②　正　規　化

$$\tilde{s}=Ts, \qquad k_1=\frac{1}{K} \tag{5.31}$$

③　正規化制御対象と正規化二次系への I-PD 調整器

$$G_1(\tilde{s})=\frac{1}{\tilde{s}+1}, \qquad C_1(\tilde{s})=\frac{\tilde{K}_i}{\tilde{s}}, \qquad C_2(\tilde{s})=K_p+\tilde{K}_d\tilde{s} \tag{5.32}$$

PD 先行フィードバック　$C_{22}(s)=K_p+K_d s$　(5.33)

④　閉ループ伝達関数

$$G_{c1}(\tilde{s})=\frac{\tilde{K}_i}{\tilde{s}^2+(\tilde{K}_i\tilde{K}_d+1)\tilde{s}+\tilde{K}_iK_p} \tag{5.34}$$

$$G_{c2}(s)=\frac{Ti}{s^2+Ti(c+K_d)s+Ti(k+K_p)} \tag{5.35}$$

⑤　調整器パラメータの選択

$$\tilde{K}_i=1, \qquad K_p=1, \qquad \tilde{K}_d=2\tilde{\zeta}-1 \tag{5.36}$$

$$K_p = 1 - k, \qquad K_d = 2\varsigma - c \tag{5.37}$$

⑥ 調整された内部モデル（元一次系（式(5.29)に対して））

$$G_{c1}(\tilde{s}) = \frac{1}{\tilde{s}^2 + 2\tilde{\varsigma}\tilde{s} + 1}, \qquad \tilde{w}_n = 1 \tag{5.38}$$

式(5.31)，(5.34)から既知のゲイン定数Kの変動に対してはk_1の適応調整によって，既知の時定数Tの変動に対しては，$\omega = \tilde{\omega}/T$のように閉ループ周波数伝達関数のボード線図における水平移動のみによって，また$K_i = 1/T$, $K_d = 0.414T$のように調整器パラメータの適応調整によって，所定の二次系に調整できる。正係数の二次系であるから，このシステムは正のパラメータ変動に対して不安定にならない。

ここで，$K_i = 1$および$K_d = 2\varsigma - 1$とし，Tiを1の周りの未知変動と仮定すれば，一次系（式(5.29)）および二次系（式(5.30)）の制御対象に対しても内部閉ループ伝達関数$G_c(s)$はつぎのようになる。

$$G_c(s) = \frac{Ti}{s^2 + 2\varsigma Tis + Ti} \tag{5.39}$$

この内部システムは任意の$Ti > 0$に対してロバスト安定，すなわち，これ

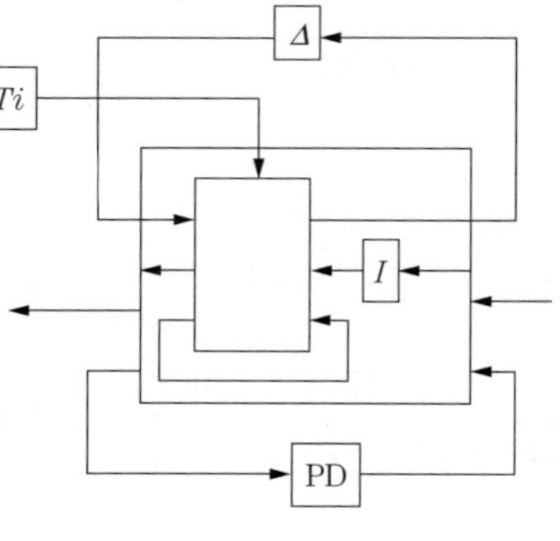

（a） 可変パラメータTiを含む一次系のLFT表現

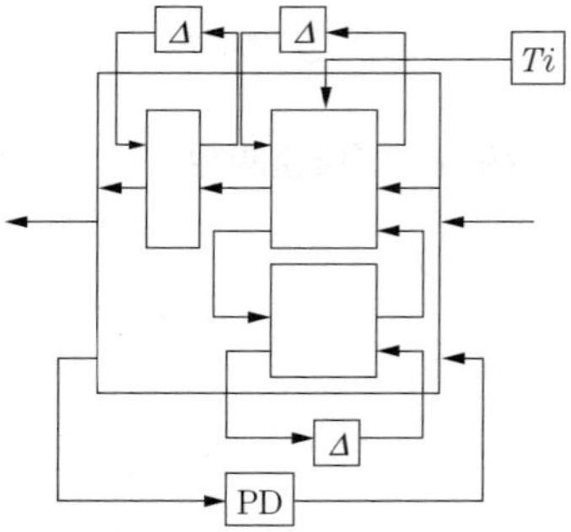

（b） 可変パラメータTiを含む二次系のLFT表現

図5.7 PDフィードバックによって調整された制御対象のLFT表現

が後で強ロバスト安定として参照される安定条件である。これに対して変動に 0 以上の条件が付く場合が弱ロバスト安定である。

これらの内部モデルのパラメータ調整法をパラメータ変動 Ti にモデル化誤差 $\varDelta$ も含めて LFT で表現すると**図 5.7** のようになる。ここでは主たる信号の流れは一般的な右から左とした。

5.7.2　パラメータ変動標準二次系に対する PID 制御の弱ロバスト安定

この内部モデルに対して，つぎの分離ゲイン型の PID 制御器を外側ループに用いれば

$$C_3(s)=\left(\bar{K}_p+\frac{\bar{K}_i}{s}+\bar{K}_d s\right) \tag{5.40}$$

未知変動パラメータ Ti を含むトータル伝達関数はつぎのように得られる。

$$G_c(s)=\frac{Ti(\bar{K}_d s^2+\bar{K}_p s+\bar{K}_i)}{s^3+Ti(\bar{K}_d+2\varsigma)s^2+Ti(\bar{K}_p+1)s+Ti\bar{K}_i} \tag{5.41}$$

その閉ループシステムに対して，フルビッツの安定判別法を用いれば，Ti の下限に依存するつぎの弱ロバスト安定条件が得られる。

$$\begin{aligned}&\exists\bar{\varsigma}>0,\quad \bar{K}_i>0,\quad \{[Ti_{\min},Ti_{\max}]\ \text{ s.t. }\ Ti\in[Ti_{\min},Ti_{\max}]>0\},\\&\{\varPsi_{weak}:(\bar{K}_p+1)(\bar{K}_d+2\bar{\varsigma})>\bar{K}_i\,/\,Ti_{\min}\}\end{aligned} \tag{5.42}$$

もし，1 の周りで変動する Ti が，与えられた $\bar{\varsigma}>0$，$\bar{K}_i>0$ に対してつぎの不等式を満足するならば，K_p–K_d 正四分平面の任意の点は弱ロバスト安定である。

$$\{\varPsi_{weak/origine}:Ti_{\min}>\bar{K}_i(2\bar{\varsigma})>0\} \tag{5.43}$$

IP 制御に対しては，弱ロバスト安定限界線はつぎの領域のように K_i–K_p 平面で得られる。

$$\exists \bar{\varsigma} > 0, \quad \bar{K}_d = 0, \quad \{[Ti_{\min}, Ti_{\max}] \quad \text{s.t.} \quad Ti \in [Ti_{\min}, Ti_{\max}] > 0\},$$
$$\{\Psi_{weak} : \bar{K}_p > (\bar{K}_i / Ti_{\min}) / (2\bar{\varsigma}) - 1\} \tag{5.44}$$

5.7.3　ロバスト安定領域における格子点探索

本節ではパラメータ変動に対するゲイン余裕 GM および位相余裕 PM について検討する。

図 5.8 は弱ロバスト安定限界線を示したものであり，実線はシミュレーションによるものである。K_d は大きくし過ぎると非単調でノイズに敏感になるので好ましくない。さらに，図の K_p-K_d 平面には 3 × 3 探索格子点を実線円で記載し，6 × 6 補間格子点を破線円で記載している。

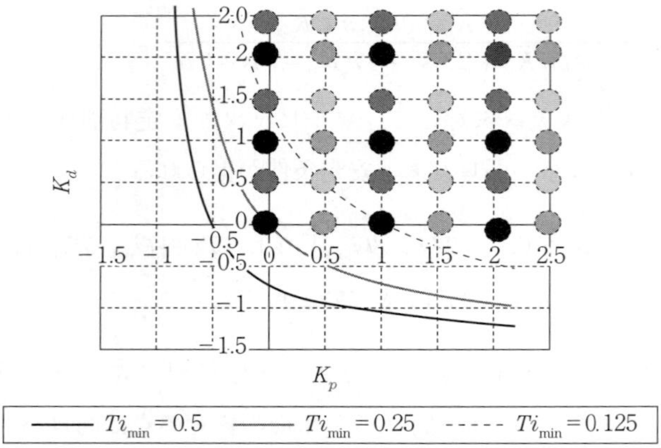

図 5.8　ロバスト安定限界線（K_p-K_d パラメータ平面）

パラメータ Ti 変動に対するナイキスト安定の十分条件であるゲイン余裕および位相余裕を調べたものが**図 5.9** である。パラメータ Ti 変動に対して，ゲイン余裕がなめらかに変化するのに対して，位相余裕は特定の点でジャンプしていることに注意が必要である。

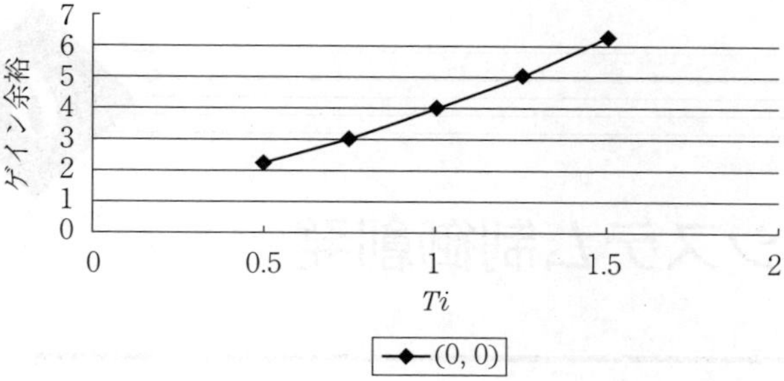

（a） ゲイン余裕

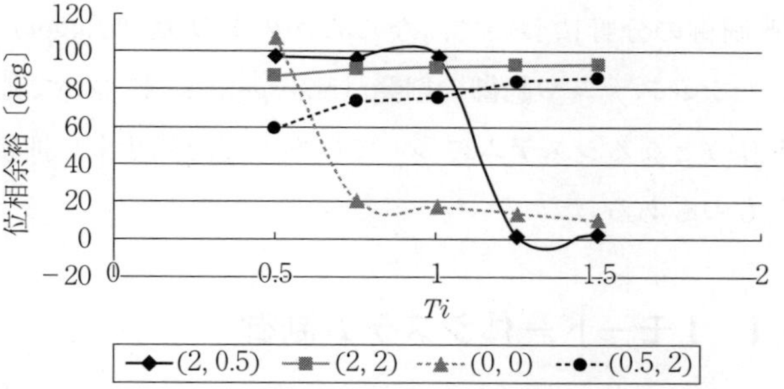

（b） 位相余裕

図 5.9 パラメータ Ti 変動に対するゲイン余裕および位相余裕

章 末 問 題

【1】 つぎの行列の H^∞ ノルムを求めよ。

$$\boldsymbol{A} = \begin{bmatrix} \dfrac{1}{j\omega+1} & \dfrac{1}{4j\omega+1} \\ \dfrac{1}{2j\omega+1} & \dfrac{1}{3j\omega+1} \end{bmatrix} \tag{5.45}$$

【2】 つぎの場合の感度関数 S および相補感度関数 T を求めよ。

$$G(s) = \frac{K}{Ts+1}, \qquad H(s) = 1, \qquad C(s) = \frac{K_i}{s} \tag{5.46}$$

6 システム制御創発

本章ではシステムと制御の分野において，なんらかの**トリガ**（trigger）によって起こり得る，新たなシステムや制御の**創発**（emergence）について述べる。本書の中にあるトリガとなるシステムについてはあえて記載せず，抽象化による一般化を狙ったものもある。

6.1　4モード一体システム制御

一般にシステムは入力や出力との結合性という意味で，4章のオブザーバ付きレギュレータのようにつぎの最初の二つのモード以外に，それにつづくさらに二つを加えた合計四つのモードがあり得る。同じ伝達関数でありながら実現の仕方によって可制御性・可観測性が変化する場合もある。これらのモードを組み合わせてモード切替え方法を考案分類していくことによって新たなシステムが創発していく。

（1）　可制御かつ可観測モード

（2）　不可制御かつ不可観測モード

（3）　不可制御モード

（4）　不可観測モード

これらのモードの関連性も問題によって種々あり得るであろうが，その考え得る一例として，上記の4モード組合せ創発の例をつぎの**図 6.1** に示す。

4章で示したように，同じ伝達関数でも可制御正準形や可観測正準形など実現の仕方によって，不可制御性・不可観測性の条件がゼロ点の位置によって変

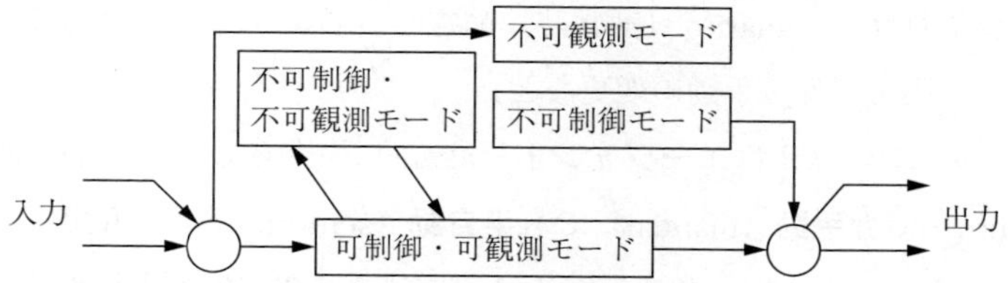

図6.1　4モード一体システムの3モード切替アーキテクチャ

化する場合がある。対角正準形実現による不可観測モードおよび不可制御モードも独立に存在するだけではなく，上図のアーキテクチャのように4モード一体システムにして3モードを切り替えて使用することがあり得る。つまり，入力ラインをつないで出力ラインを切断して状態のみ変化させる不可観測モードで使用する場合，逆に，入力ラインを切断して出力ラインをつないで状態と出力を変化させる不可制御モードで使用する場合，さらに入力ラインも出力ラインもつないで，入力によって出力まで変化させる可制御・可観測モードで使用する場合の三つである。こうしてサブセットが創発する。

これらの切替え法としては，上記のような物理的な方法以外に，一部4章でも示したが，問題によっては，つぎのようなシステム的な方法もある。

(1)　可観測正準形実現では不可制御になる場合は，可制御正準形実現にすれば可制御になる。逆の場合も同様である。

(2)　レギュレータで極配置を変えてゼロ点との関係性を変えることで可制御可観測にする。しかし，不可制御部分空間にある極は移動できない。

さらに，これらのモード切替えの条件も，つぎの例のようにいくつも考え出せる。

(1)　時間帯（昼間は不可観測，夜間は不可制御，朝夕は可制御・可観測モードなど）

(2)　時限（3時間不可観測，1時間可制御・可観測，3時間不可制御，12時間休止など）

(3)　条件（需要と供給や利益とコストの関係や評価条件，状態や環境状況条件など）

(4)　**シナリオ**（scenario）（通常時，節電時，および事故時の切替えの時間帯・時限・条件・手動の変更など）

ここでいうシナリオは**エージェント**（agent）の介在の有無にかかわらず，**自動**（auto）でも**手動**（manual）でも**半自動**（semi−auto）でも想定された台本に基づくものであるが，将来はシナリオを越えて想定外の事故や節電にも対応することが望まれている。自動・手動モードの切替えも広範なシステム制御に対応していかなくてはならない。

一つの方向性としてはエージェントの訓練（training）による対応能力の強化（reinforcement）と学習（learning）が指摘されている。このような目標に向かって努力することによって，エージェント論や知能システム制御への水平展開が創発していく。

6.2　PD 簡易状態観測器付き LQR および PD 簡易目標値予測器

従来からあったつぎの三つの制御技術がそろったとき，レギュレータによる I-PD 型制御とも異なる新たなシステム制御が創発する（**図 6.2**）。

(1)　低次系の場合，位相変数を状態変数と仮定し，計測できる出力が第 1 状態ならば，上記の不可制御不可観測オブザーバの代わりに PD 簡易状

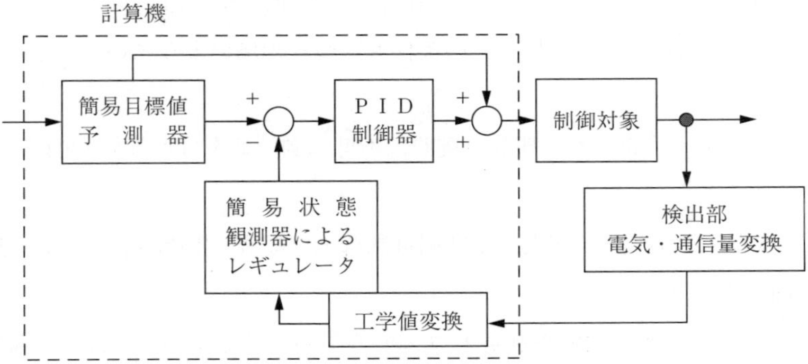

図 6.2　簡易観測器レギュレータによる簡易目標値予測器

態観測器を使用してレギュレータを構成するという案が成立する。さらに，計測できる出力が第2状態の場合には第1，第3，第4状態のためにIPD簡易観測器を使用するという案が成立する。

(2) ボイラ制御では給電指令所からのMWD（megawatt demand，目標値）に対して，BID（boiler input demand，比例項に相当）およびBIR（boiler input ratio，微分項に相当）を構成して燃料および給水などの諸量を制御して，激しい負荷変化に対応する。これはPD簡易予測器によって，目標値予測を行っていると解釈できる。

(3) 2自由度制御の一種として，PID制御に加えて，目標値フィルタを設計して，定常特性と制御性を改善する。

6.3 機械系と電気系のアナロジー

すでに，2章で単振り子の自律振動と電気回路の自律振動が類似していることを見てきた。このような電気回路との類似性は本節で示すようにマス・ダンパ・ばねから成る機械系においても成立する。これらの機械要素は電気回路の受動要素であるコイル・抵抗・コンデンサに対応するため，これらの要素からなる機械系を**機械回路**と呼び，それらの類似性を電気回路との**アナロジー**（analogy）という。

このアナロジー問題を，本来あるべき2章ではなく6章にもって来ている理由は，問題によっては新たなシステムが創発したり，新たな解法が創発することがあるからである。

〔1〕 **1自由度の場合**　式(2.32)の1ループの電気回路の基礎式は電荷をxとして2階の微分方程式に書き直せば，つぎのように各項そろった線形系で2次減衰振動系が記述できる。

$$L\frac{d^2x(t)}{dt^2}+R\frac{dx(t)}{dt}+\frac{1}{C}x(t)=v_{in}(t) \tag{6.1}$$

同様に機械系で各項そろった相似形の2次減衰振動式をつくってみれば，式

(6.1)のような線形の式になる。各要素定数は L と M, R と D, $1/C$ と K が対応する。

$$M\frac{d^2x(t)}{dt^2}+D\frac{dx(t)}{dt}+Kx(t)=f_{inx}(t) \tag{6.2}$$

ここでは，空気抵抗や摩擦のような非線形項は省略していて実際の機械振動とは異なることに注意してほしい。構成図（機械回路図）を考えてみると，**図6.3**のような質量 M〔kg〕のマスを減衰係数 D〔N･s/m〕のダンパと剛性係数（ばね定数）K〔N/m〕のばねで天井からぶら下げた形になる。外力として力 f_{inx}〔N〕がマスにかかる。

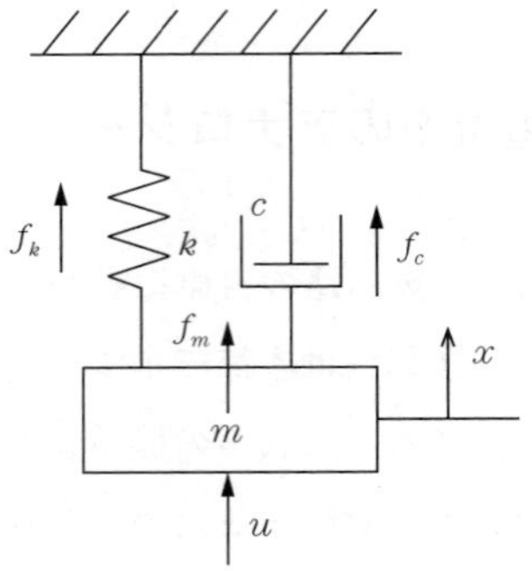

図6.3　2次減衰振動系の機械回路

実際，電気回路のようにして，この機械系を考えてみると，各受動要素ごとに力（電圧）と速度（電流）の間にはオームの法則の交流版のようなものが成立する。すなわち，「力は速度と**機械インピーダンス**（mechanical impedance）の積に等しい。」

$$f_M(t)=M\alpha(t)=M\frac{d}{dt}v(t)=M\frac{d^2}{dt^2}x(t)=Msv(t),$$

$$f_D(t)=Dv(t)=D\frac{d}{dt}x(t)=Dsx(t),$$

$$f_K(t)=Kx(t)=K\int v(t)dt=\frac{K}{s}v(t) \tag{6.3}$$

これらの式の最初の関係式はマスについてのニュートンの運動方程式，第3

式はばねについての**フックの法則**として知られているが，変数を力と速度に統一すれば，すべての式はオームの法則とみなせる。したがって，外力（電源電圧）と釣り合う各受動要素の抵抗力（電圧降下）の和には**キルヒホッフの電圧法則**のようなものが成立する。すなわち，「外力はそれと釣り合う抵抗力の和に等しい。」

$$f_M(t)+f_D(t)+f_K(t)=f_{inx}(t) \tag{6.4}$$

式(6.3)の x に関する式を式(6.4)に代入すれば，式(6.2)が得られる。

ただし，外力が0のときのマスの重力によるばねの抵抗力との静的バランス状態からの外力による変動を考えているので，垂直方向の式にも重力加速度が出てこないことに注意してほしい。機械系の場合は振動の減衰の原因はダンパによる粘性減衰であり，ダンパがなくマスとばねのみの振動ならば，持続振動を起こす。電気振動の場合も振動の減衰の原因は抵抗による電流減衰であり，抵抗がなくコイルとコンデンサのみの振動ならば，持続振動を起こす。

これらの機械回路の電気回路とのアナロジーを表2.1のようにまとめると**表6.1**のようになる。また，電気回路と機械回路の受動要素のアナロジーをまとめると**表6.2**のようになる。しかし，これらは概念的・物理的なアナロジーで，ダイナミクスのアナロジーではない。ダイナミクスの場合には状態方程式のようにモニックにして，標準二次系に直して，**表6.3**のようなアナロジーにしな

表6.1　機械回路の各受動要素のオームの法則などのまとめ

	ダンパ	ばね	マス
特性パラメータと単位	D〔N・s/m〕	K〔N/m〕	M〔kg〕
機械インピーダンス	D〔Ω〕	K/s〔Ω〕	Ms〔Ω〕
オームの法則	$f=v\cdot D$	$f=v\cdot \dfrac{K}{s}$	$f=v\cdot Ms$
力の位相 速度の位相	変化なし 変化なし	90° 遅れ 90° 進み	90° 進み 90° 遅れ
微分演算子法 微分関係式	$f(t)=D\cdot v(t)$	$\dot{f}(t)=K\cdot v(t)$	$\dot{v}(t)=\dfrac{1}{M}\cdot f(t)$

表 6.2　電気回路と機械回路の変数と要素パラメータのアナロジー

種　別	外力	状態	パラメータ		
電気回路	V	x, i	L	R	$1/C$
機械回路	f	x, v	M	D	K

表 6.3　電気回路と機械回路の標準二次系パラメータのアナロジー

回路種別	ゲイン定数 k	減衰係数 ζ	固有角周波数 ω_n
電気回路	C	$\dfrac{R}{2}\sqrt{\dfrac{C}{L}}$	$\sqrt{\dfrac{1}{LC}}$
機械回路	$\dfrac{1}{K}$	$\dfrac{D}{2}\sqrt{\dfrac{1}{MK}}$	$\sqrt{\dfrac{K}{M}}$

ければならない。

二次の標準系での状態方程式はつぎのように可制御標準系になる。

$$\begin{bmatrix} \dfrac{d}{dt}x_1(t) \\ \dfrac{d}{dt}x_2(t) \end{bmatrix} = \begin{bmatrix} 0 & 1 \\ -\omega_n^2 & -2\xi\omega_n \end{bmatrix} \begin{bmatrix} x_1(t) \\ x_2(t) \end{bmatrix} + \begin{bmatrix} 0 \\ k\omega_n^2 \end{bmatrix} u(t) \tag{6.5}$$

ここで，$u(t)$ が外力であり，$x_2(t)$ は $x_1(t)$ の導関数（位相変数）を用いた表 6.2 の状態変数である。この標準状態方程式は機械・電気にかかわらず，すべての標準二次線形系の可制御正準系であるから，回路アナロジーもすべての系に存在するが，機械回路のときのように，非線形項を無視した理想的なものである。

〔2〕 **2 自由度の場合**　図 2.4 の 1 ループの LRC 回路を 2 ループ 2 電源にし，**図 6.4** のように構成してみよう。電源は最初は直流とし，各ループ電流はいつものように右回りを仮定して，電流の向きに合うように電源に矢印を付けてから交流に変更しておく。

このような電気回路は必要に応じて作成されたものではなく，つぎの移動型の 2 慣性機械系のアナロジーとして構成したもので一種のシステム創発である。したがって，電気回路特有の制限事項は無視している。

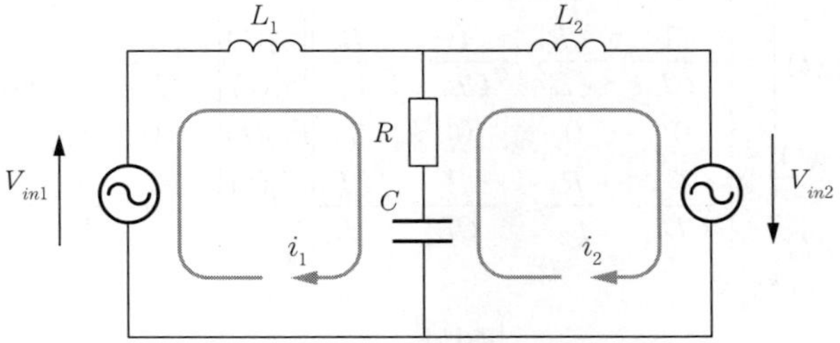

図 6.4　2 ループ 2 電源 *LRC* 二次振動回路

モデリング手法として電気回路の基本法則を機械回路に援用するために，ここでは**図 6.5** の機械回路より先に扱っている。

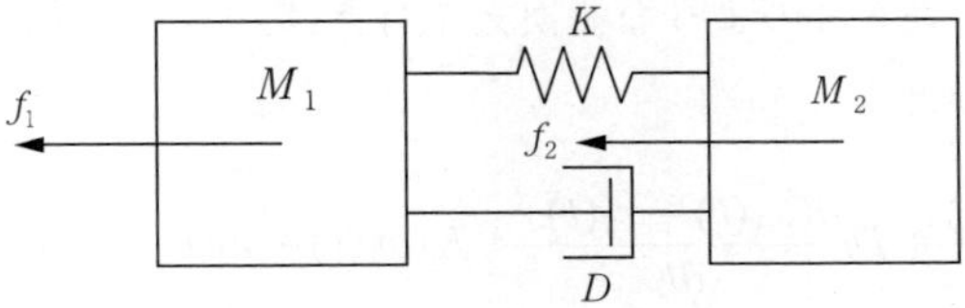

図 6.5　2 慣性直進機械系

交流の場合でも 2 電源以上では同じ周波数の場合には位相のずれが生じることがあるので，同位相の電圧・電流の向きを仮定する必要がある。

この電気回路の基礎微分方程式から状態方程式表現まで導出するとつぎのようになる。誘導は各自確かめよ。

$$L_1\frac{d^2x_1(t)}{dt^2}+R\frac{d(x_1(t)-x_2(t))}{dt}+\frac{1}{C}(x_1(t)-x_2(t))=V_1(t),$$

$$L_2\frac{d^2x_2(t)}{dt^2}+R\frac{d(x_2(t)-x_1(t))}{dt}+\frac{1}{C}(x_2(t)-x_1(t))=V_2(t) \qquad (6.6)$$

状態方程式に直せばつぎのようになる。

$$
\begin{bmatrix} \dfrac{d}{dt}x_1(t) \\ \dfrac{d}{dt}i_1(t) \\ \dfrac{d}{dt}x_2(t) \\ \dfrac{d}{dt}i_2(t) \end{bmatrix} = \begin{bmatrix} 0 & 1 & 0 & 0 \\ -\dfrac{1}{CL_1} & -\dfrac{R}{L_1} & \dfrac{1}{CL_1} & \dfrac{R}{L_1} \\ 0 & 0 & 0 & 1 \\ \dfrac{1}{CL_2} & \dfrac{R}{L_2} & -\dfrac{1}{CL_2} & -\dfrac{R}{L_2} \end{bmatrix} \begin{bmatrix} x_1(t) \\ i_1(t) \\ x_2(t) \\ i_2(t) \end{bmatrix} + \begin{bmatrix} 0 & 0 \\ \dfrac{1}{L_1} & 0 \\ 0 & 0 \\ 0 & \dfrac{1}{L_2} \end{bmatrix} \begin{bmatrix} V_1(t) \\ V_2(t) \end{bmatrix},
$$

$$
\begin{bmatrix} y_1(t) \\ y_2(t) \end{bmatrix} = \begin{bmatrix} \dfrac{1}{C} & 0 & -\dfrac{1}{C} & 0 \\ 0 & R & 0 & -R \end{bmatrix} \begin{bmatrix} x_1(t) \\ i_1(t) \\ x_2(t) \\ i_2(t) \end{bmatrix} \tag{6.7}
$$

ただし，出力は共通部要素の電圧とした。標準系には各自変換せよ。

つぎに１自由度のときと同様に機械回路のアナロジーを考えてみると，式(6.6)において，表6.3のような置換えを行えば，つぎの２階微分方程式が得られる。

$$
M_1\frac{d^2x_1(t)}{dt^2} + D\frac{d(x_1(t)-x_2(t))}{dt} + K(x_1(t)-x_2(t)) = f_1(t) \tag{6.8}
$$

$$
M_2\frac{d^2x_2(t)}{dt^2} + D\frac{d(x_2(t)-x_1(t))}{dt} + K(x_2(t)-x_1(t)) = f_2(t) \tag{6.9}
$$

ここでは，空気抵抗や摩擦のような非線形項は省略していて実際の機械系とは異なることに注意してほしい。構成図（機械回路図）を考えてみると，つぎの図のような質量 M〔kg〕のマスを二つ減衰係数 D〔N·s/m〕のダンパと剛性係数（ばね定数）K〔N/m〕のばねで挟んだ形になる。外力として力 f_1〔N〕，f_2〔N〕がそれぞれのマスに同じ方向にかかる１次元問題の形になる。ただし，ロケットの燃料のようにマスは変化しないので，電動無抵抗１次元連結移動体の創発があり得る。

各変位の導関数を状態変数に追加すれば，つぎの状態方程式が得られる。

$$\begin{bmatrix} \dfrac{d}{dt}x_1(t) \\ \dfrac{d}{dt}v_1(t) \\ \dfrac{d}{dt}x_2(t) \\ \dfrac{d}{dt}v_2(t) \end{bmatrix} = \begin{bmatrix} 0 & 1 & 0 & 0 \\ -\dfrac{K}{M_1} & -\dfrac{D}{M_1} & \dfrac{K}{M_1} & \dfrac{D}{M_1} \\ 0 & 0 & 0 & 1 \\ \dfrac{K}{M_2} & \dfrac{D}{M_2} & -\dfrac{K}{M_2} & -\dfrac{D}{M_2} \end{bmatrix} \begin{bmatrix} x_1(t) \\ v_1(t) \\ x_2(t) \\ v_2(t) \end{bmatrix} + \begin{bmatrix} 0 & 0 \\ \dfrac{1}{M_1} & 0 \\ 0 & 0 \\ 0 & \dfrac{1}{M_2} \end{bmatrix} \begin{bmatrix} f_1(t) \\ f_2(t) \end{bmatrix} \tag{6.10}$$

ただし，出力は平均変位および速度とした。後ろが前を抜けないなどの問題特有の制限事項は無視している。位置出力の伝達関数行列はつぎのようにマスごとに比較的容易に得られ，入出力間には大きな干渉がある。

$$\begin{gathered}
(s^2+T_{i1}Ds+T_{i1}K)x_1(t)=(T_{i1}Ds+T_{i1}K)x_2(t)+T_{i1}f_1(t), \\
(s^2+T_{i2}Ds+T_{i2}K)x_2(t)=(T_{i2}Ds+T_{i2}K)x_1(t)+T_{i2}f_2(t), \\
\begin{bmatrix} x_1(t) \\ x_2(t) \end{bmatrix} = \begin{bmatrix} 1 & -\dfrac{T_{i1}Ds+T_{i1}K}{s^2+T_{i1}Ds+T_{i1}K} \\ -\dfrac{T_{i2}Ds+T_{i2}K}{s^2+T_{i2}Ds+T_{i2}K} & 1 \end{bmatrix}^{-1} \begin{bmatrix} \dfrac{T_{i1}}{s^2+T_{i1}Ds+T_{i1}K} & 0 \\ 0 & \dfrac{T_{i2}}{(s^2+T_{i2}Ds+T_{i2}K)} \end{bmatrix} \begin{bmatrix} f_1(t) \\ f_2(t) \end{bmatrix}, \\
\begin{bmatrix} x_1(t) \\ x_2(t) \end{bmatrix} = \begin{bmatrix} \dfrac{T_{i1}}{s^2+T_{i1}Ds+T_{i1}K} & \dfrac{T_{i1}Ds+T_{i1}K}{s^2+T_{i1}Ds+T_{i1}K}\dfrac{T_{i2}}{(s^2+T_{i2}Ds+T_{i2}K)} \\ \dfrac{T_{i2}Ds+T_{i2}K}{s^2+T_{i2}Ds+T_{i2}K}\dfrac{T_{i1}}{s^2+T_{i1}Ds+T_{i1}K} & \dfrac{T_{i2}}{(s^2+T_{i2}Ds+T_{i2}K)} \end{bmatrix} \begin{bmatrix} f_1(t) \\ f_2(t) \end{bmatrix}
\end{gathered} \tag{6.11}$$

長い剛体にせずに２慣性の連結系にした理由を考えてもらえれば，非干渉制御の必要性も創発する。２慣性の役割分担を考えれば振動制御が創発する。

現在のエネルギー事情で重要なアナロジー問題としては２章に示したバッテリーの充放電に対応する機械系の揚水発電があるが，問題は複雑であり，機械系としての正確なモデリングは本章では省略する。しかし，ゲインや時定数などのパラメータを合わせれば簡易数値シミュレータとして電気系モデルを使える。ゲイン比や時定数比を把握して，結果を変換できれば，数値シミュレータだけでなく高速実験シミュレータとしての使い道もある。

6.4　実数回積分ベースシステム創発

本節では3章，5章のLFT表現で示唆した積分ベースの拡張によるシステム創発のために**実数回積分**の公式について示す。

微分の後退差分近似を用いれば n 回微分や n 回積分の離散近似公式が得られ，この n を実数化すれば実数回微分や実数回積分の離散近似公式が得られる。ここでは，$n=-0.5$，$n=1$ の例を示す。

$$s=\frac{1-\dfrac{1}{z}}{h},\qquad s^2=\frac{\left(1-\dfrac{1}{z}\right)^2}{h^2},\qquad s^n=\frac{\displaystyle\sum_{r=0}^{n}(-1)^r_n C_r\left(\frac{1}{z}\right)^r}{h^n} \tag{6.12}$$

$$\frac{1}{s^n}=h^n\sum_{r=0}^{N}(-1)^r_{-n}C_r\left(\frac{1}{z}\right)^r=h^n\sum_{r=0}^{N}\frac{n(n+1)\cdots(n+(r-1))}{r!}\left(\frac{1}{z}\right)^r \tag{6.13}$$

$$s^{-0.5}=h^{0.5}\left\{1+\frac{1}{2}\frac{1}{z}+\cdots+\frac{\dfrac{1}{2}\cdot\dfrac{3}{2}\cdot\dfrac{5}{2}\cdots\dfrac{(2N-1)}{2}}{N!}\left(\frac{1}{z}\right)^N\right\} \tag{6.14}$$

$$s=\frac{1}{h}\left(1+\frac{1}{2}\frac{1}{z}\right)^2=\frac{1}{h}\left\{1+\left(\frac{1}{z}\right)+\frac{1}{4}\left(\frac{1}{z}\right)^2\right\} \tag{6.15}$$

特に，この微分演算子の差分演算子近似を用いれば，連続系の伝達関数から離散系の精度を上げた近似パルス伝達関数が得られる。

$$G(s)=\frac{K}{Ts+1} \tag{6.16}$$

$$G(z)=\frac{(Kh/T)z^2}{z^2+z+0.25+1/T} \tag{6.17}$$

6.5 ループ積分制御による非干渉化

4章の積分器付きレギュレータを2入力2出力系に拡張すると，**図6.6**のように積分器ベースブロック図で表現できる。

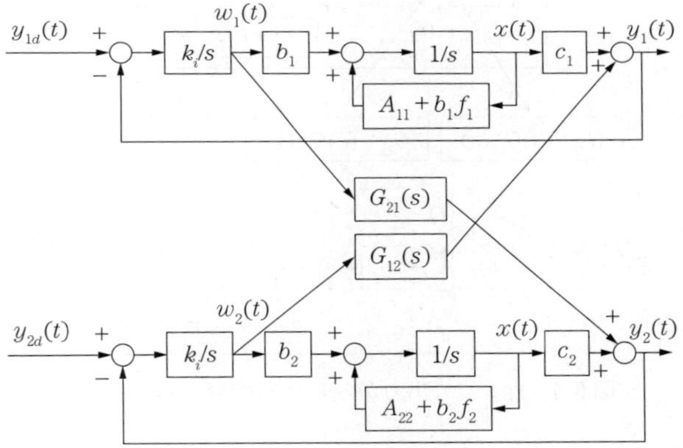

図6.6 2入力2出力系のループごと積分器付きレギュレータシステム構成図

各入力から各出力への伝達関数を行列の成分表現で定義して書き換えていけば，つぎのように加算点変数 $v_1(t)$，$v_2(t)$ と入力変数 $u_2(t)$，$u_1(t)$ の間のクロス伝達関数が求まる。

$$
\begin{aligned}
y_1(t) &= G_{11}(s)u_1(t) + G_{12}(s)u_2(t),\\
y_2(t) &= G_{21}(s)u_1(t) + G_{22}(s)u_2(t)
\end{aligned}
\tag{6.18}
$$

$$
\begin{aligned}
y_1(t) &= G_{11}(s)u_1(t) + G_{11}(s)G_{11}(s)^{-1}G_{12}(s)u_2(t),\\
y_2(t) &= G_{22}(s)G_{22}(s)^{-1}G_{21}(s)u_1(t) + G_{22}(s)u_2(t)
\end{aligned}
\tag{6.19}
$$

$$
\begin{aligned}
v_1(t) &= G_{11}(s)^{-1}G_{12}(s)u_2(t),\\
v_2(t) &= G_{22}(s)^{-1}G_{21}(s)u_1(t)
\end{aligned}
\tag{6.20}
$$

これらの式(6.20)を用いれば，つぎのようにクロス伝達関数の加算点を各ループの出力部（図6.6）から入力部（**図6.7**）へ移動させることができる。加算点をブロック図の後ろへ移動させた場合は，このようにまたいだ伝達関数 G_{11}，G_{22} の逆関数が前に付く。

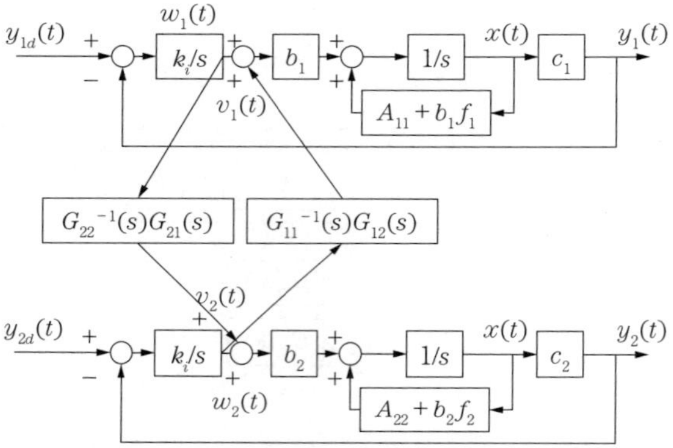

図6.7　加算点の出力から入力への移動系の構成図

やはり4章の積分制御の入力外乱に対する定常影響排除特性の誘導式より，それぞれの入力外乱生成伝達関数が積分を含まないプロパ伝達関数なら u_2 のステップが v_1 のステップ外乱に，u_1 のステップが v_2 のステップ外乱になり，そのそれぞれの出力への定常影響排除（定常非干渉）特性を実現できる。これも組合せ拡張による創発の一種である。

6.6　方向制限装置と出力制限装置

3章のサーボ機構における特定ウォームギア減速機とクラッチギアによる方向制限と出力制限の例のような外乱絶縁装置と安全装置は，サーボ機構以外にも種々開発されている。分野によって多少意味が異なるが**表6.4**にその一部を示す。

これらの例から，その他の分野およびその他の装置への創発的進展が望まれ

表 6.4　方向制限装置と出力制限装置

	サーボ機構	電子部品	プラント	化学反応
方向制限装置	セーフテイ ロックウォーム ギア減速装置	ダイオード	逆止弁	半透膜
出力制限装置	クラッチギア （セーフテイ ギア）	ツェナー ダイオード	安全弁	反応阻害剤

る。

6.7　シーケンスの集中と分散

本節では1章のシーケンス制御のフィードバックの例として取り上げたエレベータの例をもう少し詳しく検討することによって，シーケンス制御の集中と分散問題やプログラムアーキテクチャにおける**相互創発**問題を指摘する。

表1.1は，フロワのトリガ，エレベータの状態，および籠中の乗員もしくは重量などのすべてを見ている1台の**集中コンピュータ**の視点になっている。

それに対して，1章から移動してきた**図6.8**の**状態遷移図**は，各エレベータごとに定義した状態が遷移するための複数の条件を集めてくるという**分散コンピュータ**の視点になっている。詳細は長谷川の「標準自動制御」（実教出版）

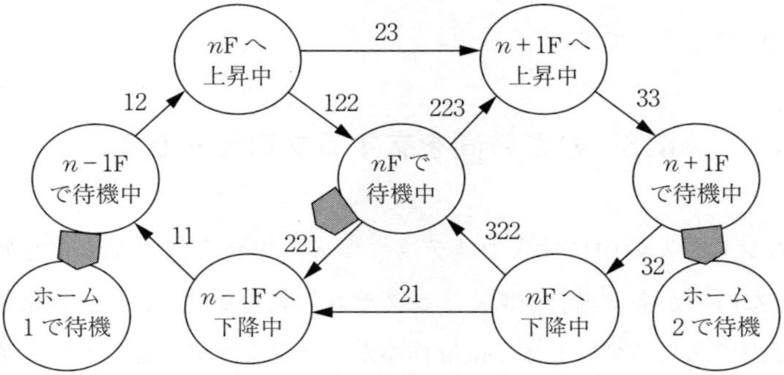

図 6.8　3階層状態遷移図（一時停止状態を省略）

を参照してほしい[8]。

これはノードにエレベータの遷移する状態を書き，有向矢印上に遷移条件を書いたものである。この条件量が多いと見づらいので図では番号のみとし，その内容を**表6.5**にまとめた。この表は1台のエレベータの場合に遷移条件の一部をまとめたものである。なお，端の階では異なるので注意が必要である。

表6.5 状態遷移条件の一部

番号	1台の遷移条件
11	（$n-1$F 以上のフロアから昇り呼出しもしくは籠内で $n-1$F 以上の行先指定）なし，および（nF での呼出しもしくは nF への行先指定によって停止後籠内無人になって a 分以上経過しても呼出し）なし
12	最初に nF 以上のフロアから昇り呼出しもしくは籠内で nF 以上の行先階指定
23	（$n+1$F 以上のフロアから昇り呼出しもしくは籠内で $n+1$F 以上の行先指定）および（nF での昇り呼出しがない，もしくは下り呼出しがあっても有人，もしくは満員か満重量）
122	（$n+1$F 以上のフロアから昇り呼出しもしくは籠内で $n+1$F 以上の行先指定）なし，および（nF での呼出しもしくは nF への行先指定によって停止後籠内無人になって a 分以上経過しても呼出し）なし
221	最初に nF 以下のフロアから下り呼出しもしくは籠内で nF 以下の行先階指定

表1.1のアクションテーブルを作成することは遷移条件を考える上で有用であり，逆に表6.5の遷移条件表を作成することはアクションテーブルを考える上で有用であるから，これら二つの表は相互創発の関係にある。

これらの表や図表現はプログラムのアーキテクチャとの間における相互創発という意味でも重要である。

6.8 むだ時間を有するプロセス制御

種々のシステムの中には入力ステップが入ってから出力が変化し始めるまで，むだな時間がある場合がある。システムの入力部にある場合には輸送遅れなどが原因であり，プロセスでは操作端からタンクまでの配管が作動流体の輸送遅れとなる。最も簡易的には**一次遅れ**と**むだ時間**の組合せでモデル化される

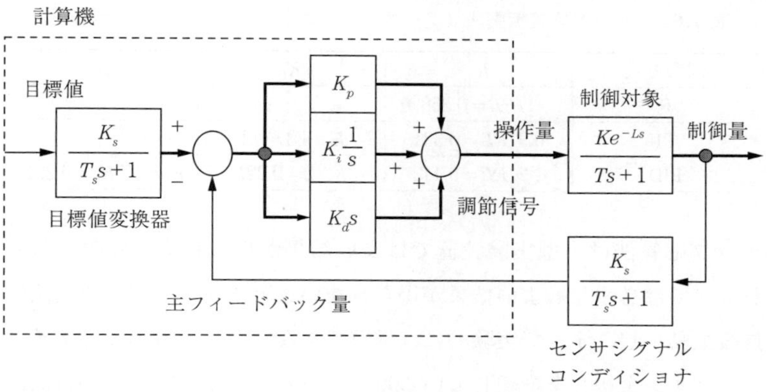

図 6.9　むだ時間と一次遅れ系の独立型 PID 計算機制御

ことが多く，その伝達関数は**図 6.9** の制御対象部のように記述される。

そのようなプロセスのアナログ PID 制御のパラメータ調整則は Ziegler-Nicols によって**ステップ応答法**と**限界感度法**の二つの経験則が研究されているが，比例帯，積分時間，あるいは微分時間を用いる従属型の PID 制御に対するものであった。最近の計算機制御ではつぎの図 6.9 に示すような自由に比例，積分，微分の各ゲイン K_p，K_i，K_d の調整ができる独立型 PID 制御が使われることが多い。

1)　開ループステップ応答からゲイン K と時定数 T〔s〕とむだ時間 L〔s〕を求める。

・ゲ イ ン K ＝出力の定常変化量 / 入力ステップ量（無次元量ではない）

・時 定 数 T ＝むだ時間終了後，出力の定常変化量の 63.2% に達する時間

・むだ時間 L ＝入力ステップが入ってから出力変化が始まるまでの時間

2)　開ループステップ応答で求めたゲイン K と時定数 T から傾き $R=T/K$ を求める。**表 6.6** の計算式に従って各ゲインを求める（K_p は各行左端）。

例　題　$K=3.15$，$T=11.06$〔s〕，$L=1$〔s〕，$R=2.72$ のとき，各ゲインを求めよ。

【解答】　表 6.6 参照。

表 6.6　ステップ応答調整法（ジーグラ・ニコルスの調整法の独立型修正）

制御方式	K_p	K_I	K_D
P	$1/RL=0.368$		
PI	$0.9/RL=0.331$	$K_p/3.3=0.1$	
PID	$1.2/RL=0.442$	$K_p/2=0.221$	$K_D=0.5K_p=0.221$

ステップ応答法は小型実験装置ではよい結果が得られるものの，シミュレーションでは必ずしもよい結果が得られないことがある。限界感度法はいったん持続振動を起こす点で実験的には推奨できないが，理論的にはゲインを半分にしてゲイン余裕 2 を推奨している点で，ロバスト安定の観点から面白い創発が期待できる。

むだ時間伝達関数は線形演算子ではないが，次式の**パデ近似**（右零点を有するため逆応答が起こる）や重根近似などによって線形近似できて 4 章の最適レギュレータや LQG（カルマンフィルタによって状態推定を行う最適レギュレータ）も構成でき，比較的よい結果が得られる。z 変換とラプラス変換の関係式からディジタル制御への発展的創発も期待できる。

$$\frac{1}{z}=e^{-hs}\cong\frac{(1-0.5hs)}{(1+0.5hs)} \qquad \text{（1 次のパデ近似）} \tag{6.21}$$

$$\frac{1}{z}=e^{-hs}\cong\frac{1}{\left(\dfrac{h}{n}s+1\right)^{n}} \qquad \text{（一次遅れの } n \text{ 重根近似）} \tag{6.22}$$

ここで，h は小さなむだ時間を現しているが，L と読み替えても構わない。

むだ時間システムの制御法としてはコントローラに制御対象のむだ時間を打ち消すようにローカルフィードバックを行う**スミス補償器**も有名であり，さまざまな発展的創発も行われているが，ここでは紙面の都合で割愛する。

コントローラへのローカルフィードバックには他にも**リミッタ付き積分器**の**リセットワインドアップ**防止回路があり，変わった特徴のあるリサイクル補償器の研究例もあって有望な創発が期待できる。

以上，システム制御創発について，いくつかの簡単な例を使って説明してきたが，最後に本章で述べたさまざまな事項が創発研究の一助となればと願うものである。

章　末　問　題

【1】 本章で使用した創発技術を表にまとめよ。

〔ヒント語群〕 連想，相互創発，逆，分類，分割，結合，分岐，合流，アナロジー，役割分担

【2】 カバーの線図は初期状態は十字型であったが，現状はT字形になっている。このことからどのようなシナリオ創発が考えられるか。

【3】 最後に各章の本文中や付録にある解答のない課題を探して自分で演習問題を作成して解答せよ（課題探求型演習：SICEオンラインハンドブックやWikipediaやSCILABなど参照）。

付　　　　録

ここでは本章の行列（matrix）演算を理解する上で必要な基礎的公式と今後の発展に有用な公式をまとめて記載するが，ベクトル（vector）・行列の表記法や単位行列（identity matrix）の定義，二次形式（quadratic form）の性質など，より基本的事項は紙面の都合で省略する。

A.　行列の基本演算

1.　行列の基本演算

1）　和差と積と逆

和・差

$$\boldsymbol{A} \pm \boldsymbol{B} = \boldsymbol{C},$$
$$\boldsymbol{A} = (\alpha_{km}) \in R^{p\times r}, \qquad \boldsymbol{B} = (\beta_{km}) \in R^{p\times r}, \qquad \boldsymbol{C} = (\gamma_{km}) \in R^{p\times r},$$
$$\gamma_{km} = \alpha_{km} \pm \beta_{km} \qquad (k = 1, \cdots, p, \quad m = 1, \cdots, r) \tag{A.1}$$

積

$$\boldsymbol{A}\cdot\boldsymbol{B} = \boldsymbol{C}, \qquad \boldsymbol{AB} \neq \boldsymbol{BA},$$
$$\boldsymbol{A} = (\alpha_{kl}) \in R^{p\times q}, \qquad \boldsymbol{B} = (\beta_{lm}) \in R^{q\times r}, \qquad \boldsymbol{C} = (\gamma_{km}) \in R^{p\times r},$$
$$\gamma_{km} = \sum_{l=1}^{q} \alpha_{kl}\beta_{lm} \qquad (k = 1, \cdots, p, \quad m = 1, \cdots, r) \tag{A.2}$$

転置行列[†1]

$$\boldsymbol{A} = (\alpha_{kl}) \in R^{p\times q}, \qquad \boldsymbol{A}^T = (\alpha_{lk}) \in R^{q\times p},$$
$$(\boldsymbol{A}\cdot\boldsymbol{B})^T = \boldsymbol{B}^T\cdot\boldsymbol{A}^T, \qquad (\boldsymbol{A}\cdot\boldsymbol{B}\cdots\boldsymbol{H})^T = \boldsymbol{H}^T\cdots\boldsymbol{B}^T\cdot\boldsymbol{A}^T \tag{A.3}$$

スカラ積[†2]

$$a\boldsymbol{A} = \boldsymbol{A}a \quad (a \in R), \qquad \boldsymbol{A} = (\alpha_{km}) \in R^{p\times r},$$
$$a\boldsymbol{A} = \boldsymbol{A}a = (a\alpha_{km}) = (\alpha_{km}a) \in R^{p\times r} \tag{A.4}$$

[†1] traspose of matrix
[†2] scalar product,　inner product

2)　行列とベクトルの積　ここでは前からベクトルを掛けるときは転置記号を省略して表記するものとし，その結果も同様とする。

$\boldsymbol{c}=\boldsymbol{bA}$

$$\gamma_m=\sum_{k=1}^{p}\beta_k\alpha_{km}\qquad(m=1,\cdots,r),$$

$\boldsymbol{e}=\boldsymbol{Ad}$

$$e_k=\sum_{m=1}^{r}\alpha_{km}d_m\qquad(k=1,\cdots,p)\tag{A.5}$$

3)　線形変換（linear transformation）

$$\boldsymbol{y}=\boldsymbol{T}(\boldsymbol{x})\quad(\boldsymbol{x}\in R^n,\ \ \boldsymbol{y}\in R^m),\qquad \eta_i=\sum_{j=1}^{m}\alpha_{ij}\xi_j\quad(i=1,\cdots,n),$$

$$\boldsymbol{T}(a\boldsymbol{x}_1+b\boldsymbol{x}_2)=a\boldsymbol{T}(\boldsymbol{x}_1)+b\boldsymbol{T}(\boldsymbol{x}_2)\quad(a,b\in R)\tag{A.6}$$

行列表現（線形作用素，linear operator）

$$\boldsymbol{y}=\boldsymbol{Ax},\quad \boldsymbol{x}=\boldsymbol{Bz}\quad\Rightarrow\quad \boldsymbol{y}=\boldsymbol{ABz}\qquad(\text{推移性})\tag{A.7}$$

4)　行列の性質

(1)　行列の定義域と値域とナル空間

$\boldsymbol{D}(\boldsymbol{A})$：$\boldsymbol{Ax}$ の形で行列 $\boldsymbol{A}$ が作用する $\boldsymbol{x}$ の全集合を行列 $\boldsymbol{A}$ の定義域という。

$\boldsymbol{R}(\boldsymbol{A})$：任意の $\boldsymbol{x}$ について $\boldsymbol{Ax}$ がとる値の全集合を行列 $\boldsymbol{A}$ の値域という。

$\boldsymbol{N}(\boldsymbol{A})$：$\boldsymbol{Ax}=\boldsymbol{0}$ の代数方程式の解 $\boldsymbol{x}$ の集合を行列 $\boldsymbol{A}$ の**ナル空間**という。

(2)　行列のノルム　**ユークリッド行列ノルム**（Euclidian matrix norm）は行列の全要素の平方和平方根で定義される。これは転置行列との積のトレースの平方根で表現できる。ベクトルノルムとの一貫性がないことに注意が必要である。

この他にも単位円を写像したときの最大値をその写像のノルムと定義する**誘導行列ノルム**もある。これはベクトルノルムとの一貫性があるといわれる。

2.　行列方程式

1)　行列式と余因子行列　正方行列 $\boldsymbol{A}=[\alpha_{ij}]\in R^{n\times n}$ に対して，つぎのような $\boldsymbol{A}$ の要素の n 個の積の $n!$ 個の置換のすべてにわたる和を**行列式**（determinant）という。

$$\det\boldsymbol{A}=\left|\boldsymbol{A}\right|=\sum_{P_j}^{n!}\pm a_{1j_1}a_{2j_2}\cdots a_{nj_n}\tag{A.8}$$

ここで，$\pm$ は $\{1,2,\ldots,n\}\Rightarrow\{j_1,j_2,\cdots,j_n\}$ の置換が偶置換（互換回数が偶数）なら $+$，奇置換（互換回数が奇数）なら $-$ である。2 次の場合は $\det\boldsymbol{A}=a_{11}a_{22}-a_{12}a_{21}$ となる。

行列式にはつぎの性質がある。

$$\det \boldsymbol{A} = \det \boldsymbol{A}^T, \qquad \det(\boldsymbol{AB}) = \det(\boldsymbol{BA}) = \det \boldsymbol{A} \cdot \det \boldsymbol{B} \tag{A.9}$$

n 次の正方行列 $\boldsymbol{A}$ から i 行 j 列を取り去って残る $(n-1)$ 次の正方行列 S_{ij} の行列式からつくられる

$$\Delta_{ij} = \pm \det S_{ij} \tag{A.10}$$

を余因子と呼ぶ。ここで，$(i+j)$ が偶数ならば $+$ で奇数ならば $-$ である。この余因子を ji 要素とする行列 adj $\boldsymbol{A}$ を $\boldsymbol{A}$ の**余因子行列**（adjoint matrix）と呼ぶ。ここで余因子を転置行列に並べることに注意せよ。

$$\mathrm{adj}\,\boldsymbol{A} = \begin{bmatrix} \Delta_{11} & \cdots & \Delta_{1n} \\ \vdots & \ddots & \vdots \\ \Delta_{n1} & \cdots & \Delta_{nn} \end{bmatrix} \tag{A.11}$$

2 次の場合は $\Delta_{11} = a_{22}$，$\Delta_{22} = a_{11}$，$\Delta_{12} = -a_{21}$，$\Delta_{21} = -\mathrm{a}_{12}$ となる。

2）逆　行　列　次式のように元の行列 $\boldsymbol{A}$ との右からの積（右逆）と左からの積（左逆）がどちらも単位行列 $\boldsymbol{I}$ となる行列を**逆行列**（inverse matrix）という。

$$\boldsymbol{AA}^{-1} = \boldsymbol{I}, \qquad \boldsymbol{A}^{-1}\boldsymbol{A} = \boldsymbol{I} \tag{A.12}$$

逆行列は次式のように余因子行列と行列式の比として計算できる。

$$\boldsymbol{A}^{-1} = \frac{\mathrm{adj}\,\boldsymbol{A}}{\det \boldsymbol{A}} \tag{A.13}$$

2 次の場合には上記の例を用いて，つぎのようになる。

$$\boldsymbol{A}^{-1} = \frac{\mathrm{adj}\,\boldsymbol{A}}{\det \boldsymbol{A}} = \frac{1}{a_{11}a_{22} - a_{12}a_{21}} \begin{bmatrix} a_{22} & -a_{12} \\ -a_{21} & a_{11} \end{bmatrix}$$

すなわち，対角要素は入れ替わるが，非対角要素は入れ替わらずに符合が変わる。$\boldsymbol{AA}^{-1} = \boldsymbol{I}$，$\boldsymbol{A}^{-1}\boldsymbol{A} = \boldsymbol{I}$ となる。

すべての行列が**正則**（nonsingular，regular）で逆行列が存在するならば

$$(\boldsymbol{AB})^{-1} = \boldsymbol{B}^{-1}\boldsymbol{A}^{-1}, \qquad (\boldsymbol{AB}\cdots\boldsymbol{H})^{-1} = \boldsymbol{H}^{-1}\cdots\boldsymbol{B}^{-1}\boldsymbol{A}^{-1}$$

3）逆行列算法公式　つぎの恒等式は逆行列算法公式と呼ばれ，回帰分析や推定問題に用いられる。

$$(\boldsymbol{A} + \boldsymbol{BCB}^T)^{-1} = \boldsymbol{A}^{-1}\{\boldsymbol{I} - \boldsymbol{B}(\boldsymbol{B}^T\boldsymbol{A}^{-1}\boldsymbol{B} + \boldsymbol{C}^{-1})^{-1}\boldsymbol{B}^T\boldsymbol{A}^{-1}\} \tag{A.14}$$

【証明】

$$\begin{aligned}&\boldsymbol{A}^{-1}\{\boldsymbol{I}-\boldsymbol{B}(\boldsymbol{B}^T\boldsymbol{A}^{-1}\boldsymbol{B}+\boldsymbol{C}^{-1})^{-1}\boldsymbol{B}^T\boldsymbol{A}^{-1}\}(\boldsymbol{A}+\boldsymbol{B}\boldsymbol{C}\boldsymbol{B}^T)\\&=\boldsymbol{I}+\boldsymbol{A}^{-1}\boldsymbol{B}\boldsymbol{C}\boldsymbol{B}^T-\boldsymbol{A}^{-1}\boldsymbol{B}(\boldsymbol{B}^T\boldsymbol{A}^{-1}\boldsymbol{B}+\boldsymbol{C}^{-1})^{-1}(\boldsymbol{B}^T+\boldsymbol{B}^T\boldsymbol{A}^{-1}\boldsymbol{B}\boldsymbol{C}\boldsymbol{B}^T)\\&=\boldsymbol{I}+\boldsymbol{A}^{-1}\boldsymbol{B}\boldsymbol{C}\boldsymbol{B}^T-\boldsymbol{A}^{-1}\boldsymbol{B}(\boldsymbol{B}^T\boldsymbol{A}^{-1}\boldsymbol{B}+\boldsymbol{C}^{-1})^{-1}(\boldsymbol{C}^{-1}+\boldsymbol{B}^T\boldsymbol{A}^{-1}\boldsymbol{B})\boldsymbol{C}\boldsymbol{B}^T\\&=\boldsymbol{I}\end{aligned} \tag{A.15}$$

$\boldsymbol{B}=\boldsymbol{I}$とすれば，次式を得る。

$$(\boldsymbol{A}+\boldsymbol{C})^{-1}=\boldsymbol{A}^{-1}\{\boldsymbol{I}-(\boldsymbol{A}^{-1}+\boldsymbol{C}^{-1})^{-1}\boldsymbol{A}^{-1}\} \tag{A.16}$$

4) ブロック逆行列算法　つぎの4分割ブロック行列に対して

$$\begin{bmatrix}\boldsymbol{A}_{11} & \boldsymbol{A}_{12}\\ \boldsymbol{A}_{21} & \boldsymbol{A}_{22}\end{bmatrix} \tag{A.17}$$

$\boldsymbol{A}_{11}$が正則の場合には，左からつぎのような下三角行列を掛けて，再度対角と三角に分解すれば，つぎのようにしてブロック行列およびその逆行列を三角ブロック行列と対角ブロック行列の積に分解できる。実際に両者を掛ければ単位行列になる。

$$\begin{aligned}&\begin{bmatrix}\boldsymbol{I}_{n_1} & \boldsymbol{0}\\ -\boldsymbol{A}_{21}\boldsymbol{A}_{11}^{-1} & \boldsymbol{I}_{n_2}\end{bmatrix}\begin{bmatrix}\boldsymbol{A}_{11} & \boldsymbol{A}_{12}\\ \boldsymbol{A}_{21} & \boldsymbol{A}_{22}\end{bmatrix}=\begin{bmatrix}\boldsymbol{A}_{11} & \boldsymbol{A}_{12}\\ \boldsymbol{0} & \boldsymbol{A}_{22}-\boldsymbol{A}_{21}\boldsymbol{A}_{11}^{-1}\boldsymbol{A}_{12}\end{bmatrix},\\&\begin{bmatrix}\boldsymbol{A}_{11} & \boldsymbol{A}_{12}\\ \boldsymbol{A}_{21} & \boldsymbol{A}_{22}\end{bmatrix}=\begin{bmatrix}\boldsymbol{I}_{n_1} & \boldsymbol{0}\\ \boldsymbol{A}_{21}\boldsymbol{A}_{11}^{-1} & \boldsymbol{I}_{n_2}\end{bmatrix}\begin{bmatrix}\boldsymbol{A}_{11} & \boldsymbol{0}\\ \boldsymbol{0} & \boldsymbol{A}_{22}-\boldsymbol{A}_{21}\boldsymbol{A}_{11}^{-1}\boldsymbol{A}_{12}\end{bmatrix}\begin{bmatrix}\boldsymbol{I}_{n_1} & \boldsymbol{A}_{11}^{-1}\boldsymbol{A}_{12}\\ 0 & \boldsymbol{I}_{n_2}\end{bmatrix},\\&\begin{bmatrix}\boldsymbol{A}_{11} & \boldsymbol{A}_{12}\\ \boldsymbol{A}_{21} & \boldsymbol{A}_{22}\end{bmatrix}^{-1}=\begin{bmatrix}\boldsymbol{I}_{n_1} & -\boldsymbol{A}_{11}^{-1}\boldsymbol{A}_{12}\\ \boldsymbol{0} & \boldsymbol{I}_{n_2}\end{bmatrix}\begin{bmatrix}\boldsymbol{A}_{11}^{-1} & \boldsymbol{0}\\ \boldsymbol{0} & (\boldsymbol{A}_{22}-\boldsymbol{A}_{21}\boldsymbol{A}_{11}^{-1}\boldsymbol{A}_{12})^{-1}\end{bmatrix}\begin{bmatrix}\boldsymbol{I}_{n_1} & \boldsymbol{0}\\ -\boldsymbol{A}_{21}\boldsymbol{A}_{11}^{-1} & \boldsymbol{I}_{n_2}\end{bmatrix}\end{aligned} \tag{A.18}$$

〔注〕 ブロック行列の逆行列についてはつぎのことに注意せよ。三角は簡単である。

$$\begin{aligned}&\begin{bmatrix}\boldsymbol{A}_{11} & \boldsymbol{A}_{12}\\ \boldsymbol{A}_{21} & \boldsymbol{A}_{22}\end{bmatrix}^{-1}\neq(\boldsymbol{A}_{11}\boldsymbol{A}_{22}-\boldsymbol{A}_{12}\boldsymbol{A}_{21})^{-1}\begin{bmatrix}\boldsymbol{A}_{22} & -\boldsymbol{A}_{12}\\ -\boldsymbol{A}_{21} & \boldsymbol{A}_{11}\end{bmatrix},\\&\begin{bmatrix}\boldsymbol{A}_{11} & \boldsymbol{0}\\ \boldsymbol{A}_{21} & \boldsymbol{A}_{22}\end{bmatrix}^{-1}=\begin{bmatrix}\boldsymbol{A}_{11}{}^{-1} & \boldsymbol{0}\\ -\boldsymbol{A}_{22}^{-1}\boldsymbol{A}_{21}\boldsymbol{A}_{11}{}^{-1} & \boldsymbol{A}_{22}{}^{-1}\end{bmatrix},\\&\begin{bmatrix}\boldsymbol{A}_{11} & \boldsymbol{A}_{12}\\ \boldsymbol{A}_{21} & \boldsymbol{A}_{22}\end{bmatrix}^{-1}\neq\begin{bmatrix}\boldsymbol{A}_{11}{}^{-1} & -\boldsymbol{A}_{11}{}^{-1}\boldsymbol{A}_{12}\boldsymbol{A}_{22}{}^{-1}\\ -\boldsymbol{A}_{22}{}^{-1}\boldsymbol{A}_{21}\boldsymbol{A}_{11}{}^{-1} & \boldsymbol{A}_{22}{}^{-1}\end{bmatrix}\end{aligned}$$

3. 行　列　級　数

行列の列$\{\boldsymbol{A}_k\}$からつくられる無限級数$\boldsymbol{A}_1+\boldsymbol{A}_2+\boldsymbol{A}_3+\ldots$の部分和

$$\boldsymbol{S}_k = \boldsymbol{A}_1 + \boldsymbol{A}_2 + \boldsymbol{A}_3 + \cdots + \boldsymbol{A}_k \tag{A.19}$$

からなる行列の列$\{\boldsymbol{S}_k\}$が収束するとき，行列級数$\boldsymbol{A}_1 + \boldsymbol{A}_2 + \boldsymbol{A}_3 + \cdots$は収束するといい，$\{\boldsymbol{S}_k\}$の極限をその和という。行列級数$\boldsymbol{A}_1 + \boldsymbol{A}_2 + \boldsymbol{A}_3 + \cdots$からつくられる実数の級数$\|\boldsymbol{A}_1\| + \|\boldsymbol{A}_2\| + \|\boldsymbol{A}_3\| + \cdots$が収束するとき，行列級数$\boldsymbol{A}_1 + \boldsymbol{A}_2 + \boldsymbol{A}_3 + \cdots$は**絶対収束**するという。これは行列の要素の絶対値級数が収束することと等価である。

1）行 列 関 数

a）行列指数関数

$$e^{\boldsymbol{A}} = \boldsymbol{I} + \boldsymbol{A} + \frac{1}{2!}\boldsymbol{A}^2 + \cdots + \frac{1}{k!}\boldsymbol{A}^k + \cdots \tag{A.20}$$

$$\sum_{k=0}^{\infty}\left\|\frac{1}{k!}\boldsymbol{A}^k\right\| \leqq \sum_{k=0}^{\infty}\frac{1}{k!}\|\boldsymbol{A}\|^k = e^{\|\boldsymbol{A}\|} \tag{A.21}$$

より上の行列級数は絶対収束する。

b）行列三角関数

$$\cos\boldsymbol{A} = \boldsymbol{I} - \frac{1}{2!}\boldsymbol{A}^2 + \cdots + (-1)^k\frac{1}{(2k)!}\boldsymbol{A}^{2k} + \cdots,$$

$$\sin\boldsymbol{A} = \boldsymbol{A} - \frac{1}{3!}\boldsymbol{A}^3 + \cdots + (-1)^k\frac{1}{(2k+1)!}\boldsymbol{A}^{2k+1} + \cdots \tag{A.22}$$

$$\sum_{k=0}^{\infty}\left\|(-1)^k\frac{1}{(2k)!}\boldsymbol{A}^{2k}\right\| \leqq \sum_{k=0}^{\infty}(-1)^k\frac{1}{(2k)!}\|\boldsymbol{A}\|^{2k} = \cos\|\boldsymbol{A}\| \tag{A.23}$$

より上の行列級数は絶対収束する。

行列正弦関数も同様に行列ノルムを用いれば絶対収束することが示せる。

2）直交行列とユニタリー行列　いままで主に実行列について述べてきたが，ここから少し，複素数を成分とする複素行列についても述べる。いま，$\boldsymbol{A}$, $\boldsymbol{B}$, $\boldsymbol{T}$, $\cdots \in \boldsymbol{C}^{n\times n}$とすると，各成分を共役複素数にして転置をとった行列を**共役転置行列**と呼び，$\boldsymbol{A}^*$, $\boldsymbol{B}^*$と書く。$\boldsymbol{A} = \boldsymbol{A}^T$となる行列を**対称行列**といったが，$\boldsymbol{A} = \boldsymbol{A}^*$となる行列を**エルミート行列**という。また，$\boldsymbol{A}\boldsymbol{A}^* = \boldsymbol{A}^*\boldsymbol{A}$となる行列$\boldsymbol{A}$を**正規行列**という。

$\boldsymbol{T}\boldsymbol{T}^{-1} = \boldsymbol{T}^{-1}\boldsymbol{T} = \boldsymbol{I}$となる行列$\boldsymbol{T}^{-1}$を$\boldsymbol{T}$の逆行列といい，$\boldsymbol{T}\boldsymbol{T}^T = \boldsymbol{T}^T\boldsymbol{T} = \boldsymbol{I}$となる行列$\boldsymbol{T}$を**直交行列**といったが，$\boldsymbol{T}\boldsymbol{T}^* = \boldsymbol{T}^*\boldsymbol{T} = \boldsymbol{I}$となる行列$\boldsymbol{T}$を**ユニタリー行列**という。

実対称行列$\boldsymbol{A}$について，$\boldsymbol{x} \in R^n$のとき，$\boldsymbol{x}^T\boldsymbol{A}\boldsymbol{x}$を**二次形式**といい，すべての$\boldsymbol{x} \neq \boldsymbol{0}$について，$\boldsymbol{x}^T\boldsymbol{A}\boldsymbol{x} > 0\ (\geqq 0)$のとき行列$\boldsymbol{A}$は正定（準正定）といったが，同様に，エルミート行列$\boldsymbol{A}$について，$\boldsymbol{x} \in C^n$のとき，$\boldsymbol{x}^*\boldsymbol{A}\boldsymbol{X}$を**二次形式**といい，すべての$\boldsymbol{x} \neq \boldsymbol{0}$について，$\boldsymbol{x}^*\boldsymbol{A}\boldsymbol{X} > 0\ (\geqq 0)$のとき行列$\boldsymbol{A}$は**正定**（**半正定**）という。$-\boldsymbol{A}$が正定（半正定）

のとき，$\boldsymbol{A}$ を**負定**（**半負定**）という。

正則行列 $\boldsymbol{T}$ を用いて，$\boldsymbol{T}^{-1}\boldsymbol{A}\boldsymbol{T}=\boldsymbol{B}$ となる行列 $\boldsymbol{A}, \boldsymbol{B}$ を**相似行列**といったが，直交行列 $\boldsymbol{T}$ を用いて，$\boldsymbol{T}^{T}\boldsymbol{A}\boldsymbol{T}=\boldsymbol{B}$ となる行列 $\boldsymbol{A}, \boldsymbol{B}$ を**直交相似行列**といい，ユニタリー行列 $\boldsymbol{T}$ を用いて，$\boldsymbol{T}^{*}\boldsymbol{A}\boldsymbol{T}=\boldsymbol{B}$ となる行列 $\boldsymbol{A}, \boldsymbol{B}$ を**ユニタリー相似行列**という。

〔エルミート行列の例〕〔正規行列の例〕

$$\begin{bmatrix} 2 & 3-2j \\ 3+2j & 1 \end{bmatrix}, \qquad \begin{bmatrix} 2+j & 3 \\ 3 & j \end{bmatrix} \tag{A.24}$$

〔直交行列の例〕

$$\begin{bmatrix} 0.5 & \sqrt{0.75} \\ \sqrt{0.75} & -0.5 \end{bmatrix}, \qquad \begin{matrix} a^2+b^2=1, & ac+bd=0 \\ c^2+d^2=1 & \end{matrix} \tag{A.25}$$

〔ユニタリー行列の例〕

$$\begin{bmatrix} 0.5j & -\sqrt{0.75} \\ \sqrt{0.75} & -0.5j \end{bmatrix}, \qquad \begin{matrix} a^2+b^2=1, & a\bar{c}+b\bar{d}=0 \\ c^2+d^2=1, & \bar{a}c+\bar{b}d=0 \end{matrix} \tag{A.26}$$

補題 A.1　任意の行列 $\boldsymbol{A} \in C^{n\times n}$ は三角行列にユニタリー相似である。

補題 A.2　任意の正規行列 $\boldsymbol{A} \in C^{n\times n}$ はその固有値を対角成分とする対角行列にユニタリー相似である。

4. 二次形式の性質

二次形式を構成する行列の定値性の判別法についてつぎの定理で紹介する。

定理 A.1　（**シルベスターの判別法**）　エルミート行列 $\boldsymbol{A} \in C$（実対称行列 $\boldsymbol{A} \in R$）が

(1)　正定値行列である必要十分条件は，そのすべての**主座小行列式**が正であること。

$$|\boldsymbol{A}_r| = \begin{vmatrix} a_{11} & \cdots & a_{1r} \\ \vdots & \ddots & \vdots \\ a_{r1} & \cdots & a_{rr} \end{vmatrix} > 0 \qquad (r=1,2,\cdots,n) \tag{A.27}$$

(2)　半正定値行列である必要十分条件は，そのすべての**主小行列式**が正であること。

$$|\boldsymbol{A}_{i_r}| = \begin{vmatrix} a_{i_1 i_1} & \cdots & a_{i_1 i_r} \\ \vdots & \ddots & \vdots \\ a_{i_r i_1} & \cdots & a_{i_r i_r} \end{vmatrix} \geqq 0 \qquad \begin{pmatrix} 1 \leqq i_1 < i_2 \cdots < i_r \leqq n, \\ r=1,2,\cdots,n \end{pmatrix} \tag{A.28}$$

定理 A.2 （**$\boldsymbol{P}$ マトリックス**） $\boldsymbol{A} \in R^{n\times n}$ の主小行列式がすべて正，すなわち

$$\left|\boldsymbol{A}_{i_r}\right| = \begin{vmatrix} a_{i_1 i_1} & \cdots & a_{i_1 i_r} \\ \vdots & \ddots & \vdots \\ a_{i_r i_1} & \cdots & a_{i_r i_r} \end{vmatrix} > 0 \qquad \begin{pmatrix} 1 \leqq i_1 < i_2 \cdots < i_r \leqq n, \\ r = 1, 2, \cdots, n \end{pmatrix} \tag{A.29}$$

ならば，**$\boldsymbol{P}$ マトリックス**といい，$\boldsymbol{x} \in R^n$ に関する線形不等式：

$$\boldsymbol{Ax} > 0, \qquad \boldsymbol{x} > 0 \tag{A.30}$$

は解をもつ。ただし，ここでの不等式は定値ではなく各要素についての判別。

上式の定義において等号を入れたものを**$\boldsymbol{P}_0$ マトリックス**といい，等号入りの線形不等式が解をもつ。

定理 A.3 （**$\boldsymbol{P_0}$ マトリックスの性質**）

（1） $\boldsymbol{A}$ のすべての主小行列は非負である。

（2） $\boldsymbol{A}$ 自身，および $\boldsymbol{A}$ の主小行列のすべての実固有値は非負である。

（3） 任意の正数 $\varepsilon > 0$ に対して

$$\boldsymbol{A} + \varepsilon \boldsymbol{I}_n \in P \tag{A.31}$$

（4） 任意の正の対角マトリックス $\boldsymbol{D} \in R^{n\times n}$ に対して

$$\boldsymbol{A} + \boldsymbol{D} \in P \tag{A.32}$$

$$\det(\boldsymbol{A} + \boldsymbol{D}) > 0 \tag{A.33}$$

系 A.3 （**正定（半正定）判別**） $\boldsymbol{A} \in R^{n\times n}$ は対称行列とする。$\boldsymbol{A}$ が P （P_0） マトリックスであることと，正定（半正定）行列であることは等価である。

$$\boldsymbol{A} \in P \ (P_0) \quad \Leftrightarrow \quad \boldsymbol{x}^T \boldsymbol{Ax} > 0 \ (\geqq 0) \tag{A.34}$$

B.　行列の微分・積分

定　義

$$\frac{d\boldsymbol{A}(t)}{dt} = \dot{\boldsymbol{A}}(t) = \frac{da_{ij}(t)}{dt} \tag{B.1}$$

または

$$\left\| \frac{\boldsymbol{A}(t+h)-\boldsymbol{A}(t)}{h} - \dot{\boldsymbol{A}}(t) \right\| \to 0, \qquad |h| \to 0 \tag{B.2}$$

となるようなマトリックスを $\dot{\boldsymbol{A}}(t)$ と定義する。

基本公式

（1）$\boldsymbol{A}(t), \boldsymbol{B}(t)$ が同じサイズの行列ならば

$$\frac{d}{dt}(\boldsymbol{A}(t)+\boldsymbol{B}(t)) = \frac{d\boldsymbol{A}(t)}{dt} + \frac{d\boldsymbol{B}(t)}{dt} \quad \text{or}$$

$$\frac{d}{dt}(a\boldsymbol{A}(t)+b\boldsymbol{B}(t)) = a\frac{d\boldsymbol{A}(t)}{dt} + b\frac{d\boldsymbol{B}(t)}{dt} \tag{B.3}$$

（2）積 $\boldsymbol{AB}$ が定義されれば

$$\frac{d}{dt}(\boldsymbol{A}(t)\boldsymbol{B}(t)) = \frac{d\boldsymbol{A}(t)}{dt}\boldsymbol{B}(t) + \boldsymbol{A}(t)\frac{d\boldsymbol{B}(t)}{dt} \tag{B.4}$$

$$\left(\because \quad \frac{d}{dt}(\boldsymbol{A}(t)\boldsymbol{B}(t))_{ij} = \sum_{k=1}^{n}\left(\frac{dA_{ik}(t)}{dt}B_{kj}(t) + A_{ik}(t)\frac{dB_{kj}(t)}{dt} \right) \right.$$

$$\left. = \left(\frac{d\boldsymbol{A}(t)}{dt}\boldsymbol{B}(t) \right)_{ij} + \left(\boldsymbol{A}(t)\frac{d\boldsymbol{B}(t)}{dt} \right)_{ij} \right)$$

$$\frac{d\boldsymbol{A}(t)^n}{dt} = \sum_{i=0}^{n-1}\boldsymbol{A}(t)^i\left(\frac{d\boldsymbol{A}(t)}{dt} \right)\boldsymbol{A}(t)^{n-i-1} \qquad (n>1) \tag{B.5}$$

（3）クロネッカー積の微分は

$$\frac{d}{dt}(\boldsymbol{A}(t)\otimes\boldsymbol{B}(t)) = \frac{d\boldsymbol{A}(t)}{dt}\otimes\boldsymbol{B}(t) + \boldsymbol{A}(t)\otimes\frac{d\boldsymbol{B}(t)}{dt} \tag{B.6}$$

$$\left(\because \quad \frac{d}{dt}(\boldsymbol{A}(t)\otimes\boldsymbol{B}(t))_{ij} = \frac{dA_{ij}(t)}{dt}\otimes B_{ij}(t) + A_{ij}(t)\otimes\frac{dB_{ij}(t)}{dt} \right)$$

（4）$\boldsymbol{A}(t)$ が正則で微分可能ならば $\boldsymbol{A}(t)^{-1}$ も微分可能で

$$\frac{d}{dt}\boldsymbol{A}(t)^{-1} = -\boldsymbol{A}(t)^{-1}\frac{d\boldsymbol{A}(t)}{dt}\boldsymbol{A}(t)^{-1} \tag{B.7}$$

$$\left(\because \quad \frac{d\boldsymbol{A}(t)^{-1}\boldsymbol{A}(t)}{dt} = \frac{d\boldsymbol{A}(t)^{-1}}{dt}\boldsymbol{A}(t) + \boldsymbol{A}(t)^{-1}\frac{d\boldsymbol{A}(t)}{dt} = 0 \right)$$

$$\frac{d\boldsymbol{A}(t)^{-n}}{dt} = \sum_{i=1}^{n} -\boldsymbol{A}(t)^{-i}\frac{d\boldsymbol{A}(t)}{dt}\boldsymbol{A}(t)^{i-n-1} \qquad (n \geq 1, \ |\boldsymbol{A}(t)| \neq 0) \tag{B.8}$$

【証明】

$$\frac{d(\boldsymbol{A}(t)\boldsymbol{A}(t)^{-1})}{dt}=\frac{d\boldsymbol{A}(t)}{dt}\boldsymbol{A}(t)^{-1}+\boldsymbol{A}(t)\frac{d\boldsymbol{A}(t)^{-1}}{dt}=\frac{d\boldsymbol{I}}{dt}=\boldsymbol{0}$$

$$\therefore\quad \frac{d\boldsymbol{A}(t)^{-1}}{dt}=-\boldsymbol{A}(t)^{-1}\frac{d\boldsymbol{A}(t)}{dt}\boldsymbol{A}(t)^{-1}\qquad (n=1)$$

$$\text{if}\quad \frac{d\boldsymbol{A}(t)^{-k}}{dt}=\sum_{i=1}^{k}-\boldsymbol{A}(t)^{-i}\frac{d\boldsymbol{A}(t)}{dt}\boldsymbol{A}(t)^{i-k-1}\qquad (n=k)$$

$$\begin{aligned}\text{then}\quad \frac{d\boldsymbol{A}(t)^{-(k+1)}}{dt}&=\frac{d\boldsymbol{A}(t)^{-k}\boldsymbol{A}(t)^{-1}}{dt}\\&=\left(\sum_{i=1}^{k}-\boldsymbol{A}(t)^{-i}\frac{d\boldsymbol{A}(t)}{dt}\boldsymbol{A}(t)^{i-k-1}\right)\boldsymbol{A}(t)^{-1}+\boldsymbol{A}(t)^{-k}\frac{d\boldsymbol{A}(t)^{-1}}{dt}\\&=\sum_{i=1}^{k+1}-\boldsymbol{A}(t)^{-i}\frac{d\boldsymbol{A}(t)}{dt}\boldsymbol{A}(t)^{i-(k+1)-1}\qquad (n=k+1)\end{aligned}$$

（5）　**行列関数の微分**（無限級数を項別に微分して）

$$\begin{aligned}&\frac{d}{dt}e^{\boldsymbol{A}t}=\boldsymbol{A}e^{\boldsymbol{A}t}=e^{\boldsymbol{A}t}\boldsymbol{A},\\&\frac{d}{dt}\cos\boldsymbol{A}t=-\boldsymbol{A}\sin\boldsymbol{A}t=-(\sin\boldsymbol{A}t)\boldsymbol{A},\\&\frac{d}{dt}\sin\boldsymbol{A}t=\boldsymbol{A}\cos\boldsymbol{A}t=(\cos\boldsymbol{A}t)\boldsymbol{A}\end{aligned}\tag{B.9}$$

$$\begin{aligned}\frac{d}{dt}\cos\boldsymbol{A}t&=\frac{d}{dt}\left(\boldsymbol{I}-\frac{1}{2!}\boldsymbol{A}^2t^2+\cdots+(-1)^k\frac{1}{(2k)!}\boldsymbol{A}^{2k}t^{2k}+\cdots\right)\\&=-\boldsymbol{A}^2t+\frac{1}{3!}\boldsymbol{A}^4t^3+\cdots+(-1)^k\frac{1}{(2k-1)!}\boldsymbol{A}^{2k}t^{2k-1}+\cdots\\&=-\boldsymbol{A}\left(\boldsymbol{A}t-\frac{1}{3!}\boldsymbol{A}^3t^3+\cdots+(-1)^k\frac{1}{(2k-1)!}\boldsymbol{A}^{2k-1}t^{2k-1}+\cdots\right)\\&=-\boldsymbol{A}\sin\boldsymbol{A}t\end{aligned}\tag{B.10}$$

（6）　**行列関数の積分**　　行列の積分は要素別に積分する。

$$\int\boldsymbol{A}(t)dt=\begin{bmatrix}\int a_{11}(t)dt & \cdots & \int a_{1m}(t)dt\\ \vdots & \ddots & \vdots\\ \int a_{n1}(t)dt & \cdots & \int a_{nm}(t)dt\end{bmatrix}\tag{B.11}$$

行列の微積分関係公式

$$\frac{d}{dt}\int_0^t\boldsymbol{A}(\tau)d\tau=\boldsymbol{A}(t)\tag{B.12}$$

$$\int_0^t \frac{d\boldsymbol{A}(\tau)}{d\tau} d\tau = [\boldsymbol{A}(\tau)]_0^t = \boldsymbol{A}(t) - \boldsymbol{A}(0) \tag{B.13}$$

行列の部分積分公式

$$\int_0^t \frac{d\boldsymbol{A}(\tau)}{d\tau} \boldsymbol{B}(\tau) d\tau = \left[\boldsymbol{A}(\tau)\boldsymbol{B}(\tau)\right]_0^t - \int_0^t \boldsymbol{A}(\tau) \frac{d\boldsymbol{B}(\tau)}{d\tau} d\tau \tag{B.14}$$

これは式(B.13)の $\boldsymbol{A}(\tau)$ の代わりに $\boldsymbol{A}(\tau)\boldsymbol{B}(\tau)$ に適用して移項すれば容易に得られる。

(7)　**ヘッセ行列**　2変数関数の2階偏導関数を並べた対称行列で，極値の極大・極小を調べるために使われる。

(8)　**行列微分方程式（リアプノフ微分方程式）**　$\boldsymbol{A}$ が実行列で $\boldsymbol{Q}$ が実対称行列ならば

$$\dot{\boldsymbol{X}}(t) = \boldsymbol{A}^T \boldsymbol{X}(t) + \boldsymbol{X}(t)\boldsymbol{A} + \boldsymbol{Q} \qquad (\boldsymbol{X}(t_0) = \boldsymbol{X}_0,\ \ \forall \boldsymbol{X}_0 \in R^{n\times n},\ \ \forall t \in R) \tag{B.15}$$

の一意解は次式で与えられる。

$$\boldsymbol{X}(t) = e^{\boldsymbol{A}^T(t-t_0)} \boldsymbol{X}_0 e^{\boldsymbol{A}(t-t_0)} + \int_{t_0}^t e^{\boldsymbol{A}^T(t-\tau)} \boldsymbol{Q} e^{\boldsymbol{A}(t-\tau)} d\tau \tag{B.16}$$

$\boldsymbol{X}_0$ が実対称なら解 $\boldsymbol{X}(t)$ も実対称である。

さらに，$\boldsymbol{A}$ が漸近安定ならば解 $\boldsymbol{X}(t)$ は一様有界（t に無関係にある定数の範囲内に解が存在する）である。

【一様有界性の証明概要】（行列理論文献参照）

式(B.16)の両辺の行列 $\boldsymbol{l}_2$ ノルムをとって，右辺の和や積を分離すればノルムの不等式の性質よりつぎのように右側のほうが大きくなる。

$$\left\|\boldsymbol{X}(t)\right\|_2 \leqq \left\|e^{\boldsymbol{A}^T(t-t_0)} \boldsymbol{X}_0 e^{\boldsymbol{A}(t-t_0)}\right\|_2 + \left\|\int_{t_0}^t e^{\boldsymbol{A}^T(t-\tau)} \boldsymbol{Q} e^{\boldsymbol{A}(t-\tau)} d\tau\right\|_2 \tag{B.17}$$

$$\left\|\boldsymbol{X}(t)\right\|_2 \leqq \left\|e^{\boldsymbol{A}^T(t-t_0)}\right\|_2^2 \left\|\boldsymbol{X}_0\right\|_2 + \int_{t_0}^t \left\|e^{\boldsymbol{A}^T(t-\tau)}\right\|_2^2 \left\|\boldsymbol{Q}\right\|_2 d\tau \tag{B.18}$$

$\boldsymbol{A}$ が漸近安定であれば，行列指数関数のノルムはある定数 a とある固有値 $-\lambda < 0$ が存在して，つぎのように有界になる。

$$\left\|e^{\boldsymbol{A}(t-\tau)}\right\|_2 \leqq a e^{-\lambda(t-\tau)} \quad \Rightarrow \quad \left\|e^{\boldsymbol{A}(t-\tau)}\right\|_2 \leqq a \qquad (\forall \tau \leqq t) \tag{B.19}$$

$$\|\boldsymbol{X}(t)\|_2 \leqq a^2\left(\|\boldsymbol{X}_0\|_2 + \|\boldsymbol{Q}\|_2 \int_{t_0}^{t} e^{-2\lambda(t-\tau)} d\tau\right)$$
$$\leqq a^2\left(\|\boldsymbol{X}_0\|_2 + \|\boldsymbol{Q}\|_2 \frac{1}{2\lambda}[1-e^{-2\lambda(t-t_0)}]\right)$$
$$\leqq a^2\left(\|\boldsymbol{X}_0\|_2 + \|\boldsymbol{Q}\|_2 \frac{1}{2\lambda}\right) \qquad \text{(B.20)}$$

C.　擬　逆　行　列

1）定　　義　$\boldsymbol{X}$ がつぎの3条件を満たすとき行列 $\boldsymbol{A}$ の**擬逆行列**（**ムーア・ペンローズの一般化逆行列**）と呼ぶ。

（$G1$）　$\boldsymbol{AXA} = \boldsymbol{A}$

（$G2$）　$\boldsymbol{XAX} = \boldsymbol{X}$

（$G3$）　$\boldsymbol{AX}$ および $\boldsymbol{XA}$ はエルミート行列（＝複素共役転置）もしくは実対称行列である。

2）ベクトル方程式と擬逆行列　n 次元の未知変数からなるベクトル $\boldsymbol{x}$ の，$m \times n$ 係数行列 $\boldsymbol{A}$ を用いたベクトル方程式を

$$\boldsymbol{Ax} = \boldsymbol{b} \qquad (\boldsymbol{x} \in R^n,\ \ \boldsymbol{b} \in R^m,\ \ \boldsymbol{A} \in R^{n\times m},\ \ \mathrm{rank}\ \ \boldsymbol{A} = m < n) \qquad \text{(C.1)}$$

と仮定すれば，（未知数の数より式が少ない不定の場合）

$$\boldsymbol{x} = \boldsymbol{A}^T(\boldsymbol{AA}^T)^{-1}\boldsymbol{b} + (\boldsymbol{I} - \boldsymbol{A}^T(\boldsymbol{AA}^T)^{-1}\boldsymbol{A})\boldsymbol{y} \qquad \text{(C.2)}$$

が一般解になる。ここで，$\boldsymbol{y}$ は $\boldsymbol{x}$ と同じ次元数の任意のベクトルである。

これが解であることは代入すればつぎのように簡単に確認できる。

$$\boldsymbol{Ax} = \boldsymbol{AA}^T(\boldsymbol{AA}^T)^{-1}\boldsymbol{b} + \boldsymbol{A}(\boldsymbol{I} - \boldsymbol{A}^T(\boldsymbol{AA}^T)^{-1}\boldsymbol{A})\boldsymbol{y} = \boldsymbol{b} \qquad \text{(C.3)}$$

$\boldsymbol{X} = \boldsymbol{A}^T(\boldsymbol{AA}^T)^{-1}$ が擬逆行列になっていることは上記の（$G1$）～（$G3$）の公理に代入すればつぎのように確認できる。

$$(G1) \quad \boldsymbol{AXA} = \boldsymbol{AA}^T(\boldsymbol{AA}^T)^{-1}\boldsymbol{A} = \boldsymbol{A} \qquad \text{(C.4)}$$

$$(G2) \quad \boldsymbol{XAX} = \boldsymbol{A}^T(\boldsymbol{AA}^T)^{-1}\boldsymbol{AA}^T(\boldsymbol{AA}^T)^{-1} = \boldsymbol{X} \qquad \text{(C.5)}$$

$$(G3) \quad (\boldsymbol{XA})^T = \{\boldsymbol{A}^T(\boldsymbol{AA}^T)^{-1}\boldsymbol{A}\}^T = \boldsymbol{A}^T(\boldsymbol{AA}^T)^{-1}\boldsymbol{A} = \boldsymbol{XA},$$
$$(\boldsymbol{AX})^T = \{\boldsymbol{AA}^T(\boldsymbol{AA}^T)^{-1}\}^T = \boldsymbol{I} = \boldsymbol{AX} \qquad \text{(C.6)}$$

これを用いれば，一般解はつぎのように書ける。

$$\boldsymbol{x} = \boldsymbol{X}\boldsymbol{b} + (\boldsymbol{I} - \boldsymbol{X}\boldsymbol{A})\boldsymbol{y} \qquad (\mathrm{rank}\,\boldsymbol{A} = n \leqq m,\ \text{未知数の数より式が多い不能の場合}) \tag{C.7}$$

$\boldsymbol{X} = (\boldsymbol{A}^T\boldsymbol{A})^{-1}\boldsymbol{A}^T$ が擬逆行列になっていることも$(G1)$～$(G3)$に代入すれば確認できる。ただし，$\boldsymbol{x} = (\boldsymbol{A}^T\boldsymbol{A})^{-1}\boldsymbol{A}^T\boldsymbol{b}$ は $\boldsymbol{A}^T\boldsymbol{A}\boldsymbol{x} = \boldsymbol{A}^T\boldsymbol{b}$ の解であるが必ずしも $\boldsymbol{A}\boldsymbol{x} = \boldsymbol{b}$ の解ではない。

〔例〕 $\boldsymbol{y} = \boldsymbol{c}^T\boldsymbol{x}$ において，$\boldsymbol{x} = \boldsymbol{c}(\boldsymbol{c}^T\boldsymbol{c})^{-1}\boldsymbol{y}$ は擬逆行列を用いた解である。

また，$\boldsymbol{x} = \boldsymbol{c}(\boldsymbol{c}^T\boldsymbol{c})^{-1}\boldsymbol{y} + (\boldsymbol{I} - \boldsymbol{c}(\boldsymbol{c}^T\boldsymbol{c})^{-1}\boldsymbol{c}^T)\boldsymbol{z}$ は，$\boldsymbol{y} = \boldsymbol{c}^T\boldsymbol{x}$ の一般解である。ここで，$\boldsymbol{z}$ は $\boldsymbol{x}$ と同次元の任意のベクトルである。

3）　擬逆行列の基本公式　　スカラおよびベクトルの場合には擬逆行列をそれぞれつぎのようにすれば先の定義を満たす。

これらの定義においては，擬逆行列は連続関数ではなく，無限ジャンプがある。

$$\boldsymbol{a}^+ = \begin{cases} \boldsymbol{a}^{-1} & (\boldsymbol{a} \neq \boldsymbol{0}) \\ \boldsymbol{0} & (\boldsymbol{a} = \boldsymbol{0}) \end{cases}, \qquad \boldsymbol{a}^+ = \begin{cases} \boldsymbol{a}^T / (\boldsymbol{a}^T a) & (\boldsymbol{a} \neq \boldsymbol{0}) \\ \boldsymbol{0}^T & (\boldsymbol{a} = \boldsymbol{0}) \end{cases} \tag{C.8}$$

一般に行列 $\boldsymbol{A}$ の場合には，次式を用いる。

$$\boldsymbol{A}^+ = \lim_{\delta\to 0}(\boldsymbol{A}^T\boldsymbol{A} + \delta^2\boldsymbol{I})^{-1}\boldsymbol{A}^T, \qquad \boldsymbol{A}^+ = \lim_{\delta\to 0}\boldsymbol{A}^T(\boldsymbol{A}\boldsymbol{A}^T + \delta^2\boldsymbol{I})^{-1} \tag{C.9}$$

ここで，列が線形独立ならば前者を，行が線形独立ならば後者の次式を用いて擬逆行列が得られる。この場合，デルタを完全にゼロにしなければ無限大ジャンプを防げる。

4）　グレビルの定理　　一般の行列の擬逆行列の数値計算法にグレビルの定理を用いた再帰アルゴリズムがある。その基本的な考え方は行列を列ごとに分割し，すでに計算した下位行列の擬逆行列に新しく取り込んだ列を用いて新たな下位行列の擬逆行列を繰り返し計算するアルゴリズムである。

5）　射影作用素　　任意のベクトル $\boldsymbol{x} \in R^n$ を直交射影 $\hat{\boldsymbol{x}} \in L$ と $\tilde{\boldsymbol{x}} \in L^\perp$ に分解して，$\boldsymbol{x} = \hat{\boldsymbol{x}} + \tilde{\boldsymbol{x}}$ とするとき，$\hat{\boldsymbol{x}} = \boldsymbol{P}\boldsymbol{x}$，$\tilde{\boldsymbol{x}} = (\boldsymbol{I} - \boldsymbol{P})\boldsymbol{x}$となる対称行列 $\boldsymbol{P}$ が存在する。このような $\boldsymbol{P}$ を部分空間 L への**直交射影作用素**，$\boldsymbol{I} - \boldsymbol{P}$ を直交補空間 $L^\perp$ への直交射影作用素という。この定義から直交射影作用素はべき等でなければならない。

いま，部分空間 L の基底ベクトルを列ベクトルとする行列 $\boldsymbol{X}$ をつくると，$\tilde{\boldsymbol{x}}$ はすべての基底ベクトルと直交するから，$\tilde{\boldsymbol{x}}^T\boldsymbol{X} = \boldsymbol{0}$となる。

この方程式の一般解は擬逆行列を用いて，つぎのように書ける。

$$\begin{aligned} &\boldsymbol{X}^T\tilde{\boldsymbol{x}} = \boldsymbol{0}, \\ &\tilde{\boldsymbol{x}} = \boldsymbol{X}^{T+}\boldsymbol{0} + (\boldsymbol{I} - \boldsymbol{X}^{T+}\boldsymbol{X}^T)\boldsymbol{y} \qquad (\boldsymbol{X}^{T+} = (\boldsymbol{X}\boldsymbol{X}^T)^{-1}\boldsymbol{X}) \end{aligned} \tag{C.10}$$

$$\tilde{\boldsymbol{x}}^T = \boldsymbol{y}^T(\boldsymbol{I} - \boldsymbol{X}\boldsymbol{X}^+) \qquad (\boldsymbol{X}^+ = \boldsymbol{X}^T(\boldsymbol{X}\boldsymbol{X}^T)^{-1}) \tag{C.11}$$

これを**ペンローズの解**という。ここで，$\boldsymbol{y}$ は $\tilde{\boldsymbol{x}}$ と同じ次元のベクトルである。対称性と擬逆行列の性質を用いれば

$$\boldsymbol{P} = \boldsymbol{X}\boldsymbol{X}^{+} \tag{C.12}$$

を示すことができる。

D.　陰関数最小・最大二乗法

任意のベクトルから部分空間 L への直交射影までの距離 d は次式で定義される .

$$\boldsymbol{d} = \|\tilde{\boldsymbol{x}}\| = \|(\boldsymbol{I}-\boldsymbol{P})\boldsymbol{x}\|$$

$\boldsymbol{x}$ から $\boldsymbol{x}_p$ を通る線形多様体までの距離 $\boldsymbol{d}_p$ は $\boldsymbol{x}_p$ を原点に平行移動して，次式になる。

$$\boldsymbol{d}_p = \|(\boldsymbol{I}-\boldsymbol{P})(\boldsymbol{x}-\boldsymbol{x}_p)\|$$

与えられた N 個の点に対して，評価関数 $\boldsymbol{J}_p$ を次式の距離の二乗和で定める。

$$\begin{aligned} J_p &= \sum_{i=1}^{N} {d_{i,p}}^2 = \sum_{i=1}^{N} \|(\boldsymbol{I}-\boldsymbol{P})(\boldsymbol{x}_i-\boldsymbol{x}_p)\|^2 \\ &= \sum_{i=1}^{N} (\boldsymbol{x}_i-\boldsymbol{x}_p)^T(\boldsymbol{I}-\boldsymbol{P})^2(\boldsymbol{x}_i-\boldsymbol{x}_p) \end{aligned}$$

評価関数 J_p の独立パラメータ $\boldsymbol{P}$ と $\boldsymbol{x}_{\mathrm{p}}$ での変分をとれば

$$\frac{\partial J_p}{\partial \boldsymbol{P}} = 2\sum_{i=1}^{N}(\boldsymbol{x}_i-\boldsymbol{x}_p)^T\boldsymbol{P}(\boldsymbol{x}_i-\boldsymbol{x}_p) - 2\sum_{i=1}^{N}(\boldsymbol{x}_i-\boldsymbol{x}_p)^T(\boldsymbol{x}_i-\boldsymbol{x}_p) = 0$$

$$\frac{\partial J_p}{\partial {\boldsymbol{x}_p}^T} = 2\sum_{i=1}^{N}(\boldsymbol{P}-\boldsymbol{I})^2(\boldsymbol{x}_i-\boldsymbol{x}_p) = 0$$

つぎの連立停留方程式が得られる。

$$\mathrm{tr}\{\boldsymbol{X}^T(\boldsymbol{P}-\boldsymbol{I})\boldsymbol{X}\} = 0, \qquad (\boldsymbol{P}-\boldsymbol{I})^2\boldsymbol{X}\boldsymbol{e} = 0$$

ここで，$\boldsymbol{X} = [\boldsymbol{x}_1-\boldsymbol{x}_p \quad \cdots \quad \boldsymbol{x}_i-\boldsymbol{x}_p \quad \cdots \quad \boldsymbol{x}_N-\boldsymbol{x}_p]$，$e = [1 \quad 1 \quad \cdots \quad 1]^T$ である。

これを $\boldsymbol{P}$ および $\boldsymbol{x}_p$ について解けば線形多様体が定まり，距離の最大二乗距離解と最小二乗距離解を含む。極大か極小かはヘッセ行列の固有値を調べる。

さらに，$\boldsymbol{P}-\boldsymbol{I}$ が正定値（半正定値）なら平方根が存在し，トレースはユークリッド行列ノルムに書き換えられる。

例題 D.1　（2 次元平面での解法 — 通過点が与えられる場合）　2 次元平面上の N 個のデータに対して，ある点（$\boldsymbol{x}_p$, $\boldsymbol{y}_p$）を通る線形多様体（直線）の傾きを，データ点とその直線までの距離の和の最小二乗解と最大二乗解として求めよ。

【解答】 ここでは大文字も小文字もすべてスカラである。データ点とその直線までの距離は次式になるから

$$d_i = \sqrt{\frac{\{ax_{1i} - (x_{2i} - x_{2p} + ax_{1p})\}^2}{a^2 + 1}}$$

評価関数をつぎのように距離の二乗和で表せば

$$J = \sum_{i=1}^{N} d_i{}^2 = \sum_{i=1}^{N} \frac{\{ax_{1i} - (x_{2i} - x_{2p} + ax_{1p})\}^2}{a^2 + 1}$$

この式をパラメータ a で偏微分して得られた停留方程式の変数を置き換えて，a の降べき順に並べると次式を得る。

$$\sum_{i=1}^{N} (aX_{1i} - X_{2i})(X_{1i} + aX_{2i}) = 0,$$

$$a^2 \sum_{i=1}^{N} X_{1i}X_{2i} + a\sum_{i=1}^{N} (X_{1i}^2 - X_{2i}^2) - \sum_{i=1}^{N} X_{1i}X_{2i} = 0$$

通過点が与えられれば，傾き a の 2 次方程式となり，正負の 2 実根が得られる。

$$Aa^2 + Ba - A = 0$$

ここで，$A = \sum_{i=1}^{N} X_{1i}X_{2i}$，$B = \sum_{i=1}^{N} (X_{1i}^2 - X_{2i}^2)$ である。したがって

$$a = \frac{-B \pm \sqrt{B^2 + 4A^2}}{2A}$$

片方が最小二乗解で，もう片方が最大二乗解である。

$$X_2 = a_1 X_1$$

ここで，$X_1 = x_1 - x_{p1}$，$X_2 = x_2 - x_{p2}$ である，このとき

$$Aa_1^2 + B_1 a_1 - A = 0$$

ここで，$A = \sum_{i=1}^{N} X_{1i}X_{2i}$，$B_1 = \sum_{i=1}^{N} (X_{1i}^2 - X_{2i}^2)$ である。したがって

$$a_1 = \frac{-B_1 \pm \sqrt{B_1 + 4A^2}}{2A}$$

さらに

$$\boldsymbol{X}_1 = a_2 \boldsymbol{X}_2 \qquad \therefore \quad Aa_2^2 + B_2 a_2 - A = 0$$

ここで，$A = \sum_{i=1}^{N} X_{1i}X_{2i}$，$B_2 = \sum_{i=1}^{N} (X_{2i}^2 - X_{1i}^2)$ である。したがって

$$a_2 = \frac{-B_2 \pm \sqrt{B_2^2 + 4A}}{2A}$$

さらに

$$(1 - a_1)\boldsymbol{X}_1 + (1 - a_2)\boldsymbol{X}_2 = \boldsymbol{0}$$

例題 D.2　(2 次元平面での解法 — 傾きと切片が未知の場合)　x 軸と y 軸が等価な 2 次元平面での直線的データの傾き a と切片 b を求めよ。

【解答】　ここでは変数はすべてスカラである。a についての変分は同じだから，b についての変分の停留方程式を a について解き，a の解と等値すれば

$$J = \sum_{i=1}^{N} {d_i}^2 = \sum_{i=1}^{N} \frac{\{ax_{1i} - (x_{2i} - b)\}^2}{a^2 + 1},$$

$$\frac{\partial J}{\partial b} = \sum_{i=1}^{N} \frac{2\{ax_{1i} - (x_{2i} - b)\}}{a^2 + 1} = 0,$$

$$aY_1 - Y_2 + b = 0,$$

$$a = \frac{b - Y_2}{Y_1} = \frac{-B \pm \sqrt{B^2 + 4A^2}}{2A}$$

ここで，$A = \sum_{i=1}^{N} x_{1i}(x_{2i} - b)$，$B = \sum_{i=1}^{N} \{x_{1i}^2 - (x_{2i} - b)^2\}$ である。

切片 b については探索することになる。通過点は例えば点列の中心に選ぶ。

E. 逆ラプラス変換表

No.	ラプラス変換形（伝達関数）	逆ラプラス変換形（インパルス応答）
1	$\dfrac{1}{s}$	1
2	$\dfrac{1}{s+a}$	e^{-at} （推移定理）
3	$\dfrac{1}{s^n}$	$\dfrac{1}{(n-1)!}t^{n-1}$
4	$\dfrac{1}{s(s+a)}$	$\int_0^t e^{-a\tau}d\tau = \dfrac{1}{a}(1-e^{-at})$
5	$\dfrac{\omega_n^2}{s^2+2\varsigma\omega_n s+\omega_n^2}$ $(0 \leqq \varsigma < 1)$	$\dfrac{\omega_n}{\sqrt{1-\varsigma^2}}e^{-\varsigma\omega_n t}\sin\left(\sqrt{1-\varsigma^2}\,\omega_n t\right)$
6	$\dfrac{\omega_n^2}{s^2+2\varsigma\omega_n s+\omega_n^2}$ $(\varsigma = 1)$	$\omega_n^2 t e^{-\omega_n t}$
7	$\dfrac{\omega_n^2}{s^2+2\varsigma\omega_n s+\omega_n^2}$ $(\varsigma > 1)$	$\dfrac{\omega_n}{2\sqrt{\varsigma^2-1}}e^{-\varsigma\omega_n t}\left(e^{\sqrt{\varsigma^2-1}\omega_n t} - e^{-\sqrt{\varsigma^2-1}\omega_n t}\right)$
8	$\dfrac{s}{s^2+2\varsigma\omega_n s+\omega_n^2}$ $(\varsigma = 1)$	$\dfrac{d}{dt}(te^{-\omega_n t}) = e^{-\omega_n t}(1-\omega_n t)$
9	$\dfrac{s}{s^2+2\varsigma\omega_n s+\omega_n^2}$ $(0 \leqq \varsigma < 1)$	$e^{-\varsigma\omega_n t}\left\{\cos\left(\sqrt{1-\varsigma^2}\,\omega_n t\right) - \dfrac{\varsigma}{\sqrt{1-\varsigma^2}}\sin\left(\sqrt{1-\varsigma^2}\,\omega_n t\right)\right\}$

参　考　文　献

制御関連書籍（発行年降順）

1）佐藤和也，下本陽一，熊沢典良：はじめての現代制御理論，講談社 (2012)
2）劉　康志，申　鉄龍：現代制御理論通論，培風館 (2006)
3）背戸一登，丸山晃市：振動工学—解析から設計まで，森北出版 (2002)
4）木村英紀：制御工学の考え方，講談社 (2002)
5）奥山圭史 ほか：制御工学，朝倉書店 (2001)
6）藤森　篤：ロバスト制御，コロナ社 (2001)
7）今井弘之，竹口和男，能勢和夫：やさしく学べる制御工学，森北出版 (2000)
8）長谷川健介，増田良介，加藤　誠，高橋宏治：標準自動制御，実教出版 (1999)
9）増渕正美，川田誠一：システムのモデリングと非線形制御，コロナ社 (1996)
10）火力原子力発電技術協会 編：計測制御と自動化，火原協会講座 21，火力原子力発電技術協会 (1994)
11）渡部慶二（計測自動制御学会 編）：むだ時間システムの制御，コロナ社 (1993)
12）須田信英：PID 制御，朝倉書店 (1992)
13）角　忠夫，広井和男：制御システム技術の理論と応用，電気書院 (1992)
14）嘉納秀明，江原信郎，小林博明，小野　治：動的システムの理論と解析，コロナ社 (1991)
15）示村悦二郎：自動制御とは何か，コロナ社 (1990)
16）中野道雄，井上　悳，山本　裕，原　辰次（計測自動制御学会 偏）：繰返し制御，コロナ社 (1989)
17）渡辺嘉二郎，小林尚登，須田義大：パソコンによる制御工学，海文堂 (1989)
18）小林伸明：基礎制御工学，共立出版 (1988)
19）千本　資，花渕　太：計装システムの基礎と応用，オーム社 (1987)
20）安藤和昭，田沼正也，梶原宏之，兼田雅弘，名取　亮，藤井隆雄：数値解析手法による制御系設計，計測自動制御学会 (1986)
21）木村英紀，藤井隆雄，森武　宏：ロバスト制御，コロナ社 (1984)
22）高橋安人：パーソナルコンピュータによる自動制御計算法，オーム社 (1982)
23）中野道夫，美多　勉：制御基礎理論［古典から現代まで］，昭晃堂 (1982)
24）長谷川健介：基礎制御理論，昭晃堂 (1981)

25）小郷　寛，美多　勉：システム制御理論入門，実教出版 (1979)
26）児玉慎三，須田信英：システム制御のためのマトリクス理論，計測自動制御学会 (1978)
27）椹木義一，添田　喬，中溝高好：確率システム制御の基礎，日新出版 (1975)
28）J. ラサール，S. レフシェッツ（山本　稔 訳）：リアプノフの方法による安定性理論，産業図書 (1975)
29）木村英紀：動的システムの理論，産業図書 (1974)
30）有本　卓：線形システム理論，産業図書 (1974)
31）山口次郎：大学課程 電気工学概論 第2版，オーム社 (1973)
32）Schultz and Melsa（久村富持 訳）：状態関数と線形制御系，学献社 (1970)
33）日本機械学会自動制御部門委員会オンオフ制御分科会 編：オンオフ制御，日本機械学会 (1968)
34）高橋安人：システムと制御，岩波書店 (1968)
35）稲葉正太郎（大島康次郎 監修）：自動制御入門，丸善 (1967)
36）増渕正美：自動制御基礎理論，コロナ社 (1964)
37）高橋利衛：自動制御の数学，オーム社 (1961)

その他の書籍（発行年降順）

38）藤田勝久：基本を学ぶ流体力学，森北出版 (2009)
39）土谷武士，深谷健一：メカトロニクス入門，森北出版 (2004)
40）野澤　博：工業数学，コロナ社 (1999)
41）佐武一郎：線形代数学，裳華房 (1958)
42）尾崎　弘，黒田一之：回路網理論，共立出版 (1959)

洋　書（発行年降順）

43）Andrzej Bartoszewicz (Ed.)：Robust Control, 12–section, INTECH (2011)
44）Goong Chen, Irena Lasiecka, Jianxin Zhou：Control of nonlinear distributed parameter systems, Marcel Dekker (2001)
45）Norman S. Nise：Control Systems Engineering Third Edition, John Wiley & Sons (2000)
46）Paul M. Frank (Ed.)：Advances in Control, Highlights of ECC'99, Springer (1999)
47）M. Geradin and D. Rixen：Mechanical Vibrations, Theory and Application to Structural Dynamics Second Edition, John Wiley & Sons (1997)
48）G.W. Younkin：Industrial Servo Control Systems, Foundamentals and Applications, Marcel Dekker (1996)
49）Kemin Zbou with Tobn C. Doyle and Keitb Glover：ROBUST and OPTIMAL CON-

TROL, Prentice−Hall (1996)

50）S.P. Bhattacharyya, H. Chapellat and L.H. Keel：Robust Control, The Parametric Approach, Prentice−Hall Information and System Sciences Series, Prentice–Hall (1995)

51）H.A. Prime and A. Works (Eds.)：Multi–Lingual Glossary of Automatic Control Technology, second edition, IFAC (1995)

解　説（雑誌の記事）

52）S. Isomura and M. Katoh：Visual Programming Expedites Process Control, IEEE Computer Applications in Power, pp.52–57 (1996)

論　文（論文誌ごと発行年降順）

53）Makoto Katoh, Tasku Kumagai, Takayuki Ozeki：Safe Dynamics and Control of a Rotor Vehicle on a Track, Journal of Machinery Manufacturing and Automation, Vol. 2, Iss. 3, pp. 63–70 (2013)

54）Makoto Katoh and Akinobu Asada：Trials of Discrete Values Control by a Tracked Model for Wing Sail Eco–ship, Journal of Machinery Manufacturing and Automation, Vol. 2, Iss. 4, pp.84–89 (2013)

55）加藤　誠，石谷雅己：2 次元特徴量平面における分離直線による車種クラスタリング，S163016，日本機械学会 2012 年度年次大会 (2012)

56）Makoto Katoh and Atsushi Fujiwara：Simple Robust Stability for PID Control System of an Adjusted System with One–Changeable Parameter and Auto Tuning , International Journal of Advanced Computer Engineering, Vol. 3, No. 1 (2010)

57）張　亜軍，野波健蔵 ほか：コレスキー分解を用いたジャイロ効果を有する電力貯蔵フライホイールのゼロパワー制御，日本機械学会論文集 C 編，70–698，pp. 2805–2811 (2004)

58）Yong He, Min Wu and Jin-Hua She：Improved Bounded-Real-Lemma Representation and H_∞ Control of Systems With Polytopic Uncertainties, IEEE Transactions on Circuits and Systems-II: Express Briefs, vol.52, No.7, pp.380-384 (2005)

Web URL

59）LEGO education：http://education.lego.com/ja-jp/

60）三菱電気技報 MELSEP：http://www.mitsubishielectric.co.jp/giho/

61）三菱重工業（株）DIASYS：http://www.mhi.co.jp/products/category/diasys_pro_lineup.html

62）OMRON：http://www.fa.omron.co.jp/products/category/automation-systems/index.html

章末問題解答

1章

【1】 **解図1.1**参照。

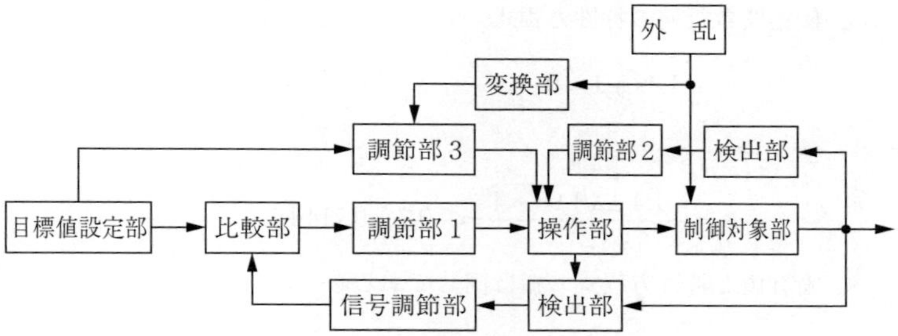

解図1.1　制御システム構成図

【2】 **解表1.1**参照。

解表1.1　作業命令トリガ・状態別アクションテーブルの一部

作業命令トリガ	エレベータ m 状態	乗員	アクション
一般の n 階で上昇ボタン	ホーム階等で待機	完空	優先：n 階へ向い移動 12, 32
	n 階へ上昇中	満員	n 階を通過し $n+1$ 階へ 23
		有空	n 階で停止，$n+1$ 階へ
	n 階へ下降中	有人	n 階を通過し $n-1$ 階へ
		完空	n 階で停止，$n+1$ 階へ
トリガなし s 分	n 階で停止	完空	ドアを閉めて n 階で待機
トリガなし b 分	n 階で待機	完空	ホーム階へ移動，待機
一般の n 階で下降ボタン	ホーム階等で待機	完空	優先：n 階へ向かい移動
	n 階へ上昇中	有人	n 階を通過し $n+1$ 階へ
		完空	n 階で停止，$n-1$ 階へ
	n 階へ下降中	満員	n 階を通過し $n-1$ 階へ
		有空	n 階で停止，$n-1$ 階へ

【3】（1） 行列指数関数の定義

$$e^{\boldsymbol{A}} \triangleq \boldsymbol{I} + \boldsymbol{A} + \cdots \frac{1}{n!}\boldsymbol{A}^n + \cdots = \begin{bmatrix} 1.000\,0 & 2.718\,3 \\ 0.367\,9 & 0.246\,6 \end{bmatrix} \quad \text{（MATLAB}^{\circledR}\text{による）}$$

（2） 固有値と固有ベクトル

$$\lambda = -0.7 \pm 0.714\,1j,$$
$$v = \begin{bmatrix} 0.707\,1 & 0.707\,1 \\ -0.495\,0 + 0.505\,0j & -0.495\,0 - 0.505\,0j \end{bmatrix}$$

（3） 伝達関数行列の特性方程式

$$s^2 + 1.4s + 1 = 0$$

極

$$s = \frac{-1.4 \pm \sqrt{1.96 - 4}}{2} = -0.7 \pm 0.714\,1j$$

固有値と特性方程式の極は同じである。

2章

【1】 式(2.15)より

$$\frac{d^2}{dt^2}\theta(t) = -\frac{g}{l}\theta(t) + \frac{1}{ml^2}\tau(t)$$

本文では微分演算子を s に置き換えて求めたこの式の伝達関数入出力表現：

$$s^2\theta(t) + \frac{g}{l}\theta(t) = \frac{1}{ml^2}\tau(t), \qquad \theta(t) = \frac{\dfrac{1}{ml^2}}{s^2 + \dfrac{g}{l}}\tau(t)$$

標準形：

$$G(s) = \frac{K\omega_n^2}{s^2 + 2\varsigma\omega_n s + \omega_n^2}$$

との対比からつぎのように固有角周波数が求められる。

$$\omega_n = \sqrt{\frac{g}{l}}$$

ちなみに$\zeta=0$はこの系が持続振動系であることを示す。さらに，$\omega_n=2\pi f$の関係式から固有周波数f〔Hz〕に変換し，その逆数$T=1/f$がこの振動系の固有周期T〔s〕である。

$$T=2\pi\sqrt{\frac{l}{g}}$$

ここでは，式(2.15)に対して位相変数を第2状態に導入し，状態方程式に変換して次式を得る。

$$\begin{bmatrix}\dot{\theta}(t)\\ \dot{\omega}(t)\end{bmatrix}=\begin{bmatrix}0 & 1\\ -\dfrac{g}{l} & 0\end{bmatrix}\begin{bmatrix}\theta(t)\\ \omega(t)\end{bmatrix}+\begin{bmatrix}0\\ \dfrac{1}{ml^2}\end{bmatrix}\tau(t)$$

固有方程式から固有値を求めると

$$\left\|\begin{bmatrix}\lambda & -1\\ \dfrac{g}{l} & \lambda\end{bmatrix}\right\|=0,\qquad \lambda^2+\frac{g}{l}=0,\qquad \lambda=\pm\sqrt{\frac{g}{l}}$$

この固有値が固有角周波数に一致することは，上記固有方程式が特性方程式と同じであり，解の固有値と固有角周波数の定義も一致することから明らかである。したがって，周期も同じになる。

【2】 ラグランジュの運動方程式に各エネルギーを求めて代入すれば

$$\frac{d}{dt}\left(\frac{\partial T}{\partial \theta_t}\right)-\frac{\partial T}{\partial \theta}+\frac{\partial U}{\partial \theta}=0,$$

$$T=0.5m\left(l\frac{d\theta}{dt}\right)^2+0.5m_2\left(l_2\frac{d\theta}{dt}\right)^2=0.5(ml^2+m_2l_2^2)\left(\frac{d\theta}{dt}\right)^2,$$

$$U=mgl(1-\cos\theta)+m_2gl_2(1-\cos\theta)=(ml+m_2l_2)g(1-\cos\theta),$$

$$(ml^2+m_2l_2^2)\frac{d^2\theta}{dt^2}+(ml+m_2l_2^2)g\sin\theta=0,$$

$$\frac{d^2\theta}{dt^2}=-\frac{(ml+m_2l_2)g}{(ml^2+m_2l_2^2)}\sin\theta$$

ここで，角速度比率と周期比率は任意のθに対して，つぎのようになる。

$$\frac{\omega_n'}{\omega_n}=\sqrt{\frac{l(ml+m_2l_2)}{(ml^2+m_2l_2^2)}},\qquad \frac{T'}{T}=\sqrt{\frac{(ml^2+m_2l_2^2)}{l(ml+m_2l_2)}}$$

重力の影響は消えているが実際は地球上では空気抵抗があるので異なることに注意。空気抵抗がなく持続振動が継続すれば，比率は場所によらないことになる。

【3】 一般形状の剛体の厳密解は難しいので，ここでは長さ $2l$ の均一な棒状を仮定し，天井から距離 l の中央に重心があり，そこに全質量 m が集中すると仮定すれば，本文に記載とおりのつぎの伝達関数解が得られる。

$$\theta(t) = \frac{\dfrac{1}{J}}{s^2 + \dfrac{g}{l}}\tau(t)$$

ここでは，極慣性モーメントは J と与えられているが，長さが半分なのでつぎのようになる。

$$\theta(t) = \frac{\dfrac{1}{J}}{s^2 + \dfrac{g}{0.5l}}\tau(t)$$

これを位相変数型の状態方程式に変換すれば，つぎのようになる。

$$\begin{bmatrix}\dot{\theta}(t)\\ \ddot{\theta}(t)\end{bmatrix} = \begin{bmatrix}0 & 1\\ -\dfrac{g}{0.5l} & 0\end{bmatrix}\begin{bmatrix}\theta(t)\\ \dot{\theta}(t)\end{bmatrix} + \begin{bmatrix}0\\ \dfrac{1}{J}\end{bmatrix}\tau(t)$$

【4】 例題 2.1 の状態方程式において抵抗 R を 0 とおけば

$$\begin{bmatrix}\dot{Q}(t)\\ \dot{I}(t)\end{bmatrix} = \begin{bmatrix}0 & 1\\ -\dfrac{1}{LC} & 0\end{bmatrix}\begin{bmatrix}Q(t)\\ I(t)\end{bmatrix} + \begin{bmatrix}0\\ \dfrac{1}{L}\end{bmatrix}V_{in}$$

このシステム行列の固有値はつぎの固有方程式を解いて

$$(\lambda \boldsymbol{I} - \boldsymbol{A})\boldsymbol{v} = \boldsymbol{0}, \qquad \left|\lambda \boldsymbol{I} - \boldsymbol{A}\right| = 0, \qquad \lambda^2 + \frac{1}{LC} = 0$$

この固有方程式とつぎの 2 次系標準特性方程式を等値して

$$s^2 + 2\varsigma\omega_n s + \omega_n^2 = 0$$

正の解より固有角周波数および周期はつぎのようになる。

$$\omega_n = \sqrt{\frac{1}{LC}}, \qquad T = 2\pi\sqrt{LC}$$

【5】
$$h_1(t)=\frac{K_{h1}e^{-L_{h1}s}}{T_{h1}s+1}f_{1in}(t),$$
$$h_2(t)=\frac{K_{h2}}{T_{h2}s+1}(e^{-L_{h12}s}\varsigma_{h1}h_1(t)+e^{-L_{h2}s}f_{2in}(t))$$
$$=\frac{K_{h12}e^{-(L_{h1}+L_{h12})s}}{(T_{h1}s+1)(T_{h2}s+1)}f_{1in}(t)+\frac{K_{h2}e^{-L_{h2}s}}{T_{h2}s+1}f_{2in}(t)$$
$$(K_{h12}=K_{h1}K_{h2}\varsigma_{h1})$$

上記の代入前の原式からスカラ表現の連立状態方程式とそのベクトル表現は次式となる。

$$\frac{d}{dt}h_1(t)=-\frac{1}{T_{h1}}h_1(t)+\frac{K_{h1}}{T_{h1}}f_{1in}(t-L_{h1}),$$
$$\frac{d}{dt}h_2(t)=-\frac{1}{T_{h2}}h_2(t)+\frac{K_{h2}}{T_{h2}}\{\zeta_{h1}h_1(t-L_{h1})+f_{2in}(t-L_{h2})\},$$
$$\begin{bmatrix}\dfrac{d}{dt}h_1(t)\\ \dfrac{d}{dt}h_2(t)\end{bmatrix}=\begin{bmatrix}-\dfrac{1}{T_{h1}} & 0\\ \dfrac{K_{h2}\zeta_{h1}}{T_{h2}} & -\dfrac{1}{T_{h2}}\end{bmatrix}\begin{bmatrix}h_1(t)\\ h_2(t)\end{bmatrix}+\begin{bmatrix}\dfrac{K_{h1}}{T_{h1}} & 0\\ 0 & \dfrac{K_{h2}}{T_{h2}}\end{bmatrix}\begin{bmatrix}f_{1in}(t-L_{h1})\\ f_{2in}(t-L_{h2})\end{bmatrix}$$

3章

【1】 ブロック線図は**解図 3.1** のようになり

$$\left|\frac{(j\omega_n)^2+2j\omega_n+1}{(j\omega_n)^2+3j\omega_n+1}\right|\left|\frac{(j\omega_n)^2+4.5j\omega_n+1}{(j\omega_n)^2+3j\omega_n+1}\right|\frac{3}{4.5}$$
$$=\left|\frac{1-\omega_n^2+2j\omega_n}{1-\omega_n^2+3j\omega_n}\right|\left|\frac{1-\omega_n^2+4.5j\omega_n}{1-\omega_n^2+3j\omega_n}\right|\frac{3}{4.5}$$
$$=\frac{\sqrt{(1-\omega_n^2)^2+4\omega_n^2}\sqrt{(1-\omega_n^2)^2+20.25\omega_n^2}}{(1-\omega_n^2)^2+9\omega_n^2}\frac{3}{4.5},$$
$$\omega_n=1\qquad\therefore\quad g_p=\frac{2}{3},\ \ g_p\,〔\mathrm{dB}〕=20\log_{10}\frac{2}{3}\,〔\mathrm{dB}〕=-3.5\,〔\mathrm{dB}〕$$

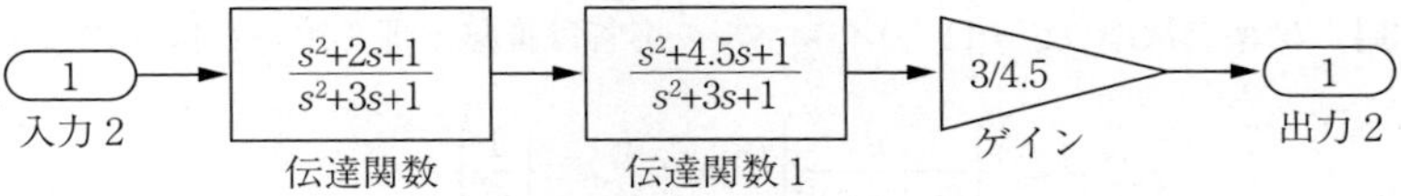

解図 3.1　ブロック線図

【2】　4：2方形波の場合は，まず，つぎのように真中の区間を1の区間と設定し，対称形にすれば以下のようになる（**解図3.2**）。

$$a_0 = \frac{1}{\pi}\int_{-\pi/2}^{\pi/2} dx = \frac{1}{\pi}\left[x\right]_{-\pi/2}^{\pi/2} = 1,$$

$$a_n = \frac{1}{\pi}\int_{-\pi/2}^{\pi/2} \cos nx\, dx = \frac{1}{n\pi}\left[\sin nx\right]_{-\pi/2}^{\pi/2} = \frac{2}{n\pi}\left(\sin\frac{n\pi}{2}\right),$$

$$b_n = \frac{1}{\pi}\int_{-\pi/2}^{\pi/2} \sin nx\, dx = -\frac{1}{n\pi}\left[\cos nx\right]_{-\pi/2}^{\pi/2} = 0,$$

$$\lambda(x) = \frac{1}{2} + \sum_{n=1}^{\infty}\frac{2}{n\pi}\left(\sin\frac{n\pi}{2}\right)\cos nx$$

$$= \frac{1}{2} + \sum_{n=1}^{\infty}\frac{2}{n\pi}\left(\sin\frac{n\pi}{2}\right)\cos(n(\omega_f t + \varphi))$$

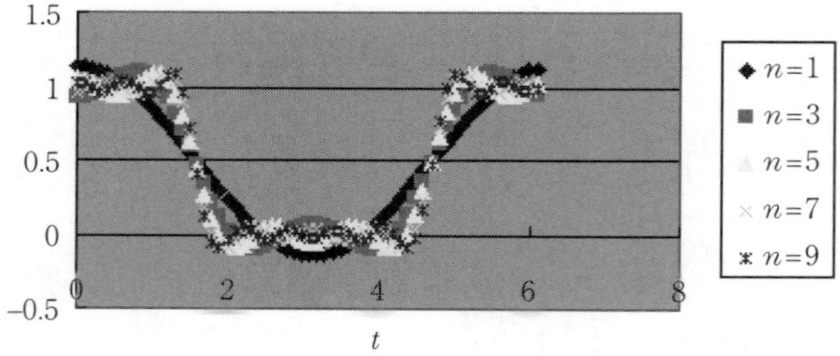

（a）　$\phi = 0$

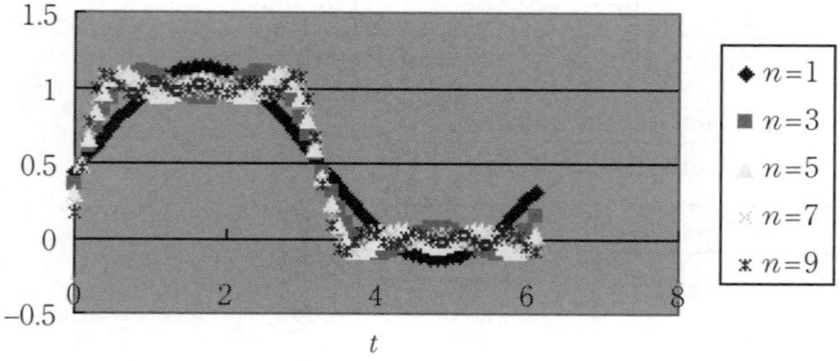

（b）　$\phi = 4.6$

解図3.2　4：2方形波のフーリエ級数

【3】　標準二次系（$\zeta = 1$）のインパルス応答は推移定理を用いれば次式になる。

$$y(t) = \mathcal{L}^{-1}\left\{\frac{\omega_n^2}{(s+\omega_n)^2}\right\} = \omega_n^2 e^{-\omega_n t}\mathcal{L}^{-1}\left\{\frac{1}{s^2}\right\} = \omega_n^2 t e^{-\omega_n t} u(t)$$

ただし，逆ラプラス変換はつぎのランプ関数のラプラス変換を用いた。

$$F(s) = \mathcal{L}\{f(t)\} = \int_0^{\infty} tu(t)e^{-st}dt = \int_0^{\infty} te^{-st}dt$$

$$= \left[-\frac{t}{s}e^{-st}\right]_0^{\infty} - \frac{1}{s^2}\left[e^{-st}\right]_0^{\infty} = \frac{1}{s^2} \qquad (s > 0)$$

ステップ応答はインパルス応答を積分してつぎのように求まる。

$$y(t) = (1 + t\omega_n)e^{-\omega_n t}$$

グラフを書くと**解図 3.3** のようになる。また，このグラフから立上り時間と整定時間は**解表 3.1** のように読める。

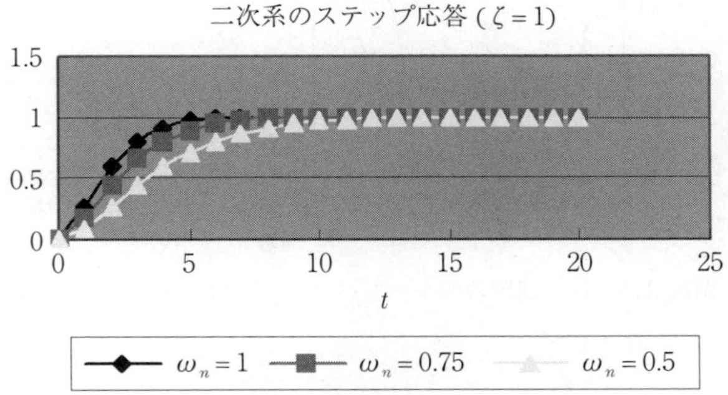

解図 3.3　臨界減衰系のステップ応答

解表 3.1

固有角速度	$\omega_n = 1$	$\omega_n = 0.75$	$\omega_n = 0.5$
立上り時間〔s〕	3.36	4.48	6.72
整定時間〔s〕	4.74	6.33	9.49

【4】　(1)　問題に与えられた積分制御開ループの周波数伝達関数はつぎのようになる。

$$G(j\omega) = \frac{K_i}{j\omega(jT_1\omega + 1)(jT_2\omega + 1)}$$

このベクトル軌跡は**解図 3.4** のようになり，ボード線図は**解図 3.5** のようになる。どちらも MATLAB® を用いて描いたものである。

ベクトル軌跡は位相余裕角を読み取るために真円になるようにスケールを調整する必要がある。ゲイン余裕はイメージであって数値は位相交点の原点からの距離の逆数で定義されるので注意が必要である。交点周波

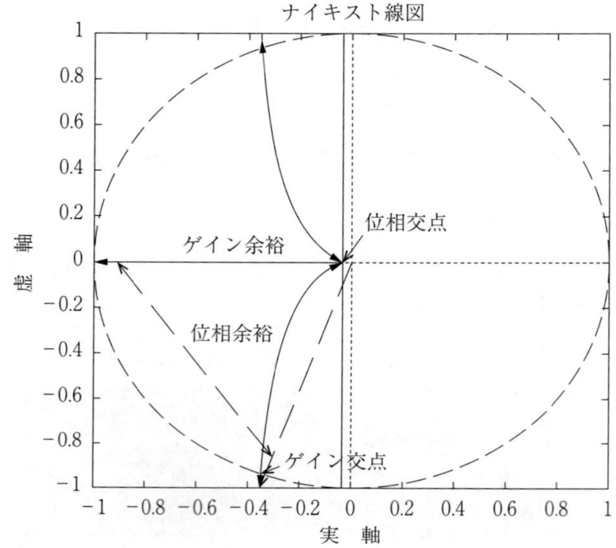

解図 3.4　積分制御の開ループベクトル軌跡（ナイキスト線図）

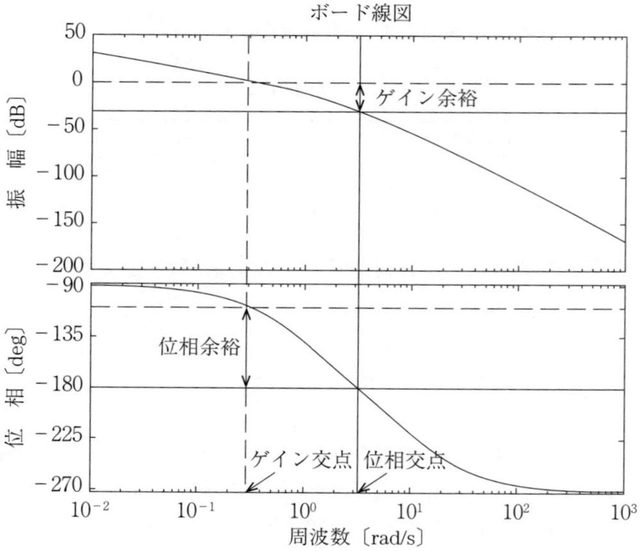

解図 3.5　積分制御の開ループボード線図（ゲイン余裕と位相余裕表示）

数は読み取れない。

そこで，ボード線図より各数値を読み取り，ゲイン余裕は約 30 dB = 32，位相余裕は約 70 度である。ゲイン交点は約 0.3 rad/s，位相交点は約 3.3 rad/s である。

(2)　ゲイン関数は次式となる。

$$g\{G(j\omega)\}=\left|\frac{K_i}{j\omega}\right|\left|\frac{1}{jT_1\omega+1}\right|\left|\frac{1}{jT_2\omega+1}\right|=\left|\frac{K_i}{\omega}\right|\left|\frac{1}{\sqrt{1+T_1^2\omega^2}}\right|\left|\frac{1}{\sqrt{1+T_2^2\omega^2}}\right|$$

$T_1=0$ と置いた近似ゲイン交点はゲイン 1 の円との交点だから

$$g\{G(j\omega)\}\approx\left|\frac{K_i}{\omega}\right|\left|\frac{1}{\sqrt{1+T_2^2\omega^2}}\right|=1 \quad\Rightarrow\quad K_i=\omega\sqrt{1+T_2^2\omega^2},$$

$$\Omega(1+T_2^2\Omega)-K_i=0,$$

$$\Omega_c\approx\frac{-1\pm\sqrt{1+4T_2^2K_i}}{2T_2^2}=\frac{-1\pm\sqrt{2.4}}{2}=-1.275,\ 0.275$$

$$\omega_g\approx 0.524$$

位相関数は次式となる。

$$\phi\{G(j\omega)\}=\angle\left(\frac{KK_i}{j\omega(1+j\omega T_1)(1+j\omega T_2)}\right)$$
$$=\angle\frac{1}{j\omega}+\angle\frac{1}{\{1-\omega^2T_1T_2+j\omega(T_1+T_2)\}}$$

近似ゲイン交点での位相と位相余裕はつぎのようになる。

$$\phi\{G(j\omega_g)\}$$
$$=\angle\frac{1}{j\omega_g}+\angle\frac{1}{\{1-\omega_g^2T_1T_2+j\omega_g(T_1+T_2)\}}$$
$$=-90^\circ-\tan^{-1}\frac{\omega_g(T_1+T_2)}{1-\omega_g^2T_1T_2}=-90^\circ-\tan^{-1}\frac{0.524\times1.1}{1-0.274\,6\times0.1}$$
$$=-90^\circ-\tan^{-1}0.592\,7=-120.66^\circ,$$
$$\phi_m=180-121=59$$

(3)　位相交点は −180 度の線との交点であり，虚数単位 j の位相角が 90 度であるから

$$\angle\frac{1}{\{1-\omega^2T_1T_2+j\omega(T_1+T_2)\}}=-90^\circ,$$

$$1-\omega^2T_1T_2=0,\qquad \omega_p=\frac{1}{\sqrt{T_1T_2}}=\frac{1}{\sqrt{0.1}}=3.16$$

位相交点でのゲインとゲイン余裕はつぎのように計算できる。

$$g\{G(j\omega_p)\}=\left|\frac{K_i}{\omega_p}\right|\left|\frac{1}{\sqrt{1+T_1^2\omega_p^2}}\right|\left|\frac{1}{\sqrt{1+T_2^2\omega_p^2}}\right|=\frac{0.35}{3.16}\frac{1}{\sqrt{1+0.1}}\frac{1}{\sqrt{1+10}}$$

$$=0.11\times0.953\,5\times0.301\,5=0.031\,6,$$

$$g_m=\frac{1}{0.031\,6}=31.6$$

(4)　閉ループ伝達関数の分母から特性方程式は次式になる。

$$T_1T_2s^3+(T_1+T_2)s^2+s+K_i=0$$

すべての係数は正であるからフルビッツ法による積分ゲインの安定限界ゲインは

$$H_3=\begin{bmatrix}\dfrac{(T_1+T_2)}{T_1T_2} & \dfrac{K_i}{T_1T_2} & 0\\ 1 & \dfrac{1}{T_1T_2} & 0\\ 0 & \dfrac{(T_1+T_2)}{T_1T_2} & \dfrac{K_i}{T_1T_2}\end{bmatrix}$$

のすべての主座小行列式が正であることから不等式を解いて

$$0<K_i<\frac{(T_1+T_2)}{T_1T_2}=\frac{1.1}{0.1}=11$$

【5】　本文より出力と出力誤差の定常値はつぎのように表現できる。

$$y(\infty)=T(0)u(\infty)=\frac{N_C(0)N_G(0)N_H(0)}{D_C(0)D_G(0)D_H(0)+N_C(0)N_G(0)N_H(0)}r(\infty),$$

$$e(\infty)=\frac{r(\infty)-y(\infty)}{r(\infty)}=\frac{D_C(0)D_G(0)D_H(0)}{D_C(0)D_G(0)D_H(0)+N_C(0)N_G(0)N_H(0)}$$

コントローラに積分器が含まれている場合は $D_C(0)=0$ であるから目標値誤差はゼロになる。

4章

【1】 (1) つぎの可制御正準系の随伴表現システムは可制御性行列 $\boldsymbol{CM}$ がつぎのように，$K\omega_n^2\alpha \neq 0$ であればフルランクあるので，可制御である。

$$\begin{bmatrix} \dot{x}_1(t) \\ \dot{x}_2(t) \\ \dot{x}_3(t) \end{bmatrix} = \begin{bmatrix} 0 & 1 & 0 \\ 0 & 0 & 1 \\ -\alpha\omega_n^2 & -2\alpha\zeta\omega_n - \omega_n^2 & -2\varsigma\omega_n - \alpha \end{bmatrix} \begin{bmatrix} x_1(t) \\ x_2(t) \\ x_3(t) \end{bmatrix} + \begin{bmatrix} 0 \\ 0 \\ K\omega_n^2\alpha \end{bmatrix} u(t),$$

$$\boldsymbol{CM} = [b \quad Ab \quad A^2b] = K\omega_n^2\alpha \begin{bmatrix} 0 & 0 & 1 \\ 0 & 1 & (-2\varsigma\omega n - \alpha) \\ 1 & (-2\varsigma\omega n - \alpha) & (-2\varsigma\omega n - \alpha)^2 \end{bmatrix},$$

$$\mathrm{rank}(\boldsymbol{CM}) = 3 \quad \Rightarrow \quad \text{controllable}$$

与えられた出力方程式から可観測性行列 $\boldsymbol{OM}$ はつぎのようになり，

$$\begin{bmatrix} \dot{x}_1(t) \\ \dot{x}_2(t) \\ \dot{x}_3(t) \end{bmatrix} = \begin{bmatrix} 0 & 1 & 0 \\ 0 & 0 & 1 \\ -\alpha\omega_n^2 & -2\alpha\zeta\omega_n - \omega_n^2 & -2\varsigma\omega_n - \alpha \end{bmatrix} \begin{bmatrix} x_1(t) \\ x_2(t) \\ x_3(t) \end{bmatrix} + \begin{bmatrix} 0 \\ 0 \\ K\omega_n^2\alpha \end{bmatrix} u(t),$$

$$y(t) = \begin{bmatrix} 1 & \dfrac{c}{\alpha\omega_n^2} & 0 \end{bmatrix} \begin{bmatrix} x_1(t) \\ x_2(t) \\ x_3(t) \end{bmatrix},$$

$$\boldsymbol{OM} = \begin{bmatrix} 1 & \dfrac{c}{\alpha\omega_n^2} & 0 \\ 0 & 1 & \dfrac{c}{\alpha\omega_n^2} \\ -c & (-2\alpha\zeta\omega_n - \omega_n^2)\dfrac{c}{\alpha\omega_n^2} & 1 + (-2\varsigma\omega_n - \alpha)\dfrac{c}{\alpha\omega_n^2} \end{bmatrix},$$

$$\left|\boldsymbol{OM}\right| = 1 + (-2\varsigma\omega_n - \alpha)\frac{c}{\alpha\omega_n^2} - (-2\alpha\zeta\omega_n - \omega_n^2)\frac{c^2}{\alpha^2\omega_n^4} - \frac{c^3}{\alpha^2\omega_n^4} = 0$$

のときに $\boldsymbol{OM}$ はフルランクでなくなり，可観測性は崩れる。

出力方程式より，このシステムのゼロ点は $z = -\alpha\omega_n^2/c$ であるから

$$z^2 + (2\varsigma\omega_n + \alpha)z - (-2\alpha\zeta\omega_n - \omega_n^2 + c) = 0,$$

$$z = \frac{-(2\varsigma\omega_n + \alpha) \pm \sqrt{(2\varsigma\omega_n + \alpha)^2 + 4(-2\alpha\zeta\omega_n - \omega_n^2 + c)}}{2}$$

のときに可観測性が崩れる。

(2) つぎの可観測正準系の随伴表現システムの可観測性行列 **OM** はつぎのようになり，フルランクあるので，可観測である。

$$\begin{bmatrix}\dot{x}_1(t)\\ \dot{x}_2(t)\\ \dot{x}_3(t)\end{bmatrix}=\begin{bmatrix}0 & 0 & -\alpha\omega_n^2\\ 1 & 0 & -2\alpha\varsigma\omega_n-\omega_n^2\\ 0 & 1 & -2\varsigma\omega_n-\alpha\end{bmatrix}\begin{bmatrix}x_1(t)\\ x_2(t)\\ x_3(t)\end{bmatrix}+K\alpha\omega_n^2\begin{bmatrix}1\\ \dfrac{c}{\alpha\omega_n^2}\\ 0\end{bmatrix}u(t),$$

$$y(t)=\begin{bmatrix}0 & 0 & 1\end{bmatrix}\boldsymbol{x}(t)+du(t),$$

$$\boldsymbol{OM}=\begin{bmatrix}0 & 0 & 1\\ 0 & 1 & -2\varsigma\omega_n-\alpha\\ 1 & -2\varsigma\omega_n-\alpha & -2\alpha\varsigma\omega_n-\omega_n^2+(2\varsigma\omega_n+\alpha)^2\end{bmatrix},$$

$$\left|\boldsymbol{OM}\right|=-1,\quad \mathrm{rank}(\boldsymbol{OM})=3\quad\Rightarrow\quad\text{observable}$$

可観測正準系随伴表現における可制御グラム行列をつくるとつぎのようになる。

$$\boldsymbol{CM}=\begin{bmatrix}1 & 0 & -c\\ \dfrac{c}{\alpha\omega_n^2} & 1 & -\dfrac{2\varsigma c}{\omega_n}-\dfrac{c}{\alpha}\\ 0 & \dfrac{c}{\alpha\omega_n^2} & -\dfrac{2\varsigma c}{\alpha\omega_n}-\dfrac{c}{\omega_n^2}\end{bmatrix},$$

$$\left|\boldsymbol{CM}\right|=-\frac{c^3}{\alpha^2\omega_n^4}+\frac{1}{\alpha^2\omega_n^2}\left(\frac{2\varsigma\alpha}{\omega_n}+1\right)c^2-\left(\frac{2\varsigma}{\alpha\omega_n}+\frac{1}{\omega_n^2}\right)c\neq 0$$

$$\Rightarrow\quad\mathrm{rank}(\boldsymbol{CM})=3\quad\Rightarrow\quad\text{controllable}$$

【2】

$$\boldsymbol{A}=\begin{bmatrix}-\dfrac{1}{R_1} & 0\\ \dfrac{1}{R_{12}} & -\dfrac{1}{R_2}\end{bmatrix},\quad \boldsymbol{B}=\begin{bmatrix}\dfrac{1}{R_1} & \dfrac{K_1}{R_1} & 0\\ 0 & 0 & \dfrac{K_2}{R_2}\end{bmatrix},\qquad c_1=[1\quad 0],\quad c_2=[0\quad 1],$$

$$\boldsymbol{OM}_1=\begin{bmatrix}1 & 0\\ -\dfrac{1}{R_1} & 0\end{bmatrix},\quad \mathrm{rank}(\boldsymbol{OM}_1)=1,\qquad \boldsymbol{OM}_2=\begin{bmatrix}0 & 1\\ \dfrac{1}{R_{12}} & -\dfrac{1}{R_2}\end{bmatrix},\quad \mathrm{rank}(\boldsymbol{OM}_2)=2$$

このことは上流側にある第１タンク温度からは両タンクの温度は可観測ではなく，下流側にある第２タンク温度からは両タンクの温度が可観測であることを意味しており，物理的な因果関係と整合する。

【3】

$$\boldsymbol{A}=\begin{bmatrix}-\dfrac{1}{R_1} & 0\\ \dfrac{1}{R_{12}} & -\dfrac{1}{R_2}\end{bmatrix},\qquad \boldsymbol{b}_1=\begin{bmatrix}\dfrac{K_1}{R_1}\\ 0\end{bmatrix},\ \boldsymbol{b}_2=\begin{bmatrix}0\\ \dfrac{K_2}{R_2}\end{bmatrix},$$

$$\boldsymbol{CM}_1=\begin{bmatrix}\dfrac{K_1}{R_1} & -\dfrac{K_1}{{R_1}^2}\\ 0 & \dfrac{K_1}{R_{12}R_1}\end{bmatrix},\qquad \boldsymbol{CM}_2=\begin{bmatrix}0 & 0\\ \dfrac{K_2}{R_2} & -\dfrac{K_2}{{R_2}^2}\end{bmatrix},$$

$$\mathrm{rank}(\boldsymbol{CM}_1)=2,\qquad \mathrm{rank}(\boldsymbol{CM}_2)=1$$

このことは上流側タンクのヒータによって両タンクの温度は可制御であり，下流側タンクのヒータによっては両タンクの温度は可制御ではないことを意味しており，物理的因果関係と整合する。

【4】

$$G(s)=c^T(s\boldsymbol{I}-\boldsymbol{A})^{-1}\boldsymbol{b}=K\omega_n^2\begin{bmatrix}0 & 1\end{bmatrix}\begin{bmatrix}s & \omega_n^2\\ -1 & s+2\varsigma\omega_n\end{bmatrix}^{-1}\begin{bmatrix}1\\ \dfrac{c}{\omega_n^2}\end{bmatrix}$$

$$=\frac{K\omega_n^2}{s^2+2\varsigma\omega_n s+\omega_n^2}\begin{bmatrix}0 & 1\end{bmatrix}\begin{bmatrix}s+2\varsigma\omega_n & -\omega_n^2\\ 1 & s\end{bmatrix}\begin{bmatrix}1\\ \dfrac{c}{\omega_n^2}\end{bmatrix}$$

$$=\frac{K(cs+\omega_n^2)}{s^2+2\varsigma\omega_n s+\omega_n^2}$$

これは本文中の可制御正準形の例題と同じ伝達関数であるから，比例制御の安定性条件は同じになる。積分制御の安定性条件はつぎのようになり，本文中の可制御正準形の例題の場合も同じである。

$$W(s)=\frac{k_iK(cs+\omega_n^2)}{s^3+2\varsigma\omega_n s^2+(\omega_n^2+k_iKc)s+k_iK\omega_n^2},$$

$$H_2=\begin{vmatrix}2\varsigma\omega_n & k_iK\omega_n^2\\ 1 & \omega_n^2+k_iKc\end{vmatrix}=2\varsigma\omega_n(\omega_n^2+k_iKc)-k_iK\omega_n^2,$$

$$K>0,\ \ c\geqq 0,\ \ k_i\geqq 0,\ \ H_2>0\ \Rightarrow\begin{cases}0<k_i<\dfrac{2\varsigma\omega_n^2}{K(\omega_n-2\varsigma c)} & (\omega_n\geqq 2\varsigma c\geqq 0)\\ \quad 0<k_i & (\omega_n<2\varsigma c)\end{cases},$$

$$K>0,\ \ c<0,\ \ k_i\geqq 0,\ \ H_2>0\ \Rightarrow\begin{cases}0<k_i<\min\left\{-\dfrac{\omega_n^2}{Kc},\ \dfrac{2\varsigma\omega_n^2}{K(\omega_n-2\varsigma c)}\right\} & (\omega_n\geqq 0)\\ \quad 0<k_i<\dfrac{2\varsigma\omega_n^2}{K(\omega_n-2\varsigma c)} & (\omega_n<0)\end{cases}$$

$c>0$ の場合が最小位相形であり，$c<0$ の場合が非最小位相形である。二次系の積分制御では比例制御と異なりどちらも不安定になり得る。

【5】 1入力の2次の可制御正準形随伴表現に対して無限時間最適 PD レギュレータを構成してみる。

線系制御対象：

$$\dot{\boldsymbol{x}} = \boldsymbol{A}\boldsymbol{x} + \boldsymbol{b}u, \qquad \boldsymbol{A} = \begin{bmatrix} 0 & 1 \\ -\omega_n^2 & -2\varsigma\omega_n \end{bmatrix},\ \boldsymbol{b} = \begin{bmatrix} 0 \\ K\omega_n^2 \end{bmatrix}$$

2次評価関数：

$$J = \int_0^\infty (\boldsymbol{x}^T\boldsymbol{Q}\boldsymbol{x} + u^T\boldsymbol{R}u)dt, \qquad \boldsymbol{Q} = \mathrm{diag}[q_{11} \quad q_{22}],\ |\boldsymbol{R}| = r$$

最適操作量：

$$u = \boldsymbol{f}^T\boldsymbol{x} \qquad \left(\boldsymbol{f}^T = \frac{-1}{r \times \boldsymbol{b}^T\boldsymbol{P}},\ \boldsymbol{PA} + \boldsymbol{A}^T\boldsymbol{P} + \boldsymbol{Q} - \frac{1}{r}\boldsymbol{Pbb}^T\boldsymbol{P} = \boldsymbol{0}\right)$$

これは位相変数型の状態フィードバックであるから，$\boldsymbol{x}_2$ は $\boldsymbol{x}_1$ の微分であり，$\boldsymbol{f}_1$ は比例ゲイン，$\boldsymbol{f}_2$ は微分ゲインとなる PD フィードバック型のレギュレータである。伝達関数モデルに対しても別の実現に対しても，出力の PD オブザーバによる状態推定値を用いれば可制御正準形に対してレギュレータ構成したことと等価であるから，同じ結果が得られる（**解図 4.1** 参照）。

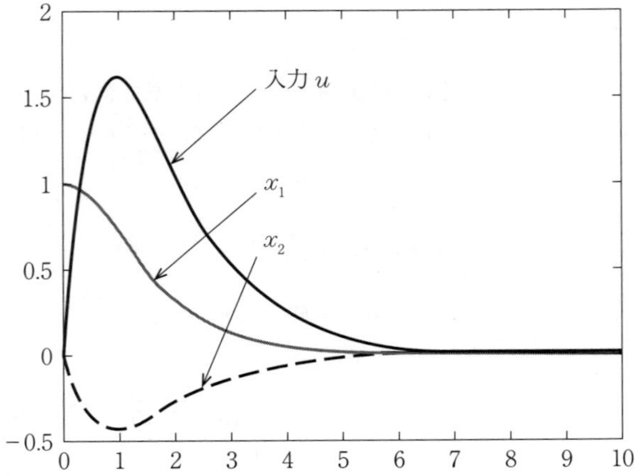

解図 4.1　シミュレーション結果

閉ループ系：

$$\dot{\boldsymbol{x}} = \boldsymbol{A}_C\boldsymbol{x} = (\boldsymbol{A} + \boldsymbol{b}\boldsymbol{f}^T)\boldsymbol{x},$$

$$J_c = \int_0^\infty \boldsymbol{x}^T\boldsymbol{Q}_L\boldsymbol{x}dt = \boldsymbol{x}^T(0)\boldsymbol{P}_L\boldsymbol{x}(0) \qquad (\boldsymbol{P}_L\boldsymbol{A} + \boldsymbol{A}^T\boldsymbol{P}_L + \boldsymbol{Q}_L = \boldsymbol{0})$$

数値例：

$$K=1,\ \omega_n=1,\ \varsigma=-1, \qquad q_{11}=1,\ q_{22}=1,\ r=1,$$

$$x_1(0)=1,\ x_2(0)=0, \qquad f^T=[-0.414\,2 \quad -4.414\,2],$$

$$\boldsymbol{Q}_L=\boldsymbol{Q}, \qquad \lambda_1=-1,\ \lambda_2=-1.414,$$

$$\omega_{nc}=1.189, \qquad \varsigma_c=1.015, \qquad J_c=1.353\,6$$

プログラム上の注意は，有本・ポッター法のハミルトニアンに対する固有ベクトル行列をつくる際の，安定固有値に対するものを選ぶためのマスク行列の生成である。

【6】 リアプノフの行列微分方程式をP行列の対称性を利用して，つぎのような縮退状態方程式に変換し，左辺をゼロとおいて定常解を求めると，つぎのようになる。

$$\begin{bmatrix}\dot{p}_{11}(t)\\ \dot{p}_{12}(t)\\ \dot{p}_{22}(t)\end{bmatrix} = \begin{bmatrix}0 & -2 & 0\\ 1 & -2\varsigma & -1\\ 0 & 2 & -4\varsigma\end{bmatrix}\begin{bmatrix}p_{11}(t)\\ p_{12}(t)\\ p_{22}(t)\end{bmatrix} + \begin{bmatrix}1 & 0\\ 0 & 0\\ 0 & 1\end{bmatrix}\begin{bmatrix}q_{11}\\ q_{22}\end{bmatrix},$$

$$\begin{bmatrix}p_{11}\\ p_{12}\\ p_{22}\end{bmatrix} = \begin{bmatrix}0 & -2 & 0\\ 1 & -2\varsigma & -1\\ 0 & 2 & -4\varsigma\end{bmatrix}^{-1}\begin{bmatrix}1 & 0\\ 0 & 0\\ 0 & 1\end{bmatrix}\begin{bmatrix}1\\ 1\end{bmatrix} = \frac{1}{8\varsigma}\begin{bmatrix}8\varsigma^2+2 & -8\varsigma & 2\\ 4\varsigma & 0 & 0\\ 2 & 0 & 2\end{bmatrix}\begin{bmatrix}1\\ 0\\ 1\end{bmatrix} = \begin{bmatrix}\varsigma + \dfrac{1}{2\varsigma}\\ 0.5\\ \dfrac{1}{2\varsigma}\end{bmatrix}$$

数値例

$$q_{11}=u(t),\ \ q_{22}=u(t),$$

$$\varsigma=0.7 \ \Rightarrow\ p_{11}=1.414,\ \ p_{12}=0.5,\ \ p_{22}=0.714,$$

$$\varsigma=1.0 \ \Rightarrow\ p_{11}=1.5,\ \ p_{12}=0.5,\ \ p_{22}=0.5,$$

$$\varsigma=1.4 \ \Rightarrow\ p_{11}=1.756,\ \ p_{12}=0.5,\ \ p_{22}=0.357$$

この $\boldsymbol{P}_L$ が正定値であることはシルベスターの判定法によりつぎのように確かめることができる。他の ς 条件でも同様である。

$$\boldsymbol{P}_L(\varsigma=0.7) = \begin{bmatrix}1.414 & 0.5\\ 0.5 & 0.714\end{bmatrix},$$

$$\left|\boldsymbol{P}_{L1}\right| = 1.414 > 0, \qquad \left|\boldsymbol{P}_L\right| = 1.414\times 0.714 - 0.5\times 0.5 > 0$$

【7】 状態変数の常時正則な座標変換行列 $\boldsymbol{T}$ によってシステム $(\boldsymbol{A},\boldsymbol{B},\boldsymbol{C})$ が $(\tilde{\boldsymbol{A}},\tilde{\boldsymbol{B}},\tilde{\boldsymbol{C}})$ に変換された場合の伝達関数行列は，積の逆行列公式によってつぎのように等価である。

$$\begin{aligned}\boldsymbol{G}(s)&=\tilde{\boldsymbol{C}}(s\boldsymbol{I}-\tilde{\boldsymbol{A}})^{-1}\tilde{\boldsymbol{B}}=\boldsymbol{C}\boldsymbol{T}(s\boldsymbol{I}-\boldsymbol{T}^{-1}\boldsymbol{A}\boldsymbol{T})^{-1}\boldsymbol{T}^{-1}\boldsymbol{B}\\&=\boldsymbol{C}(s\boldsymbol{T}\boldsymbol{T}^{-1}-\boldsymbol{T}\boldsymbol{T}^{-1}\boldsymbol{A}\boldsymbol{T}\boldsymbol{T}^{-1})^{-1}\boldsymbol{B}=\boldsymbol{C}(s\boldsymbol{I}-\boldsymbol{A})^{-1}\boldsymbol{B}\end{aligned}$$

可制御性行列 $\boldsymbol{CM}$ は常時正則行列 $\boldsymbol{T}$ によって座標変換を行うと

$$\begin{aligned}\tilde{\boldsymbol{CM}}&=\begin{bmatrix}\tilde{\boldsymbol{B}} & \tilde{\boldsymbol{A}}\tilde{\boldsymbol{B}} & \cdots & \tilde{\boldsymbol{A}}^{n-1}\tilde{\boldsymbol{B}}\end{bmatrix}=\begin{bmatrix}\boldsymbol{T}^{-1}\boldsymbol{B} & \boldsymbol{T}^{-1}\boldsymbol{A}\boldsymbol{T}\boldsymbol{T}^{-1}\boldsymbol{B} & \cdots & \boldsymbol{T}^{-1}\boldsymbol{A}^{n-1}\boldsymbol{T}\boldsymbol{T}^{-1}\boldsymbol{B}\end{bmatrix}\\&=\boldsymbol{T}^{-1}\begin{bmatrix}\boldsymbol{B} & \boldsymbol{A}\boldsymbol{B} & \cdots & \boldsymbol{A}^{n-1}\boldsymbol{B}\end{bmatrix}\end{aligned}$$

正則行列の積によってランクは変わらないから

$$\mathrm{rank}(\tilde{\boldsymbol{CM}})=\mathrm{rank}(\boldsymbol{CM})$$

座標変換によって，可制御性は不変である。可観測性行列 $\boldsymbol{OM}$ についても同様である。

【8】 **解図 4.2** 参照。

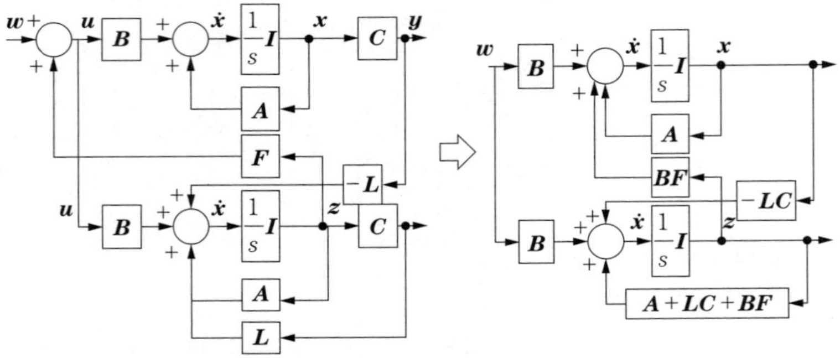

解図 4.2　オブザーバ付きレギュレータのブロック図

5章

【1】

$$\boldsymbol{A}\boldsymbol{A}^* = \begin{bmatrix} \dfrac{1}{j\omega+1} & \dfrac{1}{4j\omega+1} \\ \dfrac{1}{2j\omega+1} & \dfrac{1}{3j\omega+1} \end{bmatrix} \begin{bmatrix} \dfrac{1}{-j\omega+1} & \dfrac{1}{-2j\omega+1} \\ \dfrac{1}{-4j\omega+1} & \dfrac{1}{-3j\omega+1} \end{bmatrix}$$

$$= \begin{bmatrix} \dfrac{1}{(\omega^2+1)} + \dfrac{1}{(16\omega^2+1)} & \dfrac{1}{(1+2\omega^2-j\omega)} + \dfrac{1}{(1+12\omega^2+j\omega)} \\ \dfrac{1}{(1+2\omega^2+j\omega)} + \dfrac{1}{(1+12\omega^2-j\omega)} & \dfrac{1}{(4\omega^2+1)} + \dfrac{1}{(9\omega^2+1)} \end{bmatrix},$$

$$\left|\sigma^2 \boldsymbol{I} - \boldsymbol{A}\boldsymbol{A}^*\right| = \left\| \begin{matrix} \sigma^2 - \dfrac{17\omega^2+2}{(\omega^2+1)(16\omega^2+1)} & -\dfrac{2+14\omega^2}{(1+2\omega^2-j\omega)(1+12\omega^2+j\omega)} \\ -\dfrac{2+14\omega^2}{(1+2\omega^2+j\omega)(1+12\omega^2-j\omega)} & \sigma^2 - \dfrac{13\omega^2+2}{(4\omega^2+1)(9\omega^2+1)} \end{matrix} \right\|,$$

$$\sigma^4 - \left\{ \frac{17\omega^2+2}{(\omega^2+1)(16\omega^2+1)} + \frac{13\omega^2+2}{(4\omega^2+1)(9\omega^2+1)} \right\} \sigma^2$$

$$+ \frac{17\omega^2+2}{(\omega^2+1)(16\omega^2+1)} \frac{13\omega^2+2}{(4\omega^2+1)(9\omega^2+1)} - \frac{(2+14\omega^2)^2}{\{(1+2\omega^2)^2+\omega^2\}\{(1+12\omega^2)^2+\omega^2\}} = 0,$$

$$\bar{\sigma}(\omega) = 0.5^{0.5} \Bigg[\left\{ \frac{17\omega^2+2}{(\omega^2+1)(16\omega^2+1)} + \frac{13\omega^2+2}{(4\omega^2+1)(9\omega^2+1)} \right\}$$
$$+ \left\{ \left(\frac{17\omega^2+2}{(\omega^2+1)(16\omega^2+1)} + \frac{13\omega^2+2}{(4\omega^2+1)(9\omega^2+1)} \right)^2 \right.$$
$$\left. + \frac{4(2+14\omega^2)^2}{((1+2\omega^2)^2+\omega^2)((1+12\omega^2)^2+\omega^2)} \right\}^{0.5} \Bigg]^{0.5},$$

$$\|\boldsymbol{A}\|_\infty = \sup_\omega \bar{\sigma}(\omega) = 2.2 \qquad (\omega = 0.0)$$

【2】

$$S = \frac{1}{1+CHG} = \frac{1}{1+\dfrac{K_i}{s}\dfrac{K}{Ts+1}} = \frac{s(Ts+1)}{Ts^2+s+K_iK},$$

$$T = 1 - S = \frac{K_iK}{Ts^2+s+K_iK}$$

6章

【1】 **解表 6.1** 参照。

解表 6.1　創発技術取りまとめ

創発技術	説　明
システムの分類と組合せ	二つ以上のシステムを組み合わせることによって新たなものが創発することはよく起こる。したがって，一つのシステムも組み合わせられるサブシステムに分類して二つ以上にすれば，組合せが発生してシステム創発を起こすことができる
システムの分類と切替え	二つ以上のシステムを切り替えて使用することによって新たなシステムが創発することはよく起こる。したがって，一つのシステムも切り替えられるサブシステムに分類して二つ以上にすれば，切替え利用が発生してシステム創発を起こすことができる
システムのアナロジー	二つ以上のシステムのアナロジーを考えることは，片方にあって片方にない場合に，ないほうにあるほうの類似のものが創発することがある
システムの拡張	システムの範囲やレベルを拡張することによって，新たなシステムが創発することがある
システムの水平展開	ある分野のシステムと類似のものを別の分野にも創発することがある
システムの集中と分散化の変更	集中システムを分散化する，もしくは分散システムを集中化する際に，新たな技術が創発することがある

【2】 保持型（オルターナティブ）スイッチが押される前と押した後，もしくはリミットスイッチ（レベルスイッチ）の作動前と作動後，もしくはリンク機構によるスイッチ操作前後のイメージと解釈すれば，さまざまな自動化シナリオが創発する。

その他にもいろいろあるが省略する。

【3】 省略。

索　　引

——著 者 略 歴——

1976年　大阪大学工学部産業機械工学科卒業
1981年　大阪大学大学院博士後期課程修了
　　　　（産業機械工学専攻）
　　　　工学博士
1981年　大阪大学助手
1984年　三菱重工業株式会社勤務
1996年　桐蔭横浜大学助教授
2000年　大阪工業大学教授
2011年　法政大学大学院兼任講師
　　　　現在に至る

システム制御基礎理論
Basic Theory of Systems Control

2014年10月2日　初版第1刷発行　★

検印省略

著　者　加藤（かとう）　誠（まこと）
発行者　株式会社　コロナ社
　　　　代表者　牛来真也
印刷所　三美印刷株式会社

112-0011　東京都文京区千石4-46-10
発行所　株式会社　コロナ社
CORONA PUBLISHING CO., LTD.
Tokyo Japan
振替 00140-8-14844・電話(03)3941-3131(代)
ホームページ　http://www.coronasha.co.jp

ISBN 978-4-339-03209-3　（金）　（製本：愛千製本所）
Printed in Japan